国家重点研发计划项目"国家重要生态保护地生态功能协同提升与综合管控技术研究与示范"（2017YFC0506400）成果

自然保护地功能协同提升研究与示范丛书

三江源国家公园生态经济功能协同提升研究与示范

张同作 等 著

科学出版社

北 京

内 容 简 介

本书基于三江源国家公园试点建设中生态经济功能协同提升过程中面临的关键科学问题，评估了三江源国家公园生态系统的完整性，以及生态功能和生态系统服务价值；运用规范、通用并不断创新的野生动物调查监测方法对三江源国家公园的野生动物进行了持续观测和保护研究，建立了三江源国家公园野生动物多样性数据库，对重点保护野生动物的适宜栖息地进行评估和风险预警；对日益频发的"人兽冲突"事件进行解析与有效防范示范；以黄河源园区为案例评估了草地承载力并构建了生态保护与畜牧业协调发展新模式，有力地促进了三江源国家公园生态经济功能的协同提升。三江源国家公园的先行先试成了我国国家公园建设的示范引领，对其他试点建设的国家公园具有积极的推动作用。

本书适合从事国家公园、自然保护区和自然公园等自然保护地管理和科研工作的人员参考使用，适合生态学、林学和生物多样性保护等学科研究人员和高校师生作为参考书。

审图号：GS(2022)1138 号

图书在版编目(CIP)数据

三江源国家公园生态经济功能协同提升研究与示范/张同作等著.
—北京：科学出版社，2022.8
（自然保护地功能协同提升研究与示范丛书）
ISBN 978-7-03-072416-8

Ⅰ.①三… Ⅱ.①张… Ⅲ.①国家公园–动物生态学–研究–青海
Ⅳ.①Q958.1

中国版本图书馆 CIP 数据核字(2022)第 092924 号

责任编辑：马　俊　孙　青 / 责任校对：郑金红
责任印制：吴兆东 / 封面设计：刘新新

科 学 出 版 社 出版
北京东黄城根北街 16 号
邮政编码：100717
http://www.sciencep.com

北京建宏印刷有限公司 印刷
科学出版社发行　各地新华书店经销

*

2022 年 8 月第 一 版　开本：720×1000　1/16
2022 年 8 月第一次印刷　印张：19 1/4
字数：388 000
定价：268.00 元
(如有印装质量问题，我社负责调换)

丛 书 序

自1956年建立第一个自然保护区以来，经过60多年的发展，我国已经形成了不同类型、不同级别的自然保护地与不同部门管理的总体格局。到2020年底，各类自然保护地数量约1.18万个，约占我国国土陆域面积的18%，对保障国家和区域生态安全、保护生物多样性及重要生态系统服务发挥了重要作用。

随着我国自然保护事业进入了从"抢救性保护"向"质量性提升"的转变阶段，两大保护地建设和管理中长期存在的问题亟待解决：一是多部门管理造成的生态系统完整性被人为割裂，各类型保护地区域重叠、机构重叠、职能交叉、权责不清，保护成效低下；二是生态保护与经济发展协同性不够造成生态功能退化、经济发展迟缓，严重影响了区域农户生计保障与参与保护的积极性。中央高度重视国家生态安全保障与生态保护事业发展，继提出生态文明建设战略之后，于2013年在《中共中央关于全面深化改革若干重大问题的决定》中首次明确提出"建立国家公园体制"，随后，《中共中央国务院关于加快推进生态文明建设的意见》（2015年）、《建立国家公园体制试点总体方案》（2017年）和《关于建立以国家公园为主体的自然保护地体系的指导意见》（2019年）等一系列重要文件，均明确提出将建立统一、规范、高效的国家公园体制作为加快生态文明体制建设和加强国家生态环境保护治理能力的重要途径。因此，开展自然保护地生态经济功能协同提升和综合管控技术研究与示范尤为重要和迫切。

在当前关于国家公园、自然保护地、生态功能区的研究团队众多、成果颇为丰硕的背景下，国家在重点研发计划"典型脆弱生态修复与保护研究"专项下支持了"国家重要生态保护地生态功能协同提升与综合管控技术研究与示范"项目，非常必要，也非常及时。这个项目的实施，正处于我国国家公园体制改革试点和自然保护地体系建设的关键时期，这虽然为项目研究增加了困难，但也使研究的成果有机会直接服务于国家需求。

很高兴看到闵庆文研究员为首席科学家的研究团队，经过3年多的努力，完成了该国家重点研发计划项目，并呈现给我们"自然保护地功能协同提升研究与示范丛书"等系列成果。让我特别感到欣慰的是，这支由中国科学院地理科学与资源研究所，以及中国科学院西北高原生物研究所和水生生物研究所、中国林业科学研究院、生态环境部环境规划院、北京大学、北京师范大学、中央民族大学、上海师范大学、神农架国家公园管理局等单位年轻科研人员组成的科研团队，克服重重困难，较好地完成了任务，并取得了显著成果。

从所形成的成果看，项目研究围绕自然保护地空间格局与功能、多类型保护地交叉与重叠区生态保护和经济发展协调机制、国家公园管理体制与机制等3个科学问题，综合了地理学、生态学、经济学、自然保护学、区域发展科学、社会学与民族学等领域的研究方法，充分借鉴国际先进经验并结合我国国情，从全国尺度着眼，以多类型保护地集中区和国家公园体制试点区为重点，构建了我国自然保护地空间布局规划技术与管理体系，集成了生态资产评估与生态补偿方法，创建了多类型保护地集中区生态保护与经济发展功能协同提升的机制与模式，提出了适应国家公园体制改革与国家公园建设新趋势的优化综合管理技术，并在三江源与神农架国家公园体制试点区进行了应用示范，为脆弱生态系统修复与保护、国家生态安全屏障建设、国家公园体制改革和国家公园建设提供了科技支撑。

欣慰之余，不由回忆起自己在自然保护地研究生涯中的一些往事。在改革开放之初，我曾有幸陪同侯学煜、杨含熙和吴征镒三位先生，先后考察了美国、英国和其他一些欧洲国家的自然保护区建设。之后，我和赵献英同志合作，于1984年在商务印书馆发表了《中国的自然保护区》，1989年在外文出版社发表了 *China's Nature Reserve*。1984～1992年，通过国家的推荐和大会的选举，进入世界自然保护联盟（IUCN）理事会，担任该组织东亚区的理事，并承担了其国家公园和保护区委员会的相关工作。从1978年成立人与生物圈计划（MAB）中国国家委员会伊始，我就参与其中，还曾于1986～1990年担任过两届MAB国际协调理事会主席和执行局主席，1990年在MAB中国国家委员会秘书处兼任秘书长，之后一直担任副主席。

回顾自然保护地的发展历程，结合我个人的亲身经历，我看到了它如何从无到有、从向国际先进学习到结合我国自己的具体情况不断完善、不断创新的过程和精神。正是这种努力奋斗、不断创新的精神，支持了我们中华民族的伟大复兴。我国正处于一个伟大的时代，生态文明建设已经上升为国家战略，党和政府对于生态保护给予了前所未有的重视，研究基础和条件也远非以前的研究者所企及，年轻的生态学工作者们理应做出更大的贡献。已届"鲐背之年"，我虽然已不能和大家一起"冲锋陷阵"，但依然愿意尽自己的绵薄之力，密切关注自然保护事业在新形势下的不断创新和发展。

特此为序！

中国工程院院士

2021年9月5日

丛 书 前 言

2016 年 10 月，科技部发布的《"典型脆弱生态修复与保护研究"重点专项 2017 年度项目申报指南》（以下简称《指南》）指出：为贯彻落实《关于加快推进生态文明建设的意见》，按照《关于深化中央财政科技计划（专项、基金等）管理改革的方案》要求，科技部会同环境保护部、中国科学院、林业局等相关部门及西藏、青海等相关省级科技主管部门，制定了国家重点研发计划"典型脆弱生态恢复与保护研究"重点专项实施方案。该专项紧紧围绕"两屏三带"生态安全屏障建设科技需求，重点支持生态监测预警、荒漠化防治、水土流失治理、石漠化治理、退化草地修复、生物多样性保护等技术模式研发与典型示范，发展生态产业技术，形成典型退化生态区域生态治理、生态产业、生态富民相结合的系统性技术方案，在典型生态区开展规模化示范应用，实现生态、经济、社会等综合效益。

在《指南》所列"国家生态安全保障技术体系"项目群中，明确列出了"国家重要生态保护地生态功能协同提升与综合管控技术"项目，并提出了如下研究内容：针对我国生态保护地（自然保护区、风景名胜区、森林公园、重要生态功能区等）类型多样、空间布局不尽合理、管理权属分散的特点，开展国家重要生态保护地空间布局规划技术研究，提出科学的规划技术体系；集成生态资源资产评估与生态补偿研究方法与成果，凝练可实现多自然保护地集中区域生态功能协同提升、区内农牧民增收的生态补偿模式，开发区内社区经济建设与自然生态保护协调发展创新技术；适应国家公园建设新趋势，研究多种类型自然保护地交叉、重叠区优化综合管理技术，选择国家公园体制改革试点区进行集成示范，为建立国家公园生态保护和管控技术、标准、规范体系和国家公园规模化建设与管理提供技术支撑。

该项目所列考核指标为：提出我国重要保护地空间布局规划技术和规划编制指南；集成多类型保护地区域国家公园建设生态保护与管控的技术标准、生态资源资产价值评估方法指南与生态补偿模式；在国家公园体制创新试点区域开展应用示范，形成园内社会经济和生态功能协同提升的技术与管理体系。

根据《指南》要求，在葛全胜所长等的鼓励下，我们迅速组织了由中国科学院地理科学与资源研究所、西北高原生物研究所、水生生物研究所，中国林业科学研究院，生态环境部环境规划院，北京大学，北京师范大学，中央民族大学，上海师范大学，神农架国家公园管理局等单位专家组成的研究团队，开始了紧张的准备工作，并按照要求提交了"国家重要生态保护地生态功能协同提升与综合管控技术研究与示范"项目申请书和经费预算书。项目首席科学家由我担任，项目设6个课题，分别由中国科学院地理科学与资源研究所钟林生研究员、中央民族大学桑卫国教授、北京师范大学曾维华教授、中国科学院地理科学与资源研究所闵庆文研究员、中国科学院西北高原生物研究所张同作研究员、中国科学院水生生物研究所蔡庆华研究员担任课题负责人。

颇为幸运也让很多人感到意外的是，我们的团队通过了由管理机构中国21世纪议程管理中心（以下简称"21世纪中心"）2017年3月22日组织的视频答辩评审和2017年7月4日组织的项目考核指标审核。项目执行期为2017年7月1日至2020年6月30日；总经费为1000万元，全部为中央财政经费。

2017年9月8日，项目牵头单位中国科学院地理科学与资源研究所组织召开了项目启动暨课题实施方案论证会。原国家林业局国家公园管理办公室褚卫东副主任和陈君帜副处长，住房和城乡建设部原世界遗产与风景名胜管理处李振鹏副处长，原环境保护部自然生态保护司徐延达博士，中国科学院科技促进发展局资源环境处周建军副研究员，中国科学院地理科学与资源研究所葛全胜所长和房世峰主任等有关部门领导，中国科学院地理科学与资源研究所李文华院士、时任副所长于贵瑞院士，中国科学院成都生物研究所时任所长赵新全研究员，北京林业大学原自然保护区学院院长雷光春教授，中国科学院生态环境研究中心王效科研究员，中国环境科学研究院李俊生研究员等评审专家，以及项目首席科学家、课题负责人与课题研究骨干、财务专家、有关媒体记者等70余人参加了会议。

国家发展改革委社会发展司彭福伟副司长（书面讲话）和褚卫东副主任、李振鹏副处长和徐延达博士分别代表有关业务部门讲话，对项目的立项表示祝贺，肯定了项目所具备的现实意义，指出了目前我国重要生态保护地管理和国家公园建设的现实需求，并表示将对项目的实施提供支持，指出应当注重理论研究和实践应用的结合，期待项目成果为我国生态保护地管理、国家公园体制改革和以国家公园为主体的中国自然保护地体系建设提供科技支撑。周建军副研究员代表中国科学院科技促进发展局资源环境处对项目的立项表示祝贺，希望项目能够在理论和方法上有所创新，在实施过程中加强各课题、各单位的协同，使项目成果能够落地。葛全胜所长、于贵瑞副所长代表中国科学院地理科学与资源研究所对项目的立项表示祝贺，要求项目团队在与会各位专家、领导的指导下圆满完成任务，并表示将大力支持项目的实施，确保顺利完成。我作为项目首席科学家，从立项背景、研究目标、研究内容、技术路线、预期成果与考核指标等方面对项目作了简要介绍。

在专家组组长李文华院士主持下，评审专家听取了各课题汇报，审查了课题实施方案材料，经过质询与讨论后一致认为：项目各课题实施方案符合任务书规定的研发内容和目标要求，技术路线可行、研究方法适用；课题组成员知识结构合理，课题承担单位和参加单位具备相应的研究条件，管理机制有效，实施方案合理可行。专家组一致同意通过实施方案论证。

2017 年 9 月 21 日，为切实做好专项项目管理各项工作、推动专项任务目标有序实施，21 世纪中心在北京组织召开了"典型脆弱生态修复与保护研究"重点专项 2017 年度项目启动会，并于 22 日组织召开了"国家重要生态保护地生态功能协同提升与综合管控技术研究与示范"（2017YFC0506400）实施方案论证。以孟平研究员为组长的专家组听取了项目实施方案汇报，审查了相关材料，经质疑与答疑，形成如下意见：该项目提供的实施方案论证材料齐全、规范，符合论证要求。项目实施方案思路清晰，重点突出；技术方法适用，实施方案切实可行。专家组一致同意通过项目实施方案论证。专家组建议：①注重生态保护地与生态功能"协同"方面的研究；②关注生态保护地当地社区民众的权益；③进一步加强项目技术规范的凝练和产出，服务于专项总体目标。

经过 3 年多的努力工作，项目组全面完成了所设计的各项任务和目标。项目实施期间，正值我国国家公园体制改革试点和自然保护地体系建设的重要时期，改革的不断深化和理念的不断创新，对于项目执行而言既是机遇也是挑战。我们按照项目总体设计，并注意跟踪现实情况的变化，既保证科学研究的系统性，也努力服务于国家现实需求。

在 2019 年 5 月 23 日的项目中期检查会上，以舒俭民研究员为组长的专家组，给出了"按计划进度执行"的总体结论：①项目在多类型保护地生态系统健康诊断与资产评估、重要生态保护地承载力核算与经济生态协调性分析、生态功能协同提升、国家公园体制改革与自然保护地体系建设、国家公园建设与管理以及三江源与神农架国家公园建设等方面取得了系列阶段性成果，已发表学术论文 31 篇（其中 SCI 论文 8 篇），出版专著 1 部，获批软件著作权 2 项，提出政策建议 8 份（其中 2 份获得批示或被列入全国政协大会提案），完成图集、标准、规范、技术指南等初稿 7 份，完成硕/博士学位论文 5 篇，4 位青年骨干人员晋升职称。完成了预定任务，达到了预期目标。②项目组织管理符合要求。③经费使用基本合理。并对下一阶段工作提出了建议：①各课题之间联系还需进一步加强；注意项目成果的进一步凝练，特别是在国家公园体制改革区的应用。②加强创新性研究成果的产出和凝练，加强成果对国家重大战略的支撑。

在 2021 年 3 月 25 日举行的课题综合绩效评价会上，由中国环境科学研究院舒俭民研究员（组长）、国家林业和草原局调查规划设计院唐小平副院长、北京林业大学雷光春教授、中国矿业大学（北京）胡振琪教授、中国农业科学院杨庆文研究员、国务院发展研究中心苏杨研究员、中国科学院生态环境研究中心徐卫华研究员等组成的专家组，在听取各课题负责人汇报并查验了所提供的有关材料后，经质疑与讨论，所有课题均顺利通过综合绩效评价。

"自然保护地功能协同提升研究与示范丛书"即是本项目成果的最主要体现，汇集了项目组及各课题的主要研究成果，是 10 家单位 50 多位科研人员共同努力的结果。丛书包含 7 个分册，分别是《自然保护地功能协同提升和国家公园综合管理的理论、技术与实践》《中国自然保护地分类与空间布局研究》《保护地生态资产评估和生态补偿理论与实践》《自然保护地经济建设和生态保护协同发展研究方法与实践》《国家公园综合管理的理论、方法与实践》《三江源国家公园生态经济功能协同提升研究与示范》《神农架国家公园体制试点区生态经济功能协同提升研究与示范》。

除这套丛书之外，项目组成员还编写发表了专著《神农架金丝猴及其生境的研究与保护》和《自然保护地和国家公园规划的方法与实践应用》，并先后发表学术论文 107 篇（其中 SCI 论文 35 篇，核心期刊论文 72 篇），获得软件著作权 7 项，培养硕士和博士研究生及博士后研究人员 25 名，还形成了以指南和标准、咨询报告和政策建议等为主要形式的成果。其中《关于国家公园体制改革若干问题的提案》《关于加强国家公园跨界合作促进生态系统完整性保护的提案》《关于在国家公园与自然保护地体系建设中注重农业文化遗产发掘与保护的提案》《关于完善中国自然保护地体系的提案》等作为政协提案被提交到 2019～2021 年的全国两会。项目研究成果凝练形成的 3 项地方指导性规划文件 [《吉林红石森林公园功能区调整方案》《黄山风景名胜区生物多样性保护行动计划（2018—2030 年）》《三江源国家公园数字化监测监管体系建设方案》]，得到有关政府批准并在工作中得到实施。16 项管理指导手册，其中《国家公园综合管控技术规范》《国家公园优化综合管理手册》《多类型保护地生态资产评估标准》《生态功能协同提升的国家公园生态补偿标准测算方法》《基于生态系统服务消费的生态补偿模式》《多类型保护地生态系统健康评估技术指南》《基于空间优化的保护地生态系统服务提升技术》《多类型保护地功能分区技术指南》《保护地区域人地关系协调性甄别技术指南》《多类型保护地区域经济与生态协调发展路线图设计指南》《自然保护地规划技术与指标体系》《自然保护地（包括重要生态保护地和国家公园）规划编制指南》通过专家评审后，提交到国家林业和草原局。项目相关研究内容及结论在国家林业和草原局办公室关于征求《国家公园法（草案征求意见稿）》《自然保护地法（草案第二稿）（征求意见稿）》的反馈意见中得到应用。2021 年 6 月 7 日，国家林业和草原局自然保护地司发函对项目成果给予肯定，函件内容如下。

"国家重要生态保护地生态功能协同提升与综合管控技术研究与示范"项目组：

"国家重要生态保护地生态功能协同提升与综合管控技术研究与示范"项目是国家重点研发计划的重要组成部分，热烈祝贺项目组的研究取得了丰硕成果。

该项目针对我国自然保护地体系优化、国家公园体制建设、自然保护地生态功能协同提升等开展了较为系统的研究，形成了以指南和标准、咨询报告和政策建议等为主要形式的成果。研究内容聚焦国家自然保护地空间优化布局与规划、多类型保护地经济建设与生态保护协调发展、国家公园综合管控、国家公园管理体制改革与机制建设等方面，成果对我国国家公园等自然保护地建设管理具有较高的参考价值。

诚挚感谢以闵庆文研究员为首的项目组各位专家对我国自然保护地事业的关注和支持。期望贵项目组各位专家今后能够一如既往地关注和支持自然保护地事业，继续为提升我国自然保护地建设管理水平贡献更多智慧和科研成果。

国家林业和草原局自然保护地管理司

2021 年 6 月 7 日

在项目执行期间，为促进本项目及课题关于自然保护地与国家公园研究成果的对外宣传，创造与学界同仁交流、探讨和学习的机会，在中国自然资源学会理事长成升魁研究员等的支持下，以本项目成员为主要依托，并联合有关高校和科研单位技术人员成立了"中国自然资源学会国家公园与自然保护地体系研究分会"，并组织了多次学术会议。为了积极拓展项目研究成果的社会效益，项目组还组织开展了"国家公园与自然保护地"科普摄影展，录制了《建设地球上最富人情味的国家公园》科普宣传片。

2021 年 9 月 30 日，中国 21 世纪议程管理中心组织以安黎哲教授为组长的项目综合绩效评价专家组，对本项目进行了评价。2022 年 1 月 24 日，中国 21 世纪议程管理中心发函通知：项目综合绩效评价结论为通过，评分为 88.12 分，绩效等级为合格。专家组给出的意见为：①项目完成了规定的指标任务，资料齐全完备，数据翔实，达到了预期目标。②项目构建了重要生态保护地空间优化布局方案、规划方法与技术体系，阐明了保护地生态系统生态资产动态评价与生态补偿机制，提出了保护地经济与生态保护的宏观优化与微观调控途径，建立了国家公园生态监测、灾害预警与人类胁迫管理及综合管控技术和管理系统，在三江源、神农架国家公园体制试点区应用与示范。项目成果为国家自然保护地体系优化与综合管理及国家公园建设提供了技术支撑。③项目制定了内部管理制度和组织管理规范，培养了一批博士、硕士研究生及博士后研究人员。建议：进一步推动标准、规范和技术指南草案的发布实施，增强研发成果在国家公园和其他自然保护地的应用。

借此机会，向在项目实施过程中给予我们指导和帮助的有关单位领导和有关专家表示衷心的感谢。特别感谢项目顾问李文华院士和刘纪远研究员、项目跟踪专家舒俭民研究员和赵景柱研究员的指导与帮助，特别感谢项目管理机构中国 21世纪议程管理中心的支持和帮助，特别感谢中国科学院地理科学与资源研究所及其重大项目办、科研处和其他各参与单位领导的支持及帮助，特别感谢国家林业和草原局（国家公园管理局）自然保护地管理司、国家公园管理办公室，以及三江源国家公园管理局、神农架国家公园管理局、武夷山国家公园管理局和钱江源国家公园管理局等有关机构的支持和帮助。

作为项目负责人，我还要特别感谢项目组各位成员的精诚合作和辛勤工作，并期待未来能够继续合作。

2022 年 3 月 9 日

本 书 前 言

三江源地处青藏高原腹地，是长江、黄河、澜沧江的发源地，素有"中华水塔""高寒生物种质资源库"之称。三江源拥有冰川雪山、高海拔湿地、荒漠戈壁、高寒草原草甸等高寒生态系统，是国家重要的生态安全屏障。野生动物是三江源完整生态系统的重要组成部分，也是生态经济功能协同提升的重要指标，对维持整个青藏高原生态系统的多样性、稳定性具有不可替代的关键作用。党中央、国务院历来高度重视三江源地区的生态保护工作。2015 年开始的三江源国家公园体制机制试点建设拉开了我国国家公园实践探索的序幕；2021 年 10 月 14 日，中国第一批 5 个国家公园正式设立，保护面积达 23 万 km^2，涵盖近 30%的陆域国家重点保护野生动植物种类；三江源国家公园位列其中，开启了中国新的生态保护体系和国家公园建设的新征程，三江源国家公园建设在全国生态文明建设中具有特殊而重要的地位。

在国家重点研发计划课题（2017YFC0506405）资助下，我们评估了三江源国家公园生态系统的完整性以及生态功能和生态系统服务价值；运用规范通用并不断创新的野生动物调查监测方法对三江源国家公园的野生动物进行了持续观测和保护研究，建立了三江源国家公园野生动物多样性数据库，对重点保护野生动物的适宜栖息地进行评估和风险预警；对日益频发的人兽冲突事件进行解析与有效防范示范；以黄河源园区为案例评估了草地承载力并构建了生态保护与畜牧业协调发展新模式，有力地促进了三江源国家公园生态经济功能的协同提升。三江源国家公园的先行先试成了我国国家公园建设的示范引领，对其他试点建设的国家公园具有积极的推动作用。

本书主要撰写人员分别为：第一章张同作、蔡振媛、高红梅、李广英；第二章薛亚东、代云川、李迪强；第三章曹巍、刘璐璐、吴丹、黄麟；第四章薛亚东、程一凡；第五至八章张同作、高红梅、蔡振媛、覃雯、陈家瑞、张婧捷、迟翔文、黄岩淦、吴彤、江峰、闫京艳、宋鹏飞、刘道鑫、汪海静；第九章张同作、江峰、张婧捷、迟翔文、李广英；第十章代云川、薛亚东、张于光、李迪强；第十一章张同作、高红梅、江峰。全书由张同作、高红梅和蔡振媛共同统稿和修订。

本研究得到诸多专家的帮助和指导，包括国务院发展研究中心苏杨研究员、中国科学院地理科学与资源研究所闵庆文研究员、钟林生研究员、刘纪远研究员、中央民族大学桑卫国教授、北京师范大学曾维华教授、中国科学院水生生物研究所蔡庆华研究员，中国科学院西北高原生物研究所赵新全研究员，中国林业科学院李迪强研究员，北京林业大学雷光春教授、张玉钧教授等。研究工作也得到了国家自然科学基金区域创新发展联合基金重点项目（U20A2012）、中国科学院-青海省人民政府三江源国家公园联合研究专项（LHZX-2020-01）、中国科学院战略性先导科技专项（XDA23060602）、青海省重点研发与转化计划（2019-SF-150）等项目的支持；中国科学院高原生物适应与进化重点实验室和青海省动物生态基因组学重点实验室提供了先进的研究平台和完备的实验条件，在此一并表示诚挚谢意！

　　尽管全部文字材料和图表都经过多次订正，书中仍然可能存在许多不足之处，期望学术界同行和广大读者不吝指正，共同促进三江源国家公园建设理论和实践的发展！

中国科学院西北高原生物研究所

2021 年 12 月

目　　录

第一章 绪 论

三江源地处青藏高原腹地，是长江、黄河、澜沧江的发源地，是亚洲、北半球乃至全球气候变化的敏感区和重要启动区，特殊的地理位置、丰富的自然资源、重要的生态功能使其成为我国重要的生态安全屏障，在全国生态文明建设中具有特殊的重要地位，关系到全国的生态安全和中华民族的长远发展。党中央、国务院历来高度重视三江源地区生态文明建设和生态保护工作。保护好三江源，对中华民族发展至关重要。在三江源地区开展国家公园体制试点，在体制试点基础上设立和建设三江源国家公园，是党中央、国务院统筹推进"五位一体"总体布局的重大战略决策，是贯彻"创新、协调、绿色、开放、共享"发展理念的重要举措，是加快生态文明体制改革、建设美丽中国的重要抓手，是践行"绿水青山就是金山银山"的重要行动，是生态文明制度建设的重要内容，是实现人与自然和谐共生的现代化的具体实践。三江源国家公园体制试点肩负着为全国生态文明制度建设积累经验，为国家公园建设提供示范的使命。

本书以三江源国家公园体制试点区生态经济功能协同提升为目标，研究了公园的空间布局以及优化管理。基于获得的示范区相关基础数据，从生态保护与社会经济发展的主要矛盾入手，形成了园区内社会经济和生态功能协同提升的技术与管理体系。围绕三江源国家公园体制试点区生态系统服务功能及完整性、畜牧业与生态协调发展、人兽冲突等典型的生态和社会问题，在调研、监测和评估的基础上，编制生物多样性价值实现与生态功能协同提升技术方案，构建畜牧业与生态保护协调发展模式，建立人兽冲突调控综合管理技术体系，通过在三江源国家公园体制试点区开展应用示范，为脆弱生态修复与保护、国家生态安全屏障建立、国家公园体制改革提供重要的科技支撑。

第一节 建立以国家公园为主体的自然保护地体系

2019 年 6 月，中共中央办公厅、国务院办公厅印发的《关于建立以国家公园为主体的自然保护地体系的指导意见》，提出"建立以国家公园为主体的自然保护地体系，是贯彻习近平生态文明思想的重大举措，是党的十九大提出的重大改革任务。自然保护地是生态建设的核心载体、中华民族的宝贵财富、美丽中国的重要象征，在维护国家生态安全中居于首要地位"。目前我国大陆的自然保护地主要包括 10 类，分别包括：自然保护区、风景名胜区（自然景观类）、森林公园、地质公园、水利风景区（包括水库型、湿地型、自然河湖型）、湿地公园、海洋特别保护区、水产种质资源保护区、国家公园和沙漠公园（彭杨靖等，2018）。在我国，根据实际的保护地现状和发展趋势，刘信中（1989）将自然保护地划分为六大类：典型的自然生态系统保护区、重要生物物种保护区、森林公园、自然遗产保护区、山地水源保护区、自然资源保护区。

我国大力推进生态文明建设，积极推动国家公园体制建设工作，党的十八届三中全会通过的《中共中央关于全面深化改革若干重大问题的决定》在"加快生态文明体制建设方面进行重大体制改革"中明确提出要"建立国家公园体制"。国家公园作为我国自然保护地最重要的类型之一，是由国家批准设立并主导管理，边界清晰，可实现自然资源科学保护和合理利用的特定陆地或海洋区域。国家公园是国家文化建设和科普教育的重要载体，是强化民族文化认同的重要方式，同时也是生态文明制度建设的重要内容。

我国建立国家公园体制的核心是整合和优化我国的自然保护地管理体制，探索我国自然文化资源保护管理新模式，解决深层次矛盾和问题，推动建立严格的生态保护监管制度和国土空间开发保护制度（束晨阳，2016）。国家公园体制建设将重构我国自然保护地体系，保证国家中长期生态安全保障和人民游憩福利保障，重构自然生态资源的管理格局。通过国家公园体制建设健全自然资源资产产权制度，建立归属清晰、权责明确、监管有效的自然资源资产产权制度，统筹国家公园范围内原有保护地的各项规划，实现以统一的规划标准推进国土生态空间安全和统一保护。

江河是大地的血脉，长江、黄河是中华民族的母亲河，孕育了璀璨的华夏文明；澜沧江是重要的国际河流，一江通六国，是国家和民族友谊的纽带。作为"中华水塔"的三江源是生命之源、文明之源，保护好三江源，对中华民族发展至关重要。三江源国家公园是美丽中国建设的宏伟篇章，是展现中国形象的重要窗口，是中国为全球生态安全做出贡献的伟大行动，是理论自信、道路自信、制度自信和文化自信的具体体现。建立三江源国家公园有利于创新体制机制，破解"九龙治水"体制机制藩篱，从根本上实现自然资源资产管理与国土空间用途管制的"两个统一行使"；有利于实行最严格的生态保护，加强对"中华水塔"、地球"第三极"和"山水林田湖草"重要生态系统的永续保护，筑牢国家生态安全屏障，有利于处理好当地牧民群众全面发展与资源环境承载能力的关系，促进生产生活条件改善，全面建成小康社会，形成人与自然和谐发展新模式。

三江源国家公园是我国提出"建立国家公园体制"以来，第一个得到批准建设的国家公园体制试点，是中国国家公园的象征，统领不同类型自然生态资源的综合性管理实体，它承载着全民族对自然保护和生态文明的希望。三江源国家公园试点拟建成青藏高原生态保护修复示范区,三江源共建共享、人与自然和谐共生的先行区和青藏高原大自然保护展示和生态文化传承区。建立以国家公园为主体的自然保护地体系对我国来说既是保护地体制的提升和突破,也是推进我国保护地事业与国际接轨的重要战略举措。

第二节 三江源国家公园试点建设历程和成效

三江源是高原生物多样性最集中、气候变化反应最敏感的区域之一,其生态系统服务功能、自然景观、生物多样性具有全国乃至全球意义的重要保护价值,是我国重要的生态安全屏障。党中央、国务院和青海省委省政府历来高度重视三江源地区生态文明建设和生态保护工作。1995年,可可西里省级自然保护区成立,1997年12月国务院批准可可西里自然保护区升级为国家级自然保护区,对藏羚、藏原羚、野牦牛等珍稀濒危陆生野生动物资源及栖息地开展保护工作;2000年,青海三江源自然保护区成立,对雪豹、藏羚、野牦牛等动物和兰科植物等珍稀濒危和有经济价值的野生动植物物种及栖息地进行保护。2005年,国务院批准实施《青海三江源自然保护区生态保护和建设总体规划》,标志着三江源地区全面进入了系统化、大规模的生态保护和建设阶段;2012年,国务院批准实施《青海三江源国家生态保护综合试验区总体方案》,将整个三江源地区的生态保护进一步上升为国家重大战略;2014年,国务院批准实施《青海三江源生态保护和建设二期工程规划》,标志着三江源生态保护工作迈入全面推进、科学保护的新阶段。

2013年,党的十八届三中全会通过的《中共中央关于全面深化改革若干重大问题的决定》中明确提出"建立国家公园体制",标志着国家公园建设作为国家战略加以推进。2015年,中共中央、国务院印发了《生态文明体制改革总体方案》,进一步要求"加强对重要生态系统的保护和永续利用,改革各部门分头设置自然保护区、风景名胜区、文化自然遗产、地质公园、森林公园等的体制,对上述保护地进行功能重组,合理界定国家公园范围"。2015年12月,中央全面深化改革领导小组第十九次会议审议通过《三江源国家公园体制试点方案》。2016年3月,中共中央办公厅、国务院办公厅印发《三江源国家公园体制试点方案》,明确了设立三江源国家公园的任务书、时间表、路线图。三江源国家公园体制机制试点建设拉开了我国国家公园实践探索的序幕。

习近平总书记十分关心三江源国家公园体制试点,多次做出重要指示。2016年,习近平总书记在参加第十二届全国人大四次会议青海代表团审议时指出,在超过12万 km^2 的三江源地区开展全新体制的国家公园试点,努力为改变"九龙治水"、实现"两个统一行使",闯出一条路子,要把这个试点启动好、实施好。2016年8月24日,习近平总书记在青海视察工作时强调,这是我国第一个国家公园体制试点，也是一种全新体制的探索，要用积极的行动和作为，探索生态文明建设好的经验，谱写美丽中国青海新篇章。2021 年 6 月 8 日，习近平总书记在青海考察调研时强调，落实好国家生态战略，总结三江源等国家公园体制试点经验，加快构建以国家公园为主体、自然保护区为基础、各类自然公园为补充的自然保护地体系，守护好自然生态，保育好自然资源，维护好生物多样性。

2017 年 6 月，为规范三江源国家公园保护、建设和管理活动，实现自然资源的持久保育和永续利用，保护国家重要生态安全屏障，促进生态文明建设，青海省第十二届人民代表大会常务委员会第三十四次会议通过《三江源国家公园条例（试行）》（以下简称《条例》），《条例》共八章七十七条，自 2017 年 8 月 1 日起施行。《条例》指出三江源国家公园的规划建设、资源保护、利用管理、社会参与等活动适用于本条例。三江源国家公园保护、建设和管理，遵循保护优先、科学规划、社会参与、改善民生、永续利用的原则。在三江源国家公园实行集中统一垂直管理，精准规划功能分区，实行差别化管理，建立特许经营制度。并鼓励和支持社会组织、企业事业单位和个人通过社区共建、协议保护、授权管理和领办生态保护项目等方式参与三江源国家公园的保护、建设和管理，提高三江源国家公园的影响力和知名度。

2017 年 10 月，青海省人民政府根据中央编办、国家发展和改革委员会的批复下发通知（青政〔2017〕69 号），成立三江源国有自然资源资产管理局，与三江源国家公园管理局"一个机构、两块牌子"，自然资源资产管理局作为省政府派出机构，划入国土资源、水利、农牧、林业等部门涉及三江源国家公园试点区以及三江源国家级自然保护区范围内各类全民所有自然资源资产所有者职责；国家公园管理局，作为国家公园试点区域的管理主体，负责试点工作的规划、组织、管理和实施，及时研究试点中出现的新情况新问题，重大问题按程序请示报告。

2018 年 1 月，国家发展和改革委员会印发了《三江源国家公园总体规划》，规划范围为三江源国家公园总面积 12.31 万 km^2，规划基准年为 2015 年，规划期到 2025 年，展望到 2035 年。秉持"创新引领，深化改革；保护优先，协调发展；统筹规划，科学布局；社会参与，共建共享；尊重文化，保护传承"的原则，将三江源国家公园建成青藏高原生态保护修复示范区，共建共享、人与自然和谐共生的先行区，青藏高原大自然保护展示和生态文化传承区。2018 年 11 月，三江源国家公园管理局以总体规划为基础，完成了《三江源国家公园社区发展和基础设施建设规划》《三江源国家公园管理规划》《三江源国家公园产业发展和特许经营规划》《三江源国家公园生态体验和环境教育规划》《三江源国家公园生态保护规划》5 个专项规划的编制工作。总体规划是战略层面的宏观指导，专项规划是具体实施建设任务。同时，5 个专项规划之间紧密衔接，建设内容相互配套、相互支撑。

《关于建立以国家公园为主体的自然保护地体系指导意见》强调建立以国家公园为主体的自然保护地体系，是贯彻习近平生态文明思想的重大举措，是党的十九大提出的重大改革任务。自然保护地是生态建设的核心载体、中华民族的宝贵财富、美丽中国的重要象征，在维护国家生态安全中居于首要地位。牢固树立新发展理念，以保护自然、服务人民、永续发展为目标，加强顶层设计，理顺管理体制，创新运行机制，强化监督管理，完善政策支撑，建立分类科学、布局合理、保护有力、管理有效的以国家公园为主体的自然保护地体系，确保重要自然生态系统、自然遗迹、自然景观和生物多样性得到系统性保护，提升生态产品供给能力，维护国家生态安全，为建设美丽中国、实现中华民族永续发展提供生态支撑。随后，青海省被国家确定为以国家公园为主体的自然保护地体系示范省。

中央和国家各部门都对三江源国家公园建设给予关心支持，多次赴三江源调查研究，在体制机制改革方面加强指导，在资金、项目和相关政策方面大力支持，取得了试点工作的良好开端。三江源国家公园是我国第一个国家公园体制试点，意义重大，政策机遇前所未有，寄予的厚望前所未有，赋予的责任也是前所未有的。

经过几年的试点建设，三江源国家公园取得了显著的成效，主要保护对象得到了更好的保护和恢复，生态环境质量得到提升，生态功能得以巩固，水源涵养量年均增幅达 6% 以上，草地覆盖率、产草量分别比 10 年前提高 11%、30% 以上；试点区的社区居民收入稳定增长，实行"一户一岗"政策，使 17 211 名牧民年增收 21 600 元，生活水平逐步提高；建成了国家公园生态展览陈列中心和 5 处园区科普教育服务设施，开展"人与生物圈计划""伟大的变革——庆祝改革开放 40 周年大型展览""可可西里坚守精神"精品党课等一系列宣传活动，产生了积极广泛的社会影响。综合来讲，三江源国家公园试点建设提出了突出并有效保护修复生态、探索人与自然和谐发展模式、创新生态保护管理体制机制、建立资金保障长效机制和有序扩大社会参与等改革目标。先后实施了一系列原创性改革，实现了经济社会发展、消除贫困、保护生物多样性、应对气候变化协同增效，走出了一条"借鉴国际经验，符合中国国情，具有三江源特点"的国家公园体制创新之路。三江源国家公园体制试点走出了青海模式，为中国国家公园体制试点积累了青海经验，为国家公园正式设立奠定了坚实基础。

第三节 三江源国家公园概况

三江源国家公园地处青藏高原腹地，平均海拔 4 500m 以上，是长江、黄河和澜沧江的发源地，是中国和东南亚地区的重要淡水供给地，也是全球气候变化反应最敏感的区域之一，其生态系统服务功能、自然景观、生物多样性具有全国乃至全球意义的保护价值。三江源国家公园规划范围以三大江河源头的典型代表区域为主构架，优化整合了可可西里国家级自然保护区，三江源国家级自然保护区的扎陵湖-鄂陵湖、星星海、索加-曲麻河、果宗木查和昂赛 5 个保护分区，构成了"一园三区"格局，即长江源、黄河源、澜沧江源 3 个园区（图 1-1）。

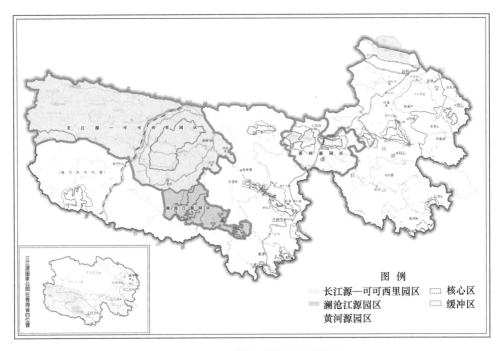

图 1-1　三江源国家公园园区范围图

三江源国家公园总面积为 12.31 万 km²，占三江源地区面积的 31.16%，其中：冰川雪山 833.4km²、湿地 29 842.8km²、草地 86 832.2km²、林地 495.2km²，共涉及青海省果洛藏族自治州玛多县，玉树藏族自治州杂多、曲麻莱、治多 3 个县和可可西里国家级自然保护区管理局管辖区域。三江源国家公园的定位和目标是：遵循"创新、协调、绿色、开放、共享"的发展理念，建成青藏高原生态保护修复示范区，建成三江源共建共享、人与自然和谐共生的先行区，建成青藏高原大自然保护展示和生态文化传承区。

三江源国家公园自然地理环境独特，以山原和高山峡谷地貌为主，山系绵延，地势高耸，地形复杂，其形成历史最早为三叠纪昆仑山脉的隆起，逐步脱离特提斯海，至晚白垩纪全部成陆地。上新世后，喜马拉雅造山运动导致三江源区发生大幅度的抬升，随后继承性的构造运动仍然强烈，控制着本区现代地貌的发育和演变，形成了三江源区特有地质、地貌的基本雏形。国家公园内主要山脉有昆仑山主脉及其支脉可可西里山、巴颜喀拉山、唐古拉山等。

三江源国家公园整体是在一个高海拔的山地高原面上，地貌由东南向西北以高山峡谷、高原山地、山原滩地、丘状谷地等多形态的山体排列,自然景观多样;中西部和北部地区呈现山原状,起伏不大,多宽阔的平坦滩地,在可可西里地区有一些湖盆和大面积的沼泽,在现代冰川的影响作用下,部分地区发育或残留着冰川地貌、冰缘地貌、冰融地貌;东南部唐古拉山北麓则以高山峡谷为多,河流切割强烈,地势陡峭,山体相对高差多在 500m 以上。公园内河流密布,湖泊、沼泽众多,雪山冰川广布,长江、黄河、澜沧江源区地带的冰川总面积达 2 686.3km^2,是世界上江河源海拔最高、面积最大、分布最集中的地区之一。

长江、黄河、澜沧江三条河流,由唐古拉山的支脉各群尕牙-格拉山以及巴颜喀拉山构成的山脉骨干形成分水岭,自西向东或向东南方向流淌而去。多年平均径流量 499 亿 m^3,其中长江 184 亿 m^3,黄河 208 亿 m^3,澜沧江 107 亿 m^3,水质均为优良。国家公园内湖泊众多,面积大于 1km^2 的有 167 个,其中长江源园区 120 个、黄河源园区 36 个、澜沧江源园区 11 个,以淡水湖和微咸水湖居多。雪山冰川总面积 833.4km^2;河湖和湿地总面积 29 842.8km^2。

公园内气候属青藏高原气候系统,为典型的高原大陆性气候,主要特征为冷热两季交替、干湿两季分明、雨热同期、冬长夏短;年温差小、日温差大;日照时间长、辐射强烈;植物生长期短,无绝对无霜期。冷季为青藏冷高压控制,长达 7 个月,热量低、降水少、风沙大;暖季受西南季风影响产生热气压,水汽丰富、降水量多。多年平均气温为 –5.6~7.8℃,多年平均降水量自西北向东南为 262.2~772.8mm。年日照时数为 2 300~2 900h,年太阳辐射量为 5 658~6 469MJ/m^2,由于海拔高,绝大部分地区空气稀薄,空气含氧量仅相当于海平面的 60%~70%。主要气象灾害为雪灾。

三江源国家公园野生动植物资源丰富,动物区系属古北界青藏区"青海藏南亚区",动物分布型属"高地型",以青藏类为主,并有少量中亚型以及广布种分布。动物组成包括高地森林草原动物群、高地草原及草甸动物群、高地寒漠动物群,种群比例上兽类、鸟类数量巨大,而两栖类和爬行类物种组成简单,种群数量相对较小。

植被不仅为野生动物繁殖和发展提供栖息环境,还为野生动物提供食物、水源等必需的生存基础。由于受地理环境、高原气候、土壤和水汽等自然因子的影响与作用,植被类型呈现多样化,有针叶林、阔叶林、针阔混交林、灌丛、草甸、草原、沼泽及水生植被、垫状植被和稀疏植被 9 个植被型,主要植被类型有高寒草原、高寒草甸和高山流石坡植被,高寒荒漠草原分布于园区西部,高寒垫状植被和温性植被有少量镶嵌分布。

森林植被:以寒温性的针叶林为主,包括亚高山落叶针叶林、山地圆柏林、针叶混交林、针阔混交林、高山落叶阔叶林等。主要分布在园区东部及东南部的澜沧江源园区,属于我国东南部亚热带和温带向青藏高原过渡的高山峡谷区域。

主要树种有川西云杉、大果圆柏、紫果云杉、红杉、白桦、红桦、祁连圆柏、塔枝圆柏、密枝圆柏等，林下或林缘灌木植被生长良好。

灌丛植被：以温性灌丛和高寒灌丛为主，包括高寒常绿针叶灌丛、常绿落叶阔叶混交灌丛、高寒落叶阔叶灌丛。主要种类有杜鹃、山柳、金露梅、银露梅、沙棘、锦鸡儿、水枸子、绣线菊等灌丛。生长茂盛，盖度一般较高，灌木林缘、林间空地草本层种类丰富，有多种类型，是有蹄类动物的主要栖息活动地。

高寒草甸植被：以耐寒的多年生草本植物为优势种所形成的植物群落丰富。其分布的地域辽阔，生境条件多样，主要有高寒蒿草草甸，这是青藏高原典型的水平地带性和垂直地带性的独特植被类型。高寒草甸化草原，是耐低湿的旱生多年生植物组成的植被类型，是过渡于草原与草甸的中间类型，以高寒蒿草、紫花针茅、早熟禾、薹草为优势种的植被群落。高寒杂类草草甸，是以杂类草建群的高寒草甸类型，是高寒蒿草草甸与流石坡植被的过渡地带，伴生的植物种类多样，草层高度一般在 30～60cm，高度较高，是园区的主要牧业草场和有蹄类动物的栖息地。

高寒草原植被：主要分布于海拔 3 200～3 400m 的森林下沿河谷阳坡，以芨芨草、赖草、针茅等为主，低层以薹草、杂类草为主。此类植被群落组成种类较少，结构简单，层次分化明显，地域差异性较大。

此外，还有高原沼泽及水生植被、垫状植被、高山流石坡稀疏植被等类型，主要分布于高原蝶形洼地及河流、湖滨低洼积水区域，高山流石坡下部和冰雪带以下区域，呈块状不连续分布。三江源国家公园园区植被类型的水平带谱和垂直带谱均十分明显。水平带谱自东向西依次为山地森林、高寒灌丛草甸、高寒草甸、高寒草原、高寒荒漠。沼泽植被和垫状植被则主要镶嵌于高寒草甸和高寒荒漠之间。高山草甸和高寒草原是三江源地区主要植被类型和天然草场，属高山冰缘植被。在三江源国家公园范围内，由于不良的气候状况和低劣的立地条件，森林和灌丛生态系统植被组成结构简单，更新复壮能力弱，且仅在澜沧江源园区有原生天然林，树种为大果圆柏、青海云杉等，而山杨、白桦、红桦等所构成的次生林集中分布在澜沧江园区东部及南部山地，一般占据高山峡谷气候比较温暖、湿润的阴坡和半阴坡地。园区内所有天然林地、灌木林地、疏林地划为国家级生态公益林实施封育保护。

作为国家所有的重要自然资源资产，三江源国家公园内分布有大量的珍稀濒危野生动物，由于国家公园面积大，且成立时间较短，目前所有数据并不能很准确地反映现有野生动物的具体组成、分布、数量、生存现状，这对重点野生动物的保护造成困扰。

三江源地区经济社会欠发达，居民以藏族为主。玛多、曲麻莱、治多、杂多四县共有牧业人口 12.8 万人，其中公园内共有牧户 16 621 户，人口 6.4 万人。地方财政以中央财政转移支付为主。四县城镇居民人均可支配收入 25 099 元,农牧民人均纯收入 5 876 元。四县社会发育程度低,经济结构单一,传统畜牧业仍为主体产业。基础设施历史欠账多,公共服务能力落后。近几年在国家的大力支持卜,公路建设有了较大的改善,现在不仅有宁果公路、214 国道、109 国道等主干公路与各县及部分乡间公路形成公路网,而且各县城基本建立了卫星地面接收站,安装了程控电话,形成了邮电通信网络。但因其地处偏僻、地广人稀,通信网络建设非常困难。目前,因牧民居住分散,除主干公路沿线外,广大乡村基本没有通信设施。

相对于资源环境保护的承载力而言,由于人口数量的增加及城镇化的加速推进,保护与发展的矛盾依然突出。另外,生态移民、生态管护、生态补偿的相关政策有待进一步加强,退耕还牧还草政策需要认真落实,后续产业发展缺乏支撑,科技教育体系相对落后,规划分区不够精准,监测监督体系不够健全,支撑保障体系不够完善。

第二章 三江源国家公园生态系统完整性评估

自1872年世界上第一个国家公园在美国建立以来,国家公园在美洲、欧洲、亚洲、非洲以及大洋洲迅速发展,截至2017年底,全世界已有200个国家建立了5 625个符合国家公园(Ⅱ类)类型的保护地(IUCN,1993;唐芳林,2017)。国家公园作为世界自然保护事业发展的产物,是全球生物多样性保护的基础(Gaston *et al.*,2006;Timko and Satterfield,2008;Miah *et al.*,2017)。建立国家公园能够促进生态环境和生物多样性的保护,对于维护一个或多个典型生态系统的完整性具有重要意义(Timko and Satterfield,2008;Timko and Innes,2009;唐芳林,2017)。然而,许多国家公园在运行和管理的过程中面临诸多问题和挑战,如管理有效性缺失、保护目标难以实现、生物多样性和生态系统完整性下降以及生态可持续性发展遭受公众质疑等(Scott *et al.*,2001;Salafsky *et al.*,2002;Rodrigues *et al.*,2004;Abebe and Bekele,2018)。为了发挥国家公园作用、体现国家公园建立的初衷以及消除公众对国家公园的质疑,对其地位、功能以及效益进行全面评价是非常必要的(Hockings *et al.*,2000;Stolton,2004;Troy and Yolanda,2017),国家公园生态系统完整性评价的概念正是在这一背景下得以提出(Dudley *et al.*,1999;Parrish *et al.*,2003;Stolton,2004)。近年来,以美国和加拿大为代表的国家已经在国家公园生态系统完整性评价的研究中开展了许多工作(Timko and Innes,2009;Elisa *et al.*,2016;Ladin *et al.*,2016;Schroeder *et al.*,2017),如加拿大设立国家公园时特别强调"典型性"和"生态系统完整性",保护和展示自然景观和自然现象的杰出代表,保护栖息地、野生生物和生态系统多样性,保持或者恢复国家公园的生态系统完整性,即保持生态系统健康完整,其生物多样性和生态系统结构、功能以及过程不受破坏。

我国国家顶层设计也充分考虑了国家公园与生态系统完整性的关系,一系列重要文件均明确提出"建立国家公园体制,保护自然生态和自然文化遗产的原真性与完整性"。因此,本研究通过对国家公园生态系统完整性评价方法进行系统总结和分析,希望可以对解答我国国家公园建设中遇到的问题,如"应该建在哪里""面积应该多大""环境变化和人为干扰下能否仍然具有代表性"等有所裨益,并为制定国家公园建设遴选标准、区划方法、评价体系提供参考。

第一节 评价指标选取原则

生态系统完整性评价指标涉及物理、化学、生物等多学科领域，指标选取的合理性直接决定了评价体系的准确性（Brewer and Menzel，2009）。由于不同生态系统类型和不同生态尺度之间存在差异，因此在建立评价指标体系时首先从当前生态系统实际情况出发，对比目前和过去的生态干扰类型，选择具备生态学意义并与重要的生态系统结构、功能以及过程密切相关的指标，同时这些指标能够对环境质量的变化做出迅速反应并揭示其变化机制（Franklin *et al.*，2002；Young and Sanzone，2002）。通过分析现有文献（Kapos and Lysenko，2002；Timko and Satterfield，2008；Timko and Innes，2009；Brown and Williams，2016；Caniani，2016；Troy and Yolanda，2017），总结出了国家公园生态系统完整性主要评估指标（表2-1），并归纳了指标选取的特点：①多尺度，通过景观指数来解决多尺度

表2-1 国家公园生态系统完整性评价指标

组成	备选指标	备选亚指标
景观条件	景观结构	景观连接度、土地利用指数、缓冲指数、空间异质性、斑块大小、形状和分布、破碎度
	景观状况	土地利用强度、土地利用类型、植被覆盖度
生物条件	生态系统与分区	群落范围、群落构成、群落动态、营养结构、物理结构
	物种/种群	物种分布范围、种群数量动态、种群数量结构、物种丰富度、原生物种、外来物种、形态变异性、遗传多样性、栖息地适宜度
	种群动态测定	指标物种的死亡率和出生率、指示物种的种群生存力
	演替/退化	自然灾害干扰频率和程度、植被年龄类组分布
	有机体状况	生理状态、疾病症状、疾病迹象
理化性质	空气质量和气候条件	基础气候数据、极端气候发生频率
	土壤质量	生物结皮、土壤侵蚀、土壤退化、土壤污染
	水质	水温、浑浊度、pH、电导率、溶解性固体、悬浮性固体、总氮、总有机碳、溶解氧、生化需氧量、化学需氧量、细菌总数、大肠菌群
	养分测定	氮、磷、钙等养分
	无机物和有机化学	金属及其他微量元素、有机化合物
	化学参数	pH、溶解氧、盐度、有机物
生态过程	能量流	初级生产、净生态系统生产、增长率
	物质流和有机碳循环	氮磷循环、其他营养循环
水文地貌	地表径流、地下径流	地表径流模式、地下径流模式、水动力学、盐分特征、储水
	动态结构特征	海峡或海岸线形特征、河漫滩分布区域及范围、水生栖息地特征
	沉积物和物质输送	沉积物补给、沉积物运动、粒径分布特征、其他物质通量
自然干扰	频率、强度、持续时长	火灾、虫害、洪涝、病原体

指标选择问题；②历史性，对比当前和过去的生态干扰类型选取指标；③实用性，选取指标对科研工作者和决策者都具有实用性；④灵活性，基于不同生态系统类型和规模来选取指标；⑤度量性，可量化指标；⑥综合性，考虑生态系统结构、功能以及过程，把景观环境、生物条件、非生物条件以及种群数量结合起来，同时分析生物和非生物之间的相互关系；⑦可重复性。

第二节 生物完整性指数评价体系

生物完整性指数（index of biotic integrity，IBI）评价体系最早由美国学者卡尔（Karr）提出，是以鱼类作为指示生物构建的评估体系，主要用于评价河流健康状况和湿地生态系统健康（Karr，1981；Karr and Dudley，1981）。发展至今，IBI 评价体系已被广泛应用于河流、湖泊、沼泽、海岸滩涂、池塘、水库等湿地的生态健康评价，指示生物类群也由鱼类扩展到底栖动物、着生藻类、维管植物、两栖动物和鸟类等（Raab and Bayley，2012；Chin et al.，2014；Li et al.，2015a）。出于不同区域和研究目的，IBI 评价体系衍生出了一些新的评估方法，如底栖生物完整性指数（benthic index of biotic integrity，B-IBI）（Rehn et al.，2011）、硅藻生物完整性指数（diatom index of biotic integrity，D-IBI）（Tan et al.，2015）、鱼类群落生物完整性指数（fish index of biotic integrity，F-IBI）（Casatti et al.，2009）、大型无脊椎动物完整性指数（macroinvertebrate index of biotic integrity，M-IBI）（Raburu et al.，2009；Lunde and Resh，2012）、浮游生物完整性指数（planktonic index of biotic integrity，P-IBI）（Kane et al.，2009）以及植被生物完整性指数（vegetation index of biotic integrity，V-IBI）（Stapanian et al.，2013）。由于生态系统健康直接影响生态系统的结构、功能以及过程的完整性，IBI 评价体系被运用在了国家公园生态系统完整性评价中。Baron（2003）运用 B-IBI 指数来监测加拿大太平洋沿岸国家公园保留地的流域生态系统完整性，对区域内 19 条溪流进行采样，样本包括浮游生物、襀翅目昆虫以及毛翅目昆虫等，结果表明流域内土地利用与土地覆被变化（land-use and land-cover change，LUCC）直接影响生态系统完整性。因此，LUCC 可作为监测或评估湿地和流域生态系统完整性的一个重要指标，后来该指标作为核心指标之一被运用到了三级法（three level approach，TLA）评估框架和生态系统完整性评估框架（ecosystem integrity assessment framework，EIAF）中。

IBI 评价体系基于高强度的野外调查和室内实验分析，虽花费大、耗时长以及生物鉴定专业性要求较高，但评价结果准确可靠，是北美洲国家公园生态系统监测和生态系统完整性评估常用的方法之一（Baron，2003）。值得注意的是，IBI 评价体系主要用于大尺度水生生态系统完整性评价中，因此采样范围需要考虑整个流域，一旦采样范围不合理，将直接影响评估的准确性。国家公园或保护区的边界有可能并未囊括整个流域，当使用 IBI 评价体系对其生态系统完整性进行评价时有必要对研究区域外的流域范围进行采样，以提高评价的准确性。

第三节 三级法评估框架

三级法（TLA）评估框架是由美国国家环境保护局（U.S. Environmental Protection Agency，USEPA）根据国家公园和野生动物保护区的实际生态环境状况而研发的生态系统完整性评价体系，它在评价独立且较为复杂的生态系统完整性时具有极大的灵活性（Brooks *et al.*，2004；Tiner，2004）。华盛顿国家野生动物保护区（Washington State Wildlife Areas）运用 TLA 评估框架来评价和监控国家公园和野生动物保护区的生态系统完整性，对恢复该保护区的野生动物资源种群数量做出了重要贡献（Michael *et al.*，2011）。美国国家公园管理局（U.S. National Park Service，NPS）以 TLA 评估框架为导向建立了 EIAF 的指标体系。TLA 评估框架分为三个级别，即远程型评价（remote assessment）、快速型评价（rapid assessment）和密集型评价（intensive assessment）（表 2-2）。

表 2-2　TLA 生态系统完整性评估框架各个级别之间的差异

项目	远程型评价	快速型评价	密集型评价
目的	使用地理信息系统（GIS）和遥感数据对一个区域的生态系统完整性状况进行评价	使用相对简单且容易获得的实地调研指标对一个区域的生态系统完整性状况进行评价	使用相对详细且可量化的实地调研指标对一个区域的生态系统完整性状况进行评价
数据源	TM 遥感影像	实地调研指标	实地调研指标
指标	景观指数、土地覆盖、土地利用变化、路网密度、大坝数量及分布区域、不透水面面积比例等	景观连接度、路口交叉数、植被结构、外来物种入侵、森林地表状况、水文、土壤、沟渠、外来污染源输入等	景观连接度、植物区系质量指数、生物完整性植被指数、植被结构、水文、土壤钙铝比值等
功能	识别优先保护区域、分析景观生态类型目前状况和发展趋势、监控目标生态系统的恢复等	完善生态系统完整性评分报告、监控或管理生态恢复项目的实施情况、为流域景观规划提供指导、为生态保护提供参考等	详细的实地测量和统计抽样设计可提高生态系统完整性评价的准确性、进一步完善生态系统完整性评分报告、监控或管理生态恢复项目的实施情况等

一、远程型评价

远程型评价属于生态系统完整性评价中成本比较低廉的一种评价方式，它适用于所有自然生态系统，近年来被广泛运用在国家公园和野生动物保护区的生态系统完整性评价中（Brooks *et al.*，2004；Tiner，2004；Michael *et al.*，2011）。远程型评价通常用在实地考察难度较大的保护区中，主要通过地理信息系统（GIS）和遥感数据来获取生态系统类型空间分布信息并评估大尺度区域的生态系统完整性（Mack，2006；Faber-Langendoen *et al.*，2009a），其评价指标通常是从处理过的卫星遥感影像中获取。远程型评价作为生态系统完整性评价的一种基本方法，通常采用景观条件模型（landscape condition model，LCM）对景观完整性进行全面评价（Comer and Hak，2009）。LCM 类似于人类足迹模型（human footprint model，HFM）、人为逆境模型（anthropogenic stress model，ASM）（Danz *et al.*，2007）以及景观开发强度指数（landscape development intensity index，LDII）（Brown and Vivas，2005），将统一空间分辨率的土地利用图层（道路、土地覆被、大坝、矿山等）整合在一起作为压力指标的数据来源。由于不同压力指标对生态系统完整性具有不同程度的响应，进而基于距离衰减函数来分析压力指标对生态系统完整性的影响，并从中获取压力指标的压力值。尽管远程型评价中的遥感数据通常被认为是低精度数据，或相比实地考察收集来的数据更不准确，但情况并非如此，从高分辨率影像图中提取的数据精度极高，而且比实地考察收集的数据更全面，因此远程型评价方法并没有因为使用遥感数据作为主要评价指标而影响评价结果的准确性，反而由于该评价方法成本低廉而备受推崇（Faber-Langendoen *et al.*，2009a）。美国国家环境保护局把远程型评价方法运用在国家野生动物保护区生态系统完整性评价中，为评价生态系统完整性、监测生态系统变化趋势、监测国家野生动物生态系统的长期变化提供了保障，也为国家野生动物保护区的管理者提供了管理决策方法。

二、快速型评价

快速型评价是一种基于实地考察的生态系统完整性评价方法，它采用通用随机方格分层算法（generalized random tessellation stratified，GRTS）进行空间平衡抽样，并创建空间平衡随机抽样点，进而通过实地考察来获取区域生态系统完整性评价指标（Stevens and Olsen，1999）。该评价方法中的指标获取速度相比其他评价方法更直接、更迅速、更有效。快速型评价方法将获取的评价指标以定量或半定量的形式组合在一起，然后通过判读各个指标的度量值来评价区域生态系统的完整性。国家公园和野生动物保护区大力推崇快速型评价法，因为它可以用来识别目标区域中的脆弱生态系统和生态敏感区，这对于优先保护区域的划分、保护地的恢复与重建有着现实意义。

三、密集型评价

密集型评价对评价指标的精度要求极高，通常进行严格的实地采样来获取详细且精准的评价指标并以定量的形式来评价区域生态系统完整性（Blocksom *et al.*，2002）。由于通过实地取样来获取评价区域的植被、土壤、水文、鸟类、鱼类、两栖类以及无脊椎动物等量化指标需要花费更多的人力、物力以及财力，因此密集型评价方法相对其他生态系统完整性评价方法而言成本最高，但评估结果最为准确，对于监测生态系统动态意义重大（Rocchio and Crawford，2009）。在使用密集型评价方法时，通常需要配合远程型评价和快速型评价一起使用，进行递进式评价。

TLA 评估框架作为一套完整的生态系统完整性评估框架，每个级别都可以独立完成相应的评价工作。由于评价对象、评价目的以及评价指标获取的难易度存在差异，不同研究选取不同的级别来完成评价工作。在条件允许的情况下，三个级别可相结合进行递进式评价，前提是三个级别的评价指标体系或概念模型的选择标准是一致的。

第四节　生态系统完整性评估框架

世界上许多科研机构参与了生态系统完整性评估框架（EIAF）的研发和改进工作，包括大自然保护协会（The Nature Conservancy）、公益自然（NatureServe）、自然遗产组织（Natural Heritage Network）、美国国家公园管理局（U.S. National Park Service）以及华盛顿州自然资源部（Washington State Department of Natural Resources）（Faber-Langendoen et al.，2009a，2009b）。EIAF 结合了大自然保护协会和公益自然的生态理念和保护经验，其目的是加强生物多样性保护、提高生物资源管理效率（Brown and Williams，2016）。它属于一种多指标评价方法，通过记录生物和非生物的退化过程来反应生态系统是否完整，利用生态系统完整性指标记分矩阵来反映评价结果，每个指标得分通过计算测量值和参考值得到（Michael et al.，2011）。EIAF 相比其他评价方法更为灵活，通过调整指标的组合可以完成多种生态系统的完整性评估，同时，它结合了 TLA 评估框架来完成多尺度生态系统完整性的评估。EIAF 在指标选取方面也有所突破，它不仅考虑了影响当前生态系统完整性的指标，还考虑了影响未来生态系统完整性的指标，如选择森林病原体和土壤原生病原体。森林病原体（包括本地病原体和外来病原体）强烈影响森林结构，甚至导致森林死亡，进而使得森林火灾隐患增加；土壤原生病原体是森林植被和生态系统的自然干扰因素之一，它可引起植物枯萎、死亡。森林病原体和土壤原生病原体对当前生态系统影响较小，甚至可忽略不计，因此EIAF 把类似对当前生态系统影响较小，但对未来生态系统影响较大的指标用来评价未来生态系统的完整性。

EIAF 作为国家公园管理局的一个重要生物资源管理和保护工具，被广泛运用在国家公园和野生动植物保护区的生态系统完整性监测和评价中。美国堪萨斯大学（Kansas University）把 EIAF 运用在了堪萨斯州的狼溪（Wolf Creek）流域研究中，并对该流域的生物状况、水质进行了全面评价（Liechti and Dzialowski，2003）；纽约州立大学环境科学与林业科学学院把 EIAF 运用在了国家公园森林生态系统监测和完整性评价当中（Tierney et al.，2009）；华盛顿州鱼类和野生动物部运用 EIAF 对华盛顿野生动植物分布区进行生态系统监控和评价，并运用该框架的计分统计法评价了落基山脉亚高山林地生态系统完整性（Michael et al.，2011）；加拿大国家公园管理局（Parks Canada）极其重视国家公园的生态系统完整性，运用 EIAF 来评估一个区域是否可以建立国家公园（Parks Canada Agency，2005）；EIAF 吸取了 IBI 评价体系和 TLA 评估框架的优点，扩充了评价体系的指标，优化了生态系统完整性评价计分统计法，是目前最为成熟的国家公园生态系统完整性评价方法之一。

第五节　三江源国家公园生态系统完整性评估

国家公园的生态系统完整性是国家公园的核心价值和管理目标，国家公园的生态系统完整性评价为管理部门制定保护策略和调整管理模式提供了依据（Elisa et al.，2016）。经过各国生态学家多年的深入研究，国家公园生态系统完整性在理论和基础上得到了深入的发展，国家公园生态系统完整性评价体系也逐渐完善，一些评估框架和体系在实际运用中也能真实地反映国家公园生态系统完整性状况，证明了这些研究方法是评价敏感的自然生态系统受人类活动干扰影响程度大小的工具之一（Schweiger et al.，2016）。国家公园生态系统完整性评价方法不仅可用来评估国家公园生态系统完整性状况，同时还可以运用到国家公园初期规划和制定遴选标准的过程中。国家公园生态系统完整性评价体系的构建弥补了以往国家公园生态系统完整性研究的空缺，提升了国家公园管理的有效性和布局的合理性，为保护大尺度的生态过程、相关物种以及生态系统特性做出了贡献。现有国家公园生态系统完整性评价体系具备评价方式灵活、数据收集便利、可重复性强和易操作等特点，因此被很多国家运用到保护地管理和规划中。

目前，我国国家公园体制经过试点探索已积累了一些宝贵经验，同时也遇到了如下几个亟待解决的问题。①国家公园范围划定不合理：部分区域属于自然生态系统主体却没有被划入到保护地范围之内，而一些并不属于自然生态系统主体的区域却被划入其中，使得生态系统完整性没有得到科学的保护。②优先保护区域不明确：部分国家公园体制试点整合了周边多个保护地，使原先互不相连的保护地连成一片，但目前保护工作中仍参照以前的功能区划进行保护和管理，没有对整合后的保护地进行生态系统完整性评价以及重新划分功能区。③跨区域保护难度大：为了保持自然生态系统的原真性与完整性，部分国家公园体制试点对周边保护地进行了整合，使得整合后的保护地跨越了不同行政区域，从而引发了保护地跨行政区域管理难题。国家公园生态系统完整性评估框架能解决我国国家公园体制试点中遇到的一些问题，诸如：①国家公园选址；②国家公园范围界定；③不同生态区域的国家公园面积多大才合理；④如何科学划分国家公园的功能区域，识别和选取优先保护区域；⑤如何进行国家公园生境质量的评价和生物资源动态的监测；⑥国家公园受环境变化和人为因素干扰是否具有代表性等。但由于国家公园涉及的生态系统本身极其复杂，加之生态系统完整性内涵比较丰富，因此国家公园生态系统完整性评价的工作仍然具有极大的挑战性。

为解决目前三江源国家公园建设中遇到的难题和建立适合我国国家公园生态系统完整性的评价体系，建议我国科研人员和管理决策者从以下几方面进一步研究。第一，我国地形复杂多样，一个地形地貌、气候类型、流域和植被垂直带谱通常属于多个行政区域，加之"山水林田湖草"是一个生命共同体，在运用生态系统完整性评价方法来规划设计、建设管理国家公园时需考虑生态系统和生态过程的完整性和连续性，避免单纯使用行政边界来界定国家公园范围，有必要时可以使用动态边界来划分国家公园范围。第二，由于生态系统和生态过程具备完整性和连续性等特点，在对国家公园水生生态系统完整性评价时，采样点位应尽量覆盖整个流域，评估结果才具备科学意义。第三，已有的一些指示物种和备选指标并不能满足对自然条件各异的生态系统完整性评价的需求，在对某些系统特别是陆域生态系统进行评价时往往找不到合适的评价指标，加强物种同外来压力和生态状态关系的研究、继续寻找能够反映生态系统完整性状态和变化趋势的新的指示物种将是未来研究的重要方向。第四，地下微生物生态是区域生态系统完整性的重要组成部分，在建立国家公园生态系统完整性评价指标时可加入真菌、细菌等微生物指标，使得评价体系更符合实际，评价结果更加客观和科学。第五，国家公园保护管理更注重的是"自然－经济－社会"复合生态系统，相比于单纯的生态系统更具复杂性，然而国家公园生态系统完整性评价通常从景观、生物、物理、化学等方面考虑指标的选取，并没全面考虑生态系统完整性的复杂性，因此在后期建立评价体系时需结合社会经济可持续发展与人类健康等方面的特点来建立新的评价指标，如自然资源利用方式与保护的一致性、传统文化资源保护水平、社区居民保护意愿以及社区生态补偿程度等。第六，现有的国家公园生态系统完整性评价体系具有较大的主观性，主要采用专家打分、单一指数法和综合指数法等来进行定量评价，易受到评价专家的专业背景和经验误导等影响，造成不同定量评价方法和模型中各个指标量化阈值的差异，因此，制定统一标准的评价方法体系将是有必要的。

第三章　三江源国家公园生态功能评估

被称为"中华水塔"的三江源地区是我国重要的生态屏障,长江总水量的25%,黄河总水量的49%,澜沧江总水量的15%都来自这里。三江之水覆盖了我国 66%的地区(含"南水北调"工程覆盖地区),每年为三条江河下游地区提供近 600 亿 m^3 水质优良的水资源,然而其生态环境脆弱,在全球气候变暖和人类活动加剧的多重影响下,近几十年来生态系统持续退化(Shao *et al.*,2017)。2000年,三江源区成立了三江源自然保护区,2003 年,三江源保护区升级为国家级自然保护区,并于 2005 年开始实施《青海三江源自然保护区生态保护和建设总体规划》。2016 年,开展国家公园体制试点,2021 年正式设立三江源国家公园。至此,三江源区的生态保护已成为我国生态保护的最高等级保护模式。

三江源国家公园建设以自然恢复为主,以三江源生态保护和建设二期工程为基础,统筹实施高寒草甸与高寒草原生态系统保护、河湖和湿地生态系统保护、生物多样性保护等工程,同时更加注重人与自然和谐共生。三江源国家公园的建立,可加强对三江源区生态系统完整性、原始性的保护,重点解决保护地交叉重叠、多头管理、管理不到位等突出问题(何跃君,2016)。三江源国家公园的定位遵循生态系统整体保护、系统修复理念,以一级功能分区明确空间管控目标,以二级功能分区落实管控措施(国家发展和改革委员会,2018)。科学合理的功能分区有助于自然资源保护和平衡各方利益(付梦娣等,2017)。

目前,针对国家公园的研究多从体制建设(黄宝荣等,2018)、制度创新、发展模式(窦亚权和李娅,2018)、旅游开发(向宝惠和曾瑜皙,2017)等角度开展,从生态角度针对国家公园的评估相对较少(陈耀华和陈远笛,2016)。目前多以三江源区、自然保护区或单一流域为研究区,开展包括重要生态功能指标如水源涵养(吴丹等,2016)、土壤保持(林慧龙等,2017)、碳固定、生物多样性(梁健超等,2017)、植被覆盖度(Liu *et al.*,2014)等物质量、价值量时空分布状况调查,生态补偿机制研究(孙发平和曾贤刚,2008),三江源生态工程的效益评估(刘纪远等,2013),生态系统服务的变化机制(Jiang and Zhang,2015)等方面的有益探索。从地理空间上看,尽管三江源国家公园与自然保护区范围重叠较大,但它们在环境条件上差异明显(乔慧捷等,2018)。

资源评估是国家公园功能区划的重要方法之一(付梦娣等,2017),目前多是针对某一年份的评估分析(陈丹,2015)。然而因降水周期等外界环境的影响变化,单一年份评估结果存在一定不确定性，不能真实反映生态资源概况（Shao et al.，2017）。建立国家公园动态过程生态本底，即定量分析建立国家公园体制前一段时长内该区生态功能基础状况及其时空变化特征，对于支撑国家公园体制实施方案的管理决策，强化自然资源资产管理，指导该区生态保护的统筹规划、科学布局、分区管控，明确后续环境影响评价和效益预估，后期进一步争取中央加大财政转移支付力度，探索生态补偿机制具有重要意义。

本章利用遥感、地理信息系统、生态评估模型等数据与方法，对三江源国家公园生态系统类型及其功能状况的空间分异特征、2000~2015 年生态功能时空变化趋势进行定量分析，厘清国家公园的生态系统本底状况，辨识生态功能的重要性，可为科学划分国家公园管理分区、实行差异化保护提供科学依据，在构建我国国家公园体制的顶层设计等方面具有科学和实践意义。

第一节　生态功能评估方法

一、主要数据来源与处理

生态系统类型：基于多源卫星遥感数据，经辐射定标、大气校正、几何精纠正等预处理后，判读解译获得的土地利用/覆被数据，在此基础上，生成森林[密林地（有林地）、灌丛、疏林地、其他林地]、草地（高覆盖度草地、中覆盖度草地、低覆盖度草地）、水体与湿地（沼泽地、河渠、湖泊、水库、冰川与永久积雪、滩地）、荒漠（沙地、戈壁、盐碱地、高寒荒漠、裸土地、裸岩砾石地）、聚落（城镇、农村居民地、工矿）生态系统空间分布数据。遥感解译成果精度达到95%左右，满足研究需求（徐新良等，2014）。

归一化植被指数（NDVI）：收集了 MODIS 2000~2015 年的 NDVI 时间序列数据产品（MOD13Q1）。该数据空间分辨率为 250m，时间分辨率为 16 天。利用萨维茨基-戈莱（Savitzky-Golay）滤波对长时间序列 NDVI 数据进行处理，以去除云和大气等噪声的影响。

气象观测数据：来源于国家气象科学数据共享平台 2000~2015 年的日值观测数据，主要包括日均风速、风向、降水、温度、日照时数等。采用 ANUSPLINE 方法对站点观测数据进行插值得到空间分辨率为 1km 的栅格数据。该方法在空间插值过程中考虑了地形因子的影响，能够表达一定的空间异质性。

积雪数据：来源于中国西部环境与生态科学数据中心网站下载的中国雪深长时间序列数据集，该数据集提供了从 1978 年开始的多年逐日中国范围内的积雪厚度分布。

地形数据：航天飞机雷达地形测绘任务（shuttle radar topography mission，

SRTM）数字高程模型（DEM）数据（V4.1），空间分辨率为90m，来源于中国科学院计算机网络信息中心国际科学数据镜像网站。

土壤数据：来源于中国科学院资源环境科学数据中心的 1∶100 万中国土壤数据库，为空间矢量数据。该数据库根据全国土壤普查办公室 1995 年编制并出版的《1∶100 万中华人民共和国土壤图》，采用了传统的"土壤发生分类"系统，基本制图单元为亚类，共分出 12 土纲，61 个土类，227 个亚类。土壤属性数据库记录数达 2 647 条，属性数据项 16 个，主要包括土壤类型、土壤颗粒含量、土壤有机质含量等属性。

二、生态功能评估方法

（一）水源涵养

水源涵养服务是生态系统内多个水文过程及其水文效应的综合表现，它是植被层、枯枝落叶层和土壤层对降雨进行再分配的复杂过程，主要功能表现在增加可利用水资源、减少土壤侵蚀、调节径流和净化水质等方面。

水源涵养量计算采用的是降水储存量法（赵同谦，2004），它通过生态系统的水文调节效应来衡量涵养水分的能力，具体公式如下

$$Q = A \times J \times R \tag{3.1}$$

$$J = J_0 \times K \tag{3.2}$$

$$R = R_0 - R_g \tag{3.3}$$

式中，Q 为与裸地相比较，森林、草地、农田、荒漠等生态系统涵养水分的增加量（m^3）；A 为生态系统面积（hm^2）；J 为计算区多年均产流降水量（mm）；J_0 为计算区多年均降水总量（mm）；R_0 为产流降水条件下裸地降水径流率；R_g 为产流降水条件下生态系统降水径流率；K 为计算区产流降水量占降水总量的比例；R 为与裸地相比，生态系统减少径流的效益系数。

在计算过程中，自然植被在极度退化状态下也会保留一定的覆盖度，不会完全退化至纯裸地，因此上式中 R_0 用极度退化下残留植被的降雨径流率代替（刘纪远等，2016）。

1. 产流降水量占降水总量的比例（K 值）

将 K 值利用实测日降水值、热带降雨监测计划（tropical rainfall measuring mission，TRMM）数据、多年年均河川径流系数等，修正为 1km 分辨率的空间分布数据。具体做法为，通过搜集已公开发表文献中用径流小区实测的降雨产流临界值，根据点位信息，以邻近国家气象台站实测日降水数据修正同时期热带降雨测量卫星提供的逐日 3h 降水量数据，累积单次降雨量大于降雨产流临界值的数

值，得到单点产流降雨量占降雨总量的比例（K 值）。扫描并数字化了多年年均河川径流系数等值线，并进行了空间插值，将上述 K 值与该点径流系数建立线性关系，相关系数高达 0.8 以上。通过该线性关系，即可得到产流降雨量占降雨总量比例的空间分布。

2. 降雨径流率

森林 R_g 主要通过国内外公开发表的文献资料和出版专著中的实测结果整理得到。根据文献中的位置信息、植被类型信息、实测地表径流量等信息，结合气候分区数据，进行不同气候带下不同森林类型的文献数据、参数整理工作；草地 R_g 与草地植被覆盖度 fc 建立关系，以得到其空间分布数据（吴丹等，2016）。

$$R_g = -0.318\ 7 \times fc + 0.364\ 03\ (R^2=0.933\ 7) \tag{3.4}$$

青藏高原区的高寒草甸是发育在高原和高山上的一种非地带性草地类型。植物种类繁多，植株低矮，生长密集。其土壤表层有厚约 3cm 至 10 余厘米的草皮，根系交织似毡，软韧而具弹性，具有良好的涵养水源能力。不同植被覆盖度下高寒草甸的降水产流特征采用李元寿等（2006）在长江和黄河源园区的研究结果。

3. 结果验证

利用直门达、沱沱河、吉迈、唐乃亥水文站 1997～2012 年的实测径流量数据，对 4 个流域估算结果进行相关性验证，R^2 系数均超过 0.6（图 3-1）。

（二）土壤保持

土壤保持服务功能是指活地被物和凋落物层层截留降水，降低水滴对表土的冲击和地表径流的侵蚀作用，防止土壤崩塌泻溜，减少土壤肥力损失以及改善土壤结构的功能。

土壤保持量为潜在土壤侵蚀量与真实土壤侵蚀量的差值，本书土壤侵蚀量采用修正的通用土壤流失方程（revised universal soil loss equation，RUSLE）（Renard et al.，1997）计算。具体公式如下

$$A_{真实} = R \times K \times L \times S \times C \times P \tag{3.5}$$

$$A_{潜在} = R \times K \times L \times S \times C_{潜在} \tag{3.6}$$

$$A_{保持} = A_{潜在} - A_{真实} \tag{3.7}$$

式中，A 为土壤侵蚀模数[t/(hm²·a)]；R 为降雨侵蚀力因子[MJ·mm/(hm²·h·a)]；K 为土壤可蚀性因子[(t·hm²·h)/(hm²·MJ·mm)]；L 为坡长因子，无量纲；S 为坡度因子，无量纲；C 为土地覆盖和管理因子，取值范围为 0～1，无量纲；P 为水土保持措施因子，取值范围为 0～1，无量纲。

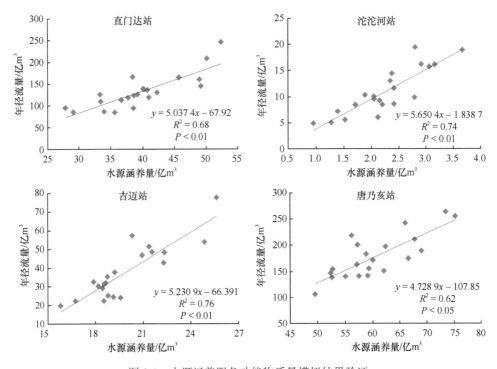

图 3-1　水源涵养服务功能物质量模拟结果验证

1. 降雨侵蚀力因子（R）

降雨侵蚀力是土壤侵蚀的驱动因子，与土壤侵蚀强度有直接的关系。R 计算可分为 EI_{30} 经典计算方法和常规气象资料简易算法两类。由于降雨动能 E 和 30min 降雨强度 I_{30} 资料获取难度较大，所以国内外许多学者根据区域性降雨侵蚀特点，建立了基于常规降雨量资料的简易模型。本书采用章文波等（2002）的日降雨量拟合模型来估算降雨侵蚀力，它是基于日降雨量资料的半月降雨侵蚀力模型。

$$M_i = \alpha \sum_{j=1}^{k} D_j^{\beta}$$

式中，M_i 为某半月时段的降雨侵蚀力值[MJ·mm/(hm²·h·a)]；D_j 为半月时段内第 j 天的侵蚀性日雨量（要求日雨量大于等于 12mm，否则以 0 计算，阈值 12mm 与中国侵蚀性降雨标准一致）；k 为半月时段内的天数，半月时段的划分以每月第 15 日为界，每月前 15 天作为一个半月时段，该月剩下部分作为另一个半月时段，将全年依次划分为 24 个时段；β、α 是模型待定参数

$$\beta = 0.836\,3 + \frac{18.144}{\overline{P}_{d12}} + \frac{24.455}{\overline{P}_{y12}} \qquad (3.8)$$

$$\alpha = 21.586\,\beta^{-7.189\,1} \qquad (3.9)$$

式中，$\overline{P}_{d12}$ 为日雨量 12mm 以上（包括等于 12mm）的日平均雨量；$\overline{P}_{y12}$ 为日雨量 12mm 以上（包括 12mm）的年平均雨量。

2. 土壤可蚀性因子（K）

土壤是土壤侵蚀发生的主体，土壤可蚀性是表征土壤性质对侵蚀敏感程度的指标，即在标准单位小区上测得的特定土壤在单位降雨侵蚀力作用下的土壤流失率。土壤可蚀性因子采用诺谟图模型（Wischmeier et al.，1971）计算。韦施迈尔（Wischmeier）根据美国主要土壤性质，分析了 55 种土壤性质指标，筛选出粉粒+极细砂粒含量、砂粒含量、有机质含量、结构和入渗 5 项土壤特性指标，建立了 K 值与土壤性质之间的诺谟图模型。其计算公式如下

$$K=\left[2.1\times10^{-4}\left(12-\mathrm{OM}\right)M^{1.14}+3.25\left(S-2\right)+2.5\left(P-3\right)\right]/100\times0.131\,7 \quad (3.10)$$

式中，K 为土壤可蚀性值；OM 为土壤有机质含量百分比（%）；M 为土壤颗粒级配参数，为美国粒径分级制中（粉粒+极细砂）与（100–黏粒）百分比之积；S 为土壤结构系数；P 为渗透等级。

3. 坡长和坡度因子（L、S）

由于坡度和坡长因子相互之间联系较为紧密，因此通常将它们作为一个整体进行考虑。坡长因子是指在其他条件相同的情况下，某一长度的田块坡面上的土壤流失量与 72.6 英尺（标准单位小区的长度；1 英尺 = 0.304 8m）长坡面上的流失量的比值；坡度因子是指在其他条件相同的情况下，某一坡度的田块坡面上的土壤流失量与 9%（标准单位小区的坡度）坡度的坡面上流失量的比值。

坡度因子综合采用 RUSLE 方程和刘宝元等（2001）的研究成果进行计算，当坡度小于等于 18% 时，采用 RUSLE 方程计算；当坡度大于 18% 时，采用刘宝元等（2001）改进后的公式计算。坡长因子采用 RUSLE 方程计算。核心算法为

$$L=\left(\frac{\lambda}{22.13}\right)^m \quad (3.11)$$

$$m=\beta/\left(1+\beta\right) \quad (3.12)$$

$$\beta=\left(\sin\theta/0.089\,6\right)/\left[3.0\times\left(\sin\theta\right)^{0.8}+0.56\right] \quad (3.13)$$

$$S=\begin{cases}10.8\sin\left(s\right)+0.03, & \theta<9\% \\ 16.8\sin\left(s\right)-0.50, & 9\%\leqslant\theta\leqslant18\% \\ 21.91\sin\left(s\right)-0.96, & \theta>18\%\end{cases} \quad (3.14)$$

式中，L 为坡长（m）；m 为无量纲常数，取决于坡度百分比值（θ）；s 也为坡度，单位是弧度。

在坡长计算中把生态系统类型边界、道路、小河、沟塘等地表要素考虑为径流的阻隔因素。当坡长累计至阻隔要素边界时自动终止，从而避免坡长的高估。

4. 土地覆盖和管理因子（C）

C 是指在一定的覆盖度和管理措施下，一定面积土地上的土壤流失量与采取连续清耕、休闲处理的相同面积土地上的流失量的比值，为无量纲数，取值范围 $0 \sim 1$。要确定 C 值，需要详细的气候、土地利用、前期作物残留量、土壤湿度等资料，在大尺度研究中，一般难以获取这些资料，且 C 值的经典算法非常复杂，在本书中采用了蔡崇法等（2000）提出的 C 值计算方法，具体公式如下

$$C = \begin{cases} 1 & f = 0 \\ 0.650\,8 - 0.343\,6\,\lg f & 0 < f \leqslant 78.3\% \\ 0 & f > 78.3\% \end{cases} \quad (3.15)$$

式（3.15）中，植被覆盖度 f 基于植被指数 NDVI 数据计算得到，公式如下

$$f = \frac{(\text{NDVI} - \text{NDVI}_{\text{soil}})}{(\text{NDVI}_{\text{max}} - \text{NDVI}_{\text{soil}})} \quad (3.16)$$

式中，$\text{NDVI}_{\text{soil}}$ 为纯裸土像元的 NDVI 值；NDVI_{max} 为纯植被像元的 NDVI 值。

5. 水土保持措施因子（P）

水土保持措施因子反映作物管理措施对土壤流失量的影响，结合前人研究成果（彭建等，2007；李天宏和郑丽娜，2012；孙文义等，2014）及三江源国家公园实地概况，根据三江源国家公园土地利用数据，林地和草地取 1，水体与沼泽取 0，居民地与建设用地取 0，旱地取 0.4，沙地与盐碱地取 1。

6. 结果验证

通过搜集称多县及德念沟 2 个地面监测点的土壤侵蚀实测资料（2006~2009年）与本书土壤侵蚀模拟结果进行对比，R^2 系数达到 0.63。利用沱沱河、吉迈以及直门达 3 个水文站 1996~2004 年 5~10 月的逐日输沙量数据对估算结果进行相关性验证，R^2 为 0.89（曹巍等，2018）（图 3-2）。

（三）防风固沙

土壤风蚀（wind erosion）是大气与地表的一种动力作用过程，其实质是在风力的作用下，表层土壤中的细颗粒和营养物质的吹蚀、搬运与沉积的过程。防风固沙功能是生态系统对风蚀的控制作用，是生态系统防治风蚀造成的土壤表层富含营养元素的细微颗粒和养分、有机质等营养物质的大量损失，土壤粗化和土壤肥力、土地生产力下降等对农牧业生产造成的影响。

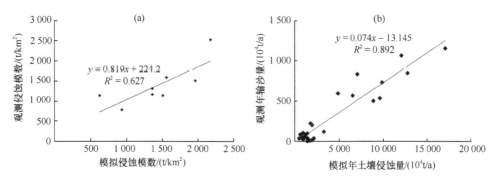

图 3-2　土壤侵蚀模数验证结果

防风固沙量为潜在土壤风蚀量与真实土壤风蚀量的差值，土壤风蚀量采用修正的土壤风蚀方程（revised wind erosion equation，RWEQ）计算（图 3-3）。具体公式如下

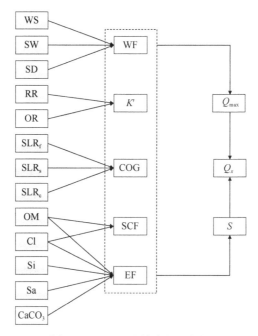

图 3-3　RWEQ 计算流程示意图

$$SL = Q_x / x \tag{3.17}$$

$$Q_x = Q_{max}\left[1 - e^{\left(\frac{x}{s}\right)^2}\right] \tag{3.18}$$

$$Q_{max} = 109.8\left(WF \cdot EF \cdot SCF \cdot K' \cdot COG\right) \tag{3.19}$$

$$s = 150.71\left(\mathrm{WF}\cdot\mathrm{EF}\cdot\mathrm{SCF}\cdot K'\cdot\mathrm{COG}\right)^{-0.3711} \tag{3.20}$$

式中，SL 为土壤风蚀模数；x 为地块长度；Q_x 为地块长度 x 处的沙通量（kg/m）；$Q_{\max}$ 为风力的最大输沙能力（kg/m）；s 为关键地块长度（m）；WF 为气候因子；EF 为土壤可蚀性因子；SCF 为土壤结皮因子；K' 为土壤糙度因子；COG 为植被因子，包括平铺、直立作物残留物和植被冠层。

1. 气候因子

$$\mathrm{WF} = \frac{\sum_{i=1}^{N}\mathrm{WS}_2\left(\mathrm{WS}_2-\mathrm{WS}_t\right)^2\times N_d\rho}{N\times g}\times\mathrm{SW}\times\mathrm{SD} \tag{3.21}$$

$$\mathrm{SW} = \frac{\mathrm{ET}_p - \left(R+I\right)\dfrac{R_d}{N_d}}{\mathrm{ET}_p} \tag{3.22}$$

$$\mathrm{ET}_p = 0.0162\times\frac{\mathrm{SR}}{58.5}\times\left(\mathrm{DT}+17.8\right) \tag{3.23}$$

$$\mathrm{SD} = 1-P \tag{3.24}$$

式中，WF 为气候因子（kg/m）；WS_2 为 2m 处风速（m/s）；WS_t 为 2m 处临界风速（假定为 5m/s）；N 为风速的观测次数（一般 500 次）；ρ 为空气密度（kg/m³）；g 为重力加速度（m/s²）；SW 为土壤湿度因子，无量纲；SD 为雪覆盖因子。ET_p 为潜在相对蒸发量（mm）；R 为降雨量（mm）；I 为灌溉量（mm）；R_d 为降雨次数总和或灌溉天数（d）；N_d 为天数（d），一般 15 天；SR 为太阳辐射总量（cal/cm²）；DT 为平均温度（℃）；P 为计算时段内积雪覆盖深度大于 25.4mm 的概率，无量纲。

气候因子中的风因子和土壤湿度因子利用从中国气象科学数据共享服务网（http: //cdc.cma.gov.cn）下载的国家台站的日均风速、降水、温度、日照时数、纬度等来计算完成；雪盖因子则利用从中国西部环境与生态科学数据中心网站下载的中国雪深长时间序列数据集来计算。

2. 土壤可蚀性因子

土壤可蚀性因子为土壤表层直径小于 0.84mm 的颗粒的含量，利用 Fryrear 等（1994）建立的方程进行计算。

$$\mathrm{EF} = \frac{29.09 + 0.31\mathrm{Sa} + 0.17\mathrm{Si} + 0.33\mathrm{Sa}/\mathrm{Cl} - 2.59\mathrm{OM} - 0.95\mathrm{CaCO_3}}{100} \tag{3.25}$$

式中，Sa 为土壤砂粒含量；Si 为土壤粉砂含量；Sa/Cl 为土壤砂粒和黏土含量比；OM 为有机质含量；$\mathrm{CaCO_3}$ 为碳酸钙含量。

3. 土壤结皮因子

土壤结皮为土壤颗粒物（特别是黏土、粉砂与有机质颗粒）的胶结作用而在土壤表面生成一层物理、化学和生物性状均较特殊的土壤微层。

$$SCF = \frac{1}{1+0.006\,6(Cl)^2 + 0.021(OM)^2} \tag{3.26}$$

式中，Cl 为黏土含量，取值范围 5.0～39.3；OM 为有机质含量，取值范围 0.32～4.74。

在土壤可蚀性和土壤结皮因子的计算过程中，RWEQ 模型中土壤可蚀性和土壤结皮因子的计算所用土壤资料为美国制，而我国第二次土壤普查使用了国际制，为此，采用对数正态分布模型，利用实测数据将土壤质地资料进行了转换，并对拟合精度进行了评估，在此基础上估算了土壤可蚀性和土壤结皮因子。

4. 地表粗糙度因子

土壤糙度因子 K' 取决于自由糙度 RR 和定向糙度 OR，采用阿里·萨莉哈（Ali Saleh）提出的一种滚轴式链条法来测地表糙度，其基本原理是：两点间直线距离最短，当地表糙度增加时，其地表距离随之增加。于是当一个给定长度为 L_1 的链条放于粗糙的地表时，其水平长度将缩小为 L_2，L_1 和 L_2 的差值和地表粗糙程度密切相关。

$$K' = e^{\left[R_c \times \left(1.86K_r - 2.41K_r^{0.934}\right) - 0.124C_{rr}\right]} \tag{3.27}$$

$$K_r = \frac{4(RH)^2}{RS} \tag{3.28}$$

$$C_{rr} = \left(1 - \frac{L_2}{L_1}\right) \times 100 \tag{3.29}$$

$$R_c = 1.0 \times 10^{-2}\left(4.71\theta - 7.33 \times 10^{-2}\theta^2 + 3.74 \times 10^{-4}\theta^3\right) \tag{3.30}$$

式中，K' 为土壤糙度因子，无量纲；R_c 为调整系数，无量纲；θ 为风向与垄平行方向的夹角（°）；K_r 为土垄糙度因子，无量纲；RH 为土垄高度（cm）；RS 为土垄间距（cm）；L_1、L_2 为给定长度（m）；C_{rr} 为任意方向上的地表糙度，无量纲。

5. 综合植被因子

该因子用来确定植被残茬和生长植被的覆盖对土壤风蚀的影响，利用照片法定点进行实地观测与计算。

$$COG = SLR_f \times SLR_s \times SLR_c \tag{3.31}$$

$$SLR_f = e^{-0.043\,8(SC)} \tag{3.32}$$

$$SLR_s = e^{-0.034\,4\left(SA^{0.6413}\right)} \tag{3.33}$$

$$SLR_c = e^{-5.614\left(cc^{0.7366}\right)} \tag{3.34}$$

式中，COG 为植被因子，无量纲；SLR_f 为枯萎植被的土壤流失比率，无量纲；SC 为枯萎植被地表覆盖率，无量纲；SLR_s 为直立残茬土壤流失比率，无量纲；SA 为直立残茬当量面积（cm^2），$1m^2$ 内直立秸秆的个数乘以秸秆直径的平均值再乘以秸秆高度；SLR_c 为植被覆盖土壤流失比率，无量纲。

根据文献收集地面测定的不同地区的风蚀模数结果对本估算结果进行验证，结果尚好（巩国丽，2014；黄麟等，2015）。

三、数据分析

（一）变化趋势分析方法

采用最小二乘法分析生态系统水源涵养、土壤保持以及防风固沙等功能，及植被覆盖度、气象要素的年际变化趋势

$$S = \frac{\sum_{i=1}^{n} m_i X_i - \frac{1}{n}\sum_{i=1}^{n} m_i \sum_{i=1}^{n} X_i}{\sum_{i=1}^{n} m_i^2 - \frac{1}{n}\left(\sum_{i=1}^{n} m_i\right)^2} \tag{3.35}$$

式中，S 为变化斜率；X_i 为水源涵养、土壤保持以及防风固沙等功能及植被覆盖度、气象要素，$i=1，2，3，\cdots，n$；m_i 为年份序数，$m_1=1$，$m_2=2$，$m_3=3$，$\cdots$，$m_n=n$。

（二）生态功能重要性辨识方法

利用 2017 年环境保护部印发的《生态保护红线划定指南》中关于生态系统服务重要性的分级方法，对三江源国家公园生态系统水源涵养、土壤保持和防风固沙服务进行重要性分级，分别划定出一般重要区、重要区及极重要区。

通过模型计算，得到不同类型生态系统服务量（如水源涵养量）栅格图。在 ArcGIS 中，运用 Map Algebra 功能，输入公式"Int（[某一功能的栅格数据]/[某一功能栅格数据的最大值]×100）"，得到归一化后的生态系统服务值栅格图。导出栅格数据属性表，属性表记录了每一个栅格像元的生态系统服务值，将服务值按从高到低的顺序排列，计算累加服务值。将累加服务值占生态系统服务总值比例的 50%与 80%所对应的栅格值，作为生态系统服务功能评估分级的分界点，利用 ArcGIS 的 Classified 工具，将生态系统服务功能重要性分为 3 级，即极重要、重要和一般重要 3 个等级。

第二节　三江源国家公园生态系统类型空间分布格局

三江源国家公园以草地、荒漠、水体与湿地生态系统为主，面积分别为 $6.93×10^4km^2$、$4.34×10^4km^2$ 和 $1.04×10^4km^2$，分别占国家公园总面积的 56.2%、35.2% 和 8.4%；森林及聚落生态系统分别占国家公园总面积的 0.16%、0.004%（图3-4，表3-1）。

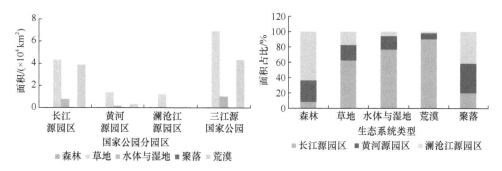

图 3-4　三江源国家公园各分园区不同生态系统类型面积及占比

表 3-1　三江源国家公园各分园区不同生态系统类型面积　　（单位：$×10^4km^2$）

生态系统类型	长江源园区	黄河源园区	澜沧江源园区	三江源国家公园
森林	0.001 6	0.005 3	0.012 2	0.019 1
草地	4.338 2	1.378 6	1.214 2	6.931 0
水体与湿地	0.797 9	0.180 2	0.061 6	1.039 8
聚落	0.000 1	0.000 2	0.000 2	0.000 5
荒漠	3.908 2	0.337 6	0.090 5	4.336 3

其中，长江源园区以草地与荒漠生态系统为主，分别占长江源园区面积的 48.0% 和 43.2%。草地主要分布在该园区东南部，面积为 $4.34×10^4km^2$，荒漠主要分布在该园区西北部，面积为 $3.91×10^4km^2$，园区内还分布着大量的水体与湿地，面积为 $0.80×10^4km^2$，约占园区面积的 8.8%，占三江源国家公园水体与湿地面积的 76.7%。

黄河源园区以草地生态系统为主，面积为 $1.38×10^4km^2$，约占该园区面积的 72.5%；其次是荒漠生态系统，面积为 $0.34×10^4km^2$，约占该园区面积的 17.8%；园区内同样分布着以扎陵湖与鄂陵湖为代表的众多高原湖泊以及湿地生态系统，面积为 $0.18km^2$，约占国家公园水体与湿地生态系统的 17.3%。

澜沧江源园区的草地生态系统的面积占比最高，面积为 $1.21×10^4km^2$，约占该

园区面积的 88.1%，其次是荒漠、水体与湿地生态系统，面积分别为 0.09×10⁴km²
和 0.06×10⁴km²，占比均不足 10%。该园区南部分布有少量森林生态系统，面积为
0.01×10⁴km²，约占国家公园森林生态系统的 63.8%；聚落生态系统约占国家公园
聚落面积的 41.5%。

第三节　三江源国家公园生态功能空间格局

一、水源涵养

2015 年三江源国家公园森林、草原、湿地生态系统水源涵养量为 5.50×10⁹m³，
单位面积水源涵养量为 5.49 万 m³/km²。从空间分布来看，大致呈现西北低东南高
的空间格局，大部分区域的单位面积水源涵养量为 0～10 万 m³/km²（图 3-5）。从
水源涵养总量来看，长江源园区水源涵养量最多，为 2.70×10⁹m³，其次是黄河源
园区，水源涵养量为 2.02×10⁹m³，澜沧江源园区水源涵养量最少，为 7.85×10⁸m³；
从单位面积量来看，黄河源园区单位面积水源涵养量最大，为 11.34 万 m³/km²，
其次是澜沧江源园区，单位面积水源涵养量为 5.73 万 m³/km²，长江源园区单位面
积水源涵养量最低，为 4.20 万 m³/km²。

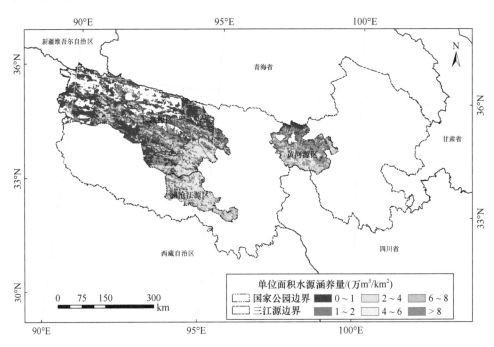

图 3-5　2015 年三江源国家公园陆地生态系统水源涵养量空间分布

2000～2015 年，三江源国家公园多年平均水源涵养量约为 $6.54×10^9m^3$，单位面积水源涵养量为 6.8 万 m^3/km^2，呈西北低东南高的空间格局（图3-5）。从水源涵养总量来看，长江源园区最大，为 $3.33×10^9m^3$，其次是黄河源园区，为 $2.12×10^9m^3$，澜沧江源园区涵养水量为 $1.09×10^9m^3$；从单位面积量来看，黄河源园区最高，为 11.9 万 m^3/km^2，其次是澜沧江源园区，为 8.0 万 m^3/km^2，长江源园区为 5.2 万 m^3/km^2（图3-6）。

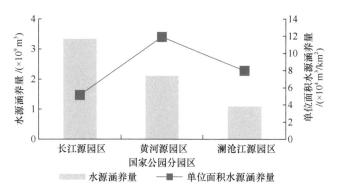

图 3-6　2000～2015 年三江源国家公园各园区水源涵养量及单位面积水源涵养量

分生态系统来看，森林生态系统多年平均水源涵养量约为 $0.19×10^8m^3$，单位面积水源涵养量为 9.87 万 m^3/km^2；草地生态系统多年平均水源涵养量约为 $4.60×10^9m^3$，单位面积水源涵养量为 6.26 万 m^3/km^2；湿地生态系统多年平均水源涵养量约为 $8.42×10^8m^3$，单位面积水源涵养量为 15.81 万 m^3/km^2；荒漠生态系统（包括沙地、戈壁等）多年平均水源涵养量约为 $9.12×10^8m^3$，单位面积水源涵养量为 5.45 万 m^3/km^2。

三江源国家公园区生态系统水源涵养功能一般重要区面积占比为 74.6%，主要分布于全区的西北部，其中长江源园区面积占比最大，为 74%，其次为黄河源园区，面积占比为 16%，澜沧江源园区面积占比为 10%；重要区面积占比为 10.1%，主要分布于全区中部，其中澜沧江源园区面积占比最大，为 45%，其次为长江源园区，面积占比为 36%，黄河源园区面积占比为 18%；极重要区面积占比为 15.3%，主要分布于长江源园区中部、南部，黄河源园区中部，澜沧江源园区北部和南部，其中长江源园区面积占比最大，为 52%，其次为黄河源园区，面积占比为 34%，澜沧江源园区面积占比为 14%（图3-7）。

二、土壤保持

2015 年，三江源国家公园生态系统土壤保持量为 $4.18×10^8t$，单位面积土壤保

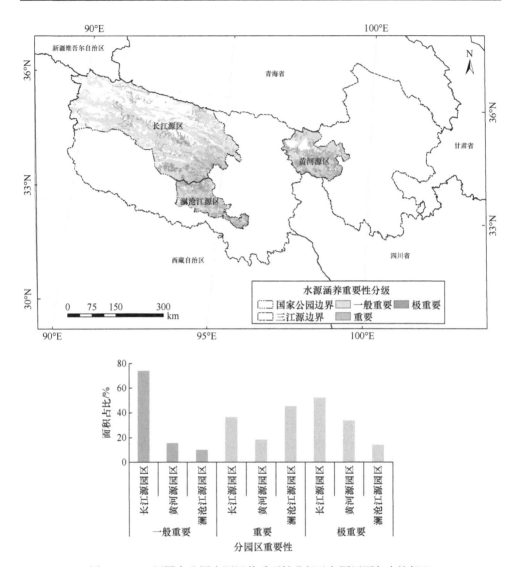

图 3-7 三江源国家公园水源涵养重要性分级及各园区面积占比概况

持量为37.09t/hm²。从空间分布来看，大致呈现中部高西北及东部低的空间格局，尤其澜沧江源园区西南角，其土壤保持功能较高（图 3-8）。从土壤保持总量来看，长江源园区最大，为2.84×10⁸t，其次是澜沧江源园区，为1.13×10⁸t，黄河源园区保持土壤量为0.20×10⁸t；从单位面积量来看，澜沧江源园区单位面积土壤保持量最高，为86.20t/hm²，其次是长江源园区，为34.59t/hm²，黄河源园区为11.48t/hm²。

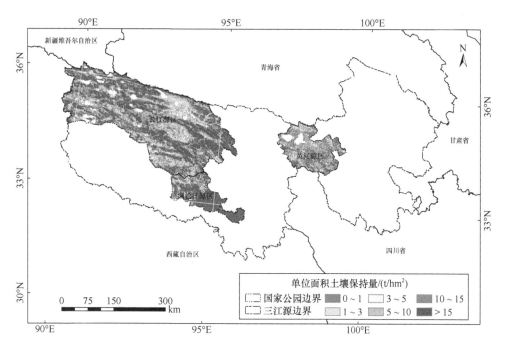

图 3-8 2015 年三江源国家公园陆地生态系统单位面积土壤保持量空间分布

2000~2015 年,三江源国家公园多年平均土壤保持量约为 $1.52×10^8$t,单位面积土壤保持量为 13.5t/hm²,呈中部高西北及东部低的空间格局。从土壤保持总量来看,长江源园区最大,为 $1.01×10^8$t,其次是澜沧江源园区,为 $0.35×10^8$t,黄河源园区保持土壤量为 $1.60×10^7$t;从单位面积量来看,澜沧江源园区最高,为 26.4t/hm²,其次是长江源园区,为 12.3t/hm²,黄河源园区为 9.2t/hm²(图 3-9)。

分生态系统来看,森林生态系统多年平均土壤保持量约为 $8.90×10^5$t,单位面积土壤保持量为 47.45t/hm²;草地生态系统多年平均土壤保持量约为 $1.11×10^8$t,单位面积土壤保持量为 15.20t/hm²;荒漠生态系统多年平均土壤保持量约为 $3.20×10^7$t,单位面积土壤保持量为 8.83t/hm²。

三江源国家公园区生态系统土壤保持功能一般重要区面积占比为 73.5%,主要分布于西北部,其中长江源园区面积占比最大,为 75%,其次为黄河源园区,面积占比为 17%,澜沧江源园区面积占比 8%;重要区面积占比为 12.8%,主要分布于中部,其中长江源园区面积占比最大,为 69%,其次为黄河源园区,面积占比为 16%,澜沧江源园区面积占比 15%;极重要区面积占比 13.7%,主要分布于长江源园区中东部,澜沧江源园区南部,其中长江源园区面积占比最大,为 67%,其次为澜沧江源园区,面积占比为 26%,黄河源园区面积占比为 8%(图 3-10)。

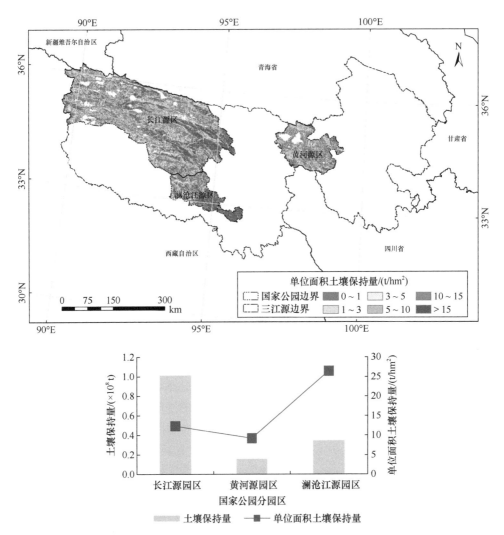

图 3-9　2000～2015 年三江源国家公园生态系统年均土壤保持功能空间分布和各园区土壤保持量及单位面积量

三、防风固沙

2015 年，三江源国家公园生态系统防风固沙量为 $4.82 \times 10^8 t$，单位面积防风固沙量为 $42.81 t/hm^2$。从空间分布来看，呈西高东低的空间格局，尤其是黄河源园区，整体防风固沙功能较低（图 3-11）。从防风固沙总量来看，长江源园区最大，为 $4.47 \times 10^8 t$，其次是澜沧江源园区，为 $3.10 \times 10^7 t$，黄河源园区防风固沙总量为 $4.00 \times 10^6 t$；从单位面积量来看，长江源园区单位面积防风固沙量最高，为 $54.40 t/hm^2$，其次是澜沧江源园区，为 $23.56 t/hm^2$，黄河源园区为 $2.10 t/hm^2$。

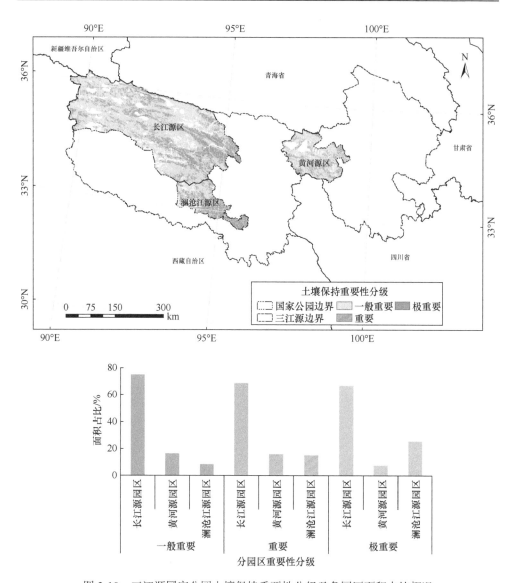

图 3-10　三江源国家公园土壤保持重要性分级及各园区面积占比概况

2000～2015 年，三江源国家公园多年平均防风固沙量约为 4.80×10^8 t，单位面积防风固沙量为 42.6t/hm²，呈西高东低的空间格局。从防风固沙总量来看，长江源园区最大，为 4.37×10^8 t，其次是澜沧江源园区，为 3.60×10^7 t，黄河源园区防风固沙总量为 7.00×10^6 t；从单位面积量来看，长江源园区最高，为 53.1t/hm²，其次是澜沧江源园区，为 27.0t/hm²，黄河源园区为 4.1t/hm²（图 3-12）。

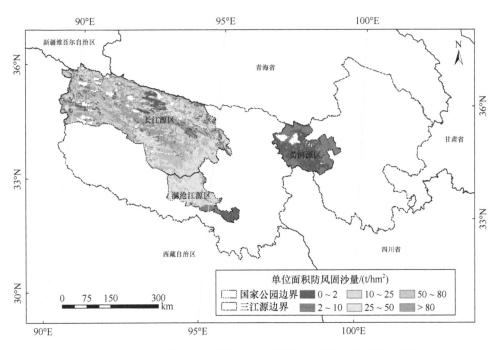

图 3-11　2015 年三江源国家公园陆地生态系统单位面积防风固沙量空间分布

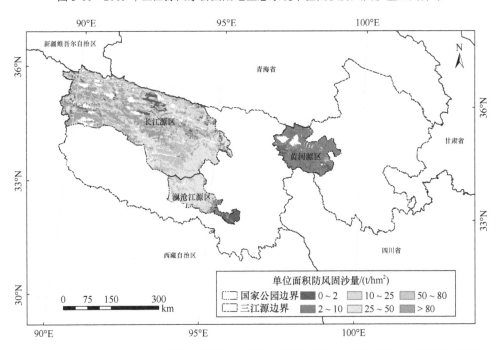

图 3-12　2000～2015 年三江源国家公园生态系统年均防风固沙功能空间分布和各园区及其单位面积防风固沙量

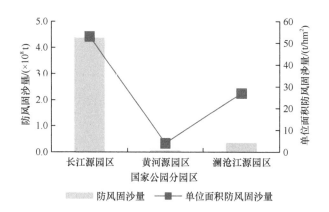

图 3-12（续） 2000～2015 年三江源国家公园生态系统年均防风固沙功能空间分布和各园区及
其单位面积防风固沙量

分生态系统来看，森林生态系统多年平均防风固沙量约为 2.60×10^5 t，单位面积防风固沙量为 13.58t/hm²；草地生态系统多年平均防风固沙量约为 3.02×10^8 t，单位面积防风固沙量为 41.46t/hm²；荒漠生态系统多年平均防风固沙量约为 1.62×10^8 t，单位面积防风固沙量为 44.46t/hm²。

三江源国家公园区生态系统防风固沙功能一般重要区面积占比为 53.0%，主要分布于黄河源园区、澜沧江源园区南部以及长江源园区中北部，其中长江源园区面积占比最大，为 55%，其次为黄河源园区，面积占比为 29%，澜沧江源园区面积占比为 16%；重要区面积占比 24.6%，主要分布于长江源园区南部及澜沧江源园区北部，其中长江源园区面积占比最大，为 87%，其次为澜沧江源园区，面积占比为 13%，黄河源园区无；极重要区面积占比 22.4%，主要分布于长江源园区中西部地区，其中长江源园区面积占比最大，为 99%，其次为澜沧江源园区，面积占比为 1%，黄河源园区无（图 3-13）。

四、生态功能重要性总体评价

三江源国家公园生态功能极重要区约占全区面积的 51.4%，其中水源涵养极重要区主要位于东部，土壤保持极重要区主要位于中部，防风固沙极重要区主要位于西部（图 3-14）。

从不同生态功能极重要区能力来看，黄河源园区的水源涵养极重要区能力最强，为 35.9 万 m³/km²；澜沧江园区的土壤保持极重要区能力最强，为 68.4t/hm²；长江源园区的防风固沙极重要区能力最强，为 95.1t/hm²。

分园区来看，黄河源园区中，生态功能极重要区约占该分区面积的 32.8%，

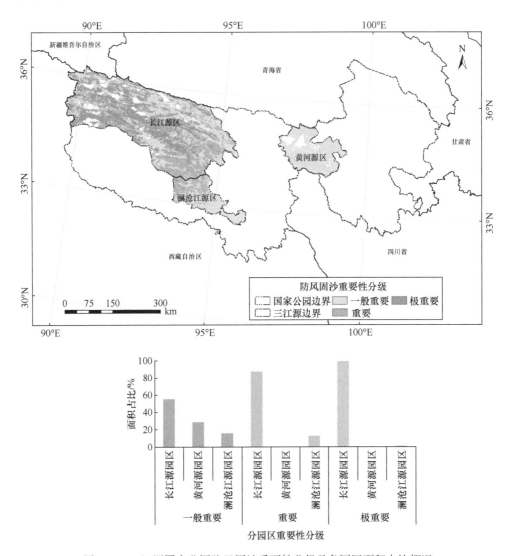

图 3-13 三江源国家公园防风固沙重要性分级及各园区面积占比概况

其中水源涵养极重要区在该区面积占比最高，为 26.0%，因此该分区核心生态功能为水源涵养；澜沧江源园区中，生态功能极重要区约占该分区面积的 45.4%，其中土壤保持极重要区在该区面积占比最高，为 29.9%，因此该分区核心生态功能为土壤保持；长江源园区中，生态功能极重要区约占该分区面积的 54.1%，其中防风固沙极重要区在该区面积占比最高，为 30.5%，因此该分区核心生态功能为防风固沙（表 3-2，图 3-15）。

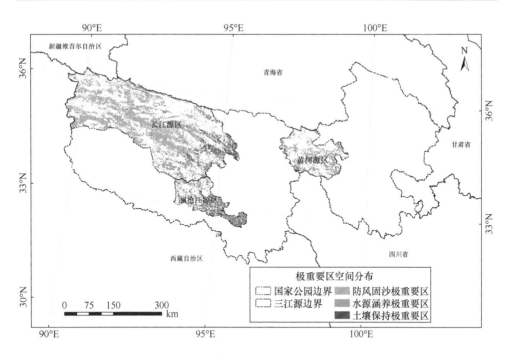

图 3-14　三江源国家公园生态功能极重要区空间分布

表 3-2　不同园区不同生态功能重要性面积占比

长江源园区			黄河源园区			澜沧江源园区		
一般重要	水源涵养	83.40%	一般重要	水源涵养	63.90%	一般重要	水源涵养	54.00%
	土壤保持	75.40%		土壤保持	79.60%		土壤保持	53.20%
	防风固沙	40.10%		防风固沙	100.00%		防风固沙	72.00%
重要	水源涵养	5.40%	重要	水源涵养	9.90%	重要	水源涵养	31.70%
	土壤保持	12.10%		土壤保持	13.60%		土壤保持	16.80%
	防风固沙	29.40%		防风固沙	0.00%		防风固沙	26.70%
极重要	水源涵养	11.10%	极重要	水源涵养	26.00%	极重要	水源涵养	14.20%
	土壤保持	12.50%		土壤保持	6.80%		土壤保持	29.90%
	防风固沙	30.50%		防风固沙	0.00%		防风固沙	1.30%

由此，三江源国家公园形成了东部以水源涵养、中部以土壤保持、西部以防风固沙为核心生态功能的空间格局。

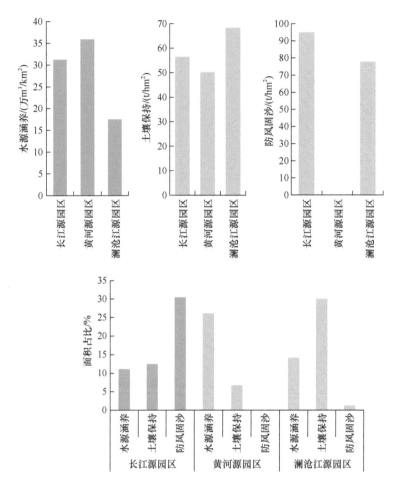

图 3-15 各园区生态功能极重要区单位面积功能量及面积占比

第四节　三江源国家公园生态功能变化态势

一、2000～2015 年水源涵养功能变化

（一）水源涵养功能变化量

2000～2010 年三江源国家公园林、草、湿生态系统年均水源涵养量为 $6.71×10^9 m^3$，单位面积水源涵养量为 7.01 万 m^3/km^2；2010～2015 年三江源国家公园林、草、湿生态系统年均水源涵养量为 $6.06×10^9 m^3$，单位面积水源涵养量为 6.32 万 m^3/km^2。与 2000～2010 年相比，2010～2015 年的年均水源涵养量下降了 9.72%，单位面积水源涵养量下降了 9.84%。从空间分布来看，水源涵养量的降低主要发

生在长江源园区的中东部地区及澜沧江源园区的西北部，水源涵养量的提高主要发生在黄河源园区以及澜沧江源园区的东南部（图 3-16～图 3-18）。

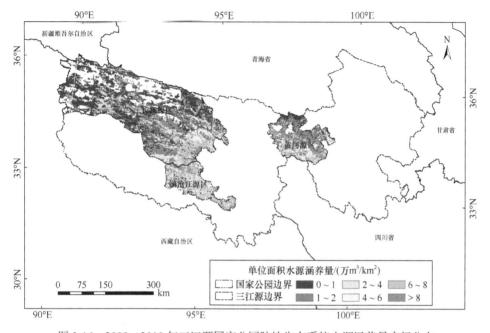

图 3-16　2000～2010 年三江源国家公园陆地生态系统水源涵养量空间分布

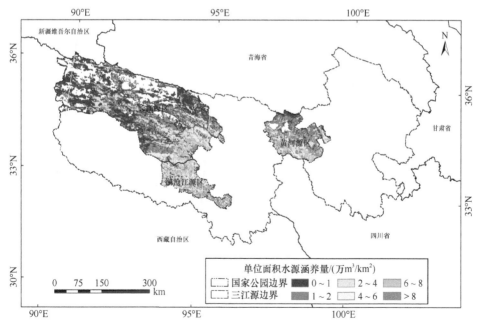

图 3-17　2010～2015 年三江源国家公园陆地生态系统水源涵养量空间分布

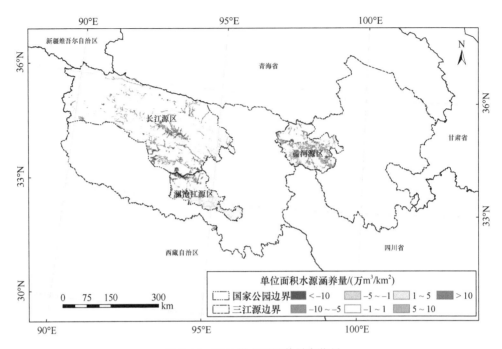

图 3-18　两时段水源涵养量变化量

从不同水源涵养变化量的面积统计来看,绝大多数地区单位面积水源涵养量基本保持不变,水源涵养量增加的面积占比为 8.78%,其中轻微增加较多,面积占比为 5.48%,其次为明显增加,面积占比为 2.24%,较明显增加较少,面积占比为 1.06%;水源涵养量降低的总面积占比为 9.89%,其中,明显降低最多,面积占比为 5.05%,其次为轻微降低,面积占比为 2.89%,较明显降低最少,面积占比为 1.95%(表 3-3)。

表 3-3　不同等级水源涵养变化量面积统计

等级	变化量/(万 m³/km²)	面积/km²	占比/%
明显降低	< -10	4 835	5.05
较明显降低	-10 ~ -5	1 867	1.95
轻微降低	-5 ~ -1	2 771	2.89
基本不变	-1 ~ 1	77 906	81.33
轻微增加	1 ~ 5	5 247	5.48
较明显增加	5 ~ 10	1 019	1.06
明显增加	> 10	2 143	2.24

从分区来看,2000~2010 年,长江源园区年均水源涵养量为 $3.46 \times 10^9 \mathrm{m}^3$,年均单位面积水源涵养量为 5.38 万 $\mathrm{m}^3/\mathrm{km}^2$;2010~2015 年,长江源园区年均水

源涵养量下降至 2.98×10⁹m³，降幅为 13.80%，年均单位面积水源涵养量下降至 4.63 万 m³/km²，降幅为 13.94%。2000～2010 年，黄河源园区年均水源涵养量为 2.11×10⁹m³，年均单位面积水源涵养量为 11.85 万 m³/km²；2010～2015 年，黄河源园区年均水源涵养量下降至 2.08×10⁹m³，降幅为 1.14%，年均单位面积水源涵养量下降至 11.73 万 m³/km²，降幅为 1.01%。2000～2010 年，澜沧江源园区年均水源涵养量为 1.15×10⁹m³，年均单位面积水源涵养量为 8.36 万 m³/km²；2010～2015 年，澜沧江源园区年均水源涵养量下降至 9.95×10⁸m³，降幅为 13.18%，年均单位面积水源涵养量下降至 7.27 万 m³/km²，降幅为 13.04%。

分生态系统来看，2000～2010 年森林生态系统年均水源涵养量为 1.60×10⁷m³，单位面积水源涵养量为 8.16 万 m³/km²；2010～2015 年森林生态系统年均水源涵养量为 1.80×10⁷m³，单位面积水源涵养量为 9.44 万 m³/km²。与 2000～2010 年相比，2010～2015 年的年均水源涵养量上升了 12.5%，单位面积水源涵养量均上升了 15.70%。2000～2010 年草地生态系统年均水源涵养量为 4.85×10⁹m³/a，单位面积水源涵养量为 6.73 万 m³/km²；2010～2015 年草地生态系统年均水源涵养量为 4.58×10⁹m³/a，单位面积水源涵养量为 6.35 万 m³/km²。与 2000～2010 年相比，2010～2015 年的年均水源涵养量及单位面积水源涵养量均下降了 5.60%。2000～2010 年水体与湿地生态系统年均水源涵养量为 8.36×10⁸m³，单位面积水源涵养量为 15.05 万 m³/km²；2010～2015 年水体与湿地生态系统年均水源涵养量为 6.21×10⁸m³，单位面积水源涵养量为 11.18 万 m³/km²。与 2000～2010 年相比，2010～2015 年的年均水源涵养量及单位面积水源涵养量均下降了 25.7%。总体来看，森林生态系统后期的年均水源涵养量较前期有所增加，单位面积水源涵养量增加；草地生态系统后期的年均水源涵养量较前期有所减少，单位面积水源涵养量减少；水体与湿地生态系统后期的年均水源涵养量较前期有所减少，单位面积水源涵养量减少（图 3-19）。

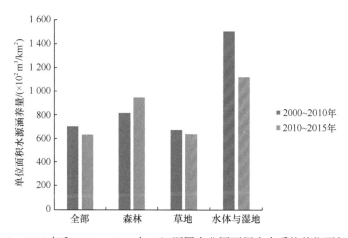

图 3-19　2000～2010 年和 2010～2015 年三江源国家公园不同生态系统单位面积水源涵养量

（二）水源涵养功能变化趋势

2000~2015 年，三江源国家公园水源涵养量呈波动下降态势，变化趋势约为 $-5.6×10^7 \mathrm{m}^3/\mathrm{a}$，单位面积水源涵养量变化趋势约为 $-617\mathrm{m}^3/(\mathrm{km}^2·\mathrm{a})$。从空间分布来看，单位面积水源涵养量呈上升变化态势的区域主要位于黄河源园区、澜沧江源园区及长江源园区的东南部（图3-20）。其中，黄河源园区变化趋势有所上升，约为 $78\mathrm{m}^3/(\mathrm{km}^2·\mathrm{a})$，长江源园区和澜沧江源园区均有所下降，分别为 $-671\mathrm{m}^3/(\mathrm{km}^2·\mathrm{a})$ 和 $-1\,229\mathrm{m}^3/(\mathrm{km}^2·\mathrm{a})$。极重要区单位面积水源涵养量的平均变化趋势明显下降，约为 $-5\,067\mathrm{m}^3/(\mathrm{km}^2·\mathrm{a})$，一般重要区和重要区有所上升（图3-21）。

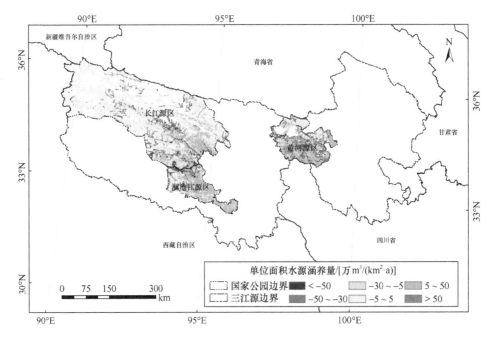

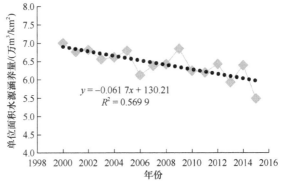

图 3-20　三江源国家公园水源涵养功能变化态势时空分布概况

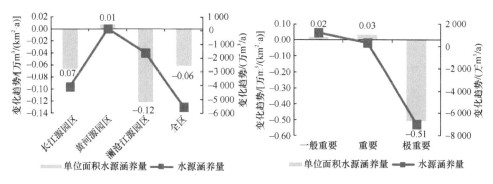

图3-21 不同分区水源涵养服务总量及单位面积量变化态势

从不同变化态势的分布来看，国家公园水源涵养功能主要呈转好态势，约有84.5%的地区水源涵养量呈上升趋势，仅有14.6%的地区呈下降趋势，3个源区水源涵养量增加的地区也均超过各源区面积的80%，但因升幅不高，导致全区年均水源涵养总量呈下降趋势。极重要区水源涵养量增加的地区超过其面积的53.8%，减少区域占45.4%，一般重要区和重要区均以增加为主（图3-22）。

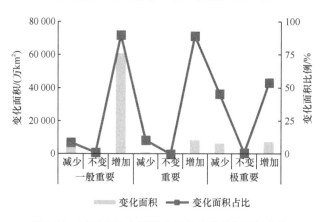

图3-22 不同分区水源涵养服务功能变化面积占比

二、2000~2015年土壤保持功能变化

（一）土壤保持功能变化量

2000~2010年三江源国家公园年均单位面积土壤保持量为11.17t/hm²，年均土壤保持量为1.26×10⁸t。2010~2015年三江源国家公园年均单位面积土壤保持量为18.53t/hm²，年均土壤保持量为2.09×10⁸t。与2000~2010年相比，2010~2015年年均单位面积土壤保持量上升了65.89%，年均土壤保持量上升了65.87%。从空间分布来看，土壤保持量的增加主要发生在长江源园区及澜沧江源园区的东部

区域，降低主要发生在长江园源区的中部及西部区域（图 3-23～图 3-25）。

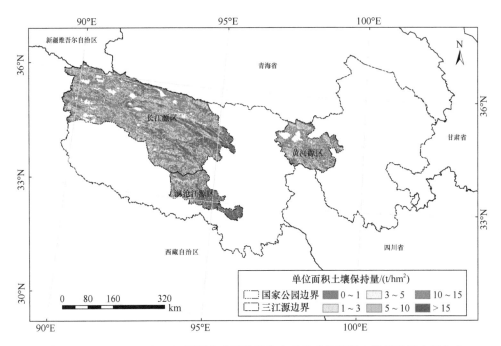

图 3-23　2000～2010 年三江源国家公园陆地生态系统单位面积土壤保持量空间分布

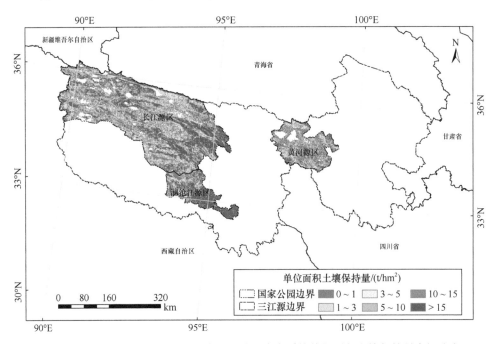

图 3-24　2010～2015 年三江源国家公园陆地生态系统单位面积土壤保持量空间分布

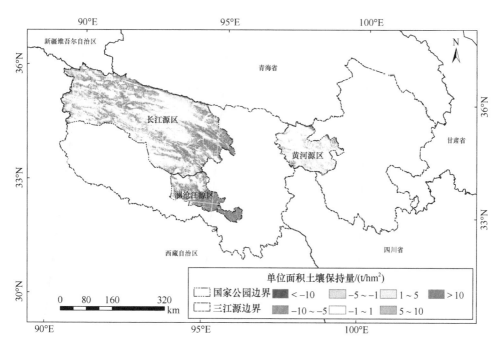

图 3-25　两时段土壤保持量变化量

从不同土壤保持变化量的面积统计来看，绝大多数地区单位面积土壤保持量呈现基本不变或增加变化，土壤保持量增加的面积占比为 61.60%，其中轻微增加较多，面积占比为 31.03%，其次为明显增加，面积占比为 20.08%，较明显增加较少，为 10.49%；单位面积土壤保持量基本不变，面积也较多，面积占比为 36.50%；土壤保持量降低的总面积占比为 1.91%，其中，轻微降低最多，面积占比为 1.48%，其次为较明显降低，面积占比为 0.28%，明显降低最少，面积占比仅为 0.15%（表 3-4）。

表 3-4　不同等级土壤保持变化量面积统计

等级	变化量/（t/hm²）	面积/km²	占比/%
明显降低	<−10	171	0.15
较明显降低	−10～−5	311	0.28
轻微降低	−5～−1	1 662	1.48
基本不变	−1～1	41 089	36.50
轻微增加	1～5	34 927	31.03
较明显增加	5～10	11 810	10.49
明显增加	>10	22 605	20.08

分区来看，2000～2010 年，长江源园区年均单位面积土壤保持量为 10.32t/hm²，年均土壤保持量为 8.5×10⁷t；2010～2015 年，长江源园区单位面积土壤保持量为 16.69t/hm²，年均土壤保持量为 1.37×10⁸t。2000～2010 年，黄河源园区单位面积土壤保持量为 8.99t/hm²，年均土壤保持量为 1.50×10⁷t；2010～2015 年，黄河源园区单位面积土壤保持量为 9.51t/hm²，年均土壤保持量为 1.60×10⁷t。2000～2010 年，澜沧江源园区单位面积土壤保持量为 19.26t/hm²，年均土壤保持量为 2.50×10⁷t；2010～2015 年，澜沧江源园区单位面积土壤保持量为 41.83t/hm²，年均土壤保持量为 5.50×10⁷t。

2000～2010 年森林年均单位面积土壤保持量为 36.50t/hm²，年均土壤保持量为 6.80×10⁵t。2010～2015 年森林年均单位面积土壤保持量为 67.96t/hm²，年均土壤保持量为 1.30×10⁶t。与 2000～2010 年相比，2010～2015 年年均单位面积土壤保持量上升了 86.19%，年均土壤保持量均上升了 91.18%。2000～2010 年草地年均单位面积土壤保持量为 13.33t/hm²，年均土壤保持量为 0.97×10⁸t。2010～2015 年草地年均单位面积土壤保持量为 21.52t/hm²，年均土壤保持量为 1.57×10⁸t。与 2000～2010 年相比，2010～2015 年年均单位面积土壤保持量上升了 61.44%，年均土壤保持量上升了 61.86%。2000～2010 年荒漠年均单位面积土壤保持量为 7.35t/hm²，年均土壤保持量为 2.70×10⁷t。2010～2015 年荒漠年均单位面积土壤保持量为 13.33t/hm²，年均土壤保持量为 4.80×10⁷t。与 2000～2010 年相比，2010～2015 年年均单位面积土壤保持量上升了 81.36%，年均土壤保持量上升了 77.78%。总体来看，所有生态系统类型单位面积土壤保持量及土壤保持量较前期均有所增加（图 3-26）。

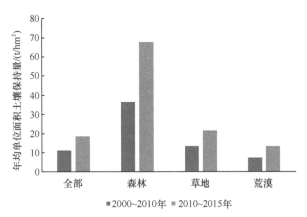

图 3-26　2000～2010 年和 2010～2015 年三江源国家公园陆地生态系统单位面积土壤保持量

（二）土壤保持功能变化趋势

2000～2015 年，三江源国家公园土壤保持量呈波动上升态势，变化趋势约为

987 万 t/a，单位面积土壤保持量变化趋势约为 0.88t/(hm²·a)。从空间分布来看，单位面积土壤保持量呈增加态势的区域主要位于长江源园区的东部及澜沧江源园区的东部及南部，降低主要发生在长江源园区中部（图 3-27）。其中，澜沧江源园区的变化趋势最大，约为 2.52t/(hm²·a)，长江源园区与黄河源园区相当，分别为 0.69t/(hm²·a) 和 0.50t/(hm²·a)。极重要区单位面积土壤保持量的平均变化趋势明显上升，约为 3.69t/(hm²·a)，一般重要区和重要区也有所上升（图 3-28）。

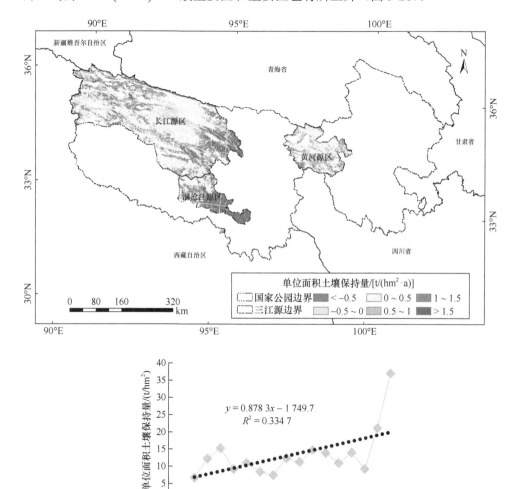

图 3-27　三江源国家公园土壤保持功能变化态势时空分布概况

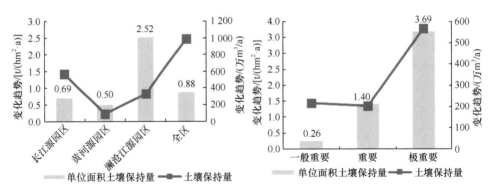

图 3-28　不同分区土壤保持服务总量及单位面积量变化态势

从不同变化态势的分布来看,全区超过 95%的地区土壤保持量均呈上升趋势,其中长江源园区 94.4%的区域呈上升趋势,黄河源园区及澜沧江源园区分别达到 98.6%及 99.5%。极重要区土壤保持量增加的地区占其总面积的 97.3%,一般重要区和重要区也均以增加为主(图 3-29)。

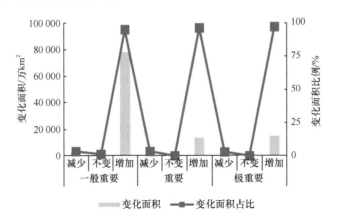

图 3-29　不同分区土壤保持功能服务总量变化面积占比

三、2000～2015 年防风固沙功能变化

(一)防风固沙功能变化量

2000～2010 年三江源国家公园年均单位面积防风固沙量为 43.47t/hm²,年均防风固沙量为 4.89×10⁸t。2010～2015 年三江源国家公园年均单位面积防风固沙量为 40.59t/hm²,年均防风固沙量为 4.57×10⁸t/a。与 2000～2010 年相比,2010～2015 年年均单位面积防风固沙量下降了 6.63%,年均防风固沙量下降了 6.54%。从空间分布来看,防风固沙量的降低主要发生在长江源园区的西北部地区和黄河源园区,升

高主要发生在长江源园区的中部及澜沧江源园区的东北部地区（图3-30～图3-32）。

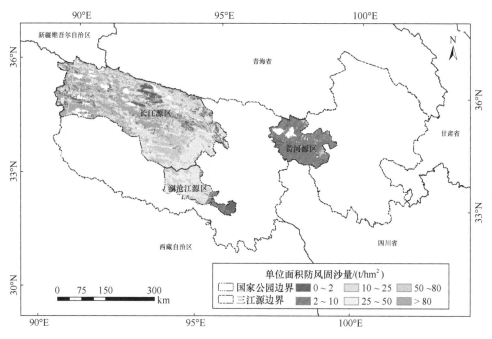

图 3-30　2000～2010 年三江源国家公园陆地生态系统单位面积防风固沙量空间分布

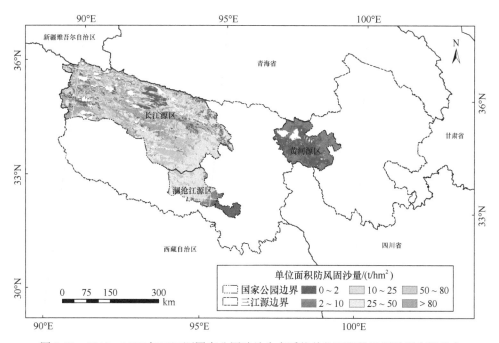

图 3-31　2010～2015 年三江源国家公园陆地生态系统单位面积防风固沙量空间分布

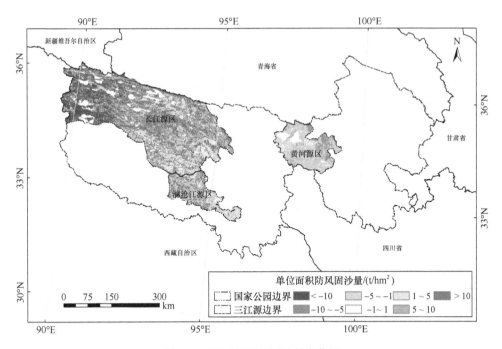

图 3-32　两时段防风固沙量变化量

从不同防风固沙变化量的面积统计来看，超过一半区域单位面积防风固沙量呈现减少变化，防风固沙量减少的面积占比为 54.87%，其中轻微降低较多，面积占比为 25.52%，其次为明显降低，面积占比为 20.85%，较明显降低较少，为 8.50%；单位面积防风固沙量基本不变面积也较多，面积占比为 15.57%；单位面积防风固沙量增加的总面积占比为 29.56%，其中，明显增加最多，面积占比为 13.72%，其次为轻微增加，面积占比为 10.92%，较明显增加最少，面积占比为 4.92%（表 3-5）。

表 3-5　不同等级土壤保持变化量面积统计

等级	变化量/（t/hm²）	面积/km²	占比/%
明显降低	<−10	23 477	20.85
较明显降低	−10～−5	9 568	8.50
轻微降低	−5～−1	28 730	25.52
基本不变	−1～1	17 530	15.57
轻微增加	1～5	12 299	10.92
较明显增加	5～10	5 544	4.92
明显增加	>10	15 448	13.72

分区来看，2000～2010 年，长江源园区年均单位面积防风固沙量为 54.00t/hm²，年均防风固沙量为 $4.44×10^8$t；2010～2015 年，长江源园区年均单位面积防风固沙

量为51.12t/hm², 年均防风固沙量为4.20×10⁸t, 相比前期变化了−5.40%。2000~2010年, 黄河源园区年均单位面积防风固沙量为5.03t/hm², 年均防风固沙量为9.00×10⁶t; 2010~2015年, 黄河源园区年均单位面积防风固沙量为2.00t/hm², 年均防风固沙量为3.00×10⁶t, 相比前期变化了−60.19%。2000~2010年, 澜沧江源园区年均单位面积防风固沙量为27.87t/hm², 年均防风固沙量为3.70×10⁷t; 2010~2015年, 澜沧江源园区年均单位面积防风固沙量为25.30t/hm², 年均防风固沙量为3.30×10⁷t, 相比前期变化了−9.22%。

分生态系统来看, 2000~2010年森林年均单位面积防风固沙量为15.55t/hm², 年均防风固沙量为2.90×10⁵t。2010~2015年森林年均单位面积防风固沙量为11.57t/hm², 年均防风固沙量为2.20×10⁵t。与2000~2010年相比, 2010~2015年森林年均单位面积防风固沙量下降了25.59%, 年均防风固沙量下降了24.13%。2000~2010年草地年均单位面积防风固沙量为43.54t/hm², 年均防风固沙量为3.17×10⁸t。2010~2015年草地年均单位面积防风固沙量为39.21t/hm², 年均防风固沙量为2.85×10⁸t。与2000~2010年相比, 2010~2015年草地年均单位面积防风固沙量下降了9.94%, 年均防风固沙量下降了10.09%。2000~2010年荒漠年均单位面积防风固沙量为44.18t/hm², 年均防风固沙量为1.60×10⁸t。2010~2015年荒漠年均单位面积防风固沙量为44.16t/hm², 年均防风固沙量为1.60×10⁸t。与2000~2010年相比, 2010~2015年荒漠年均单位面积防风固沙量基本保持不变。总体来看, 森林生态系统后期的单位面积防风固沙量及防风固沙总量较前期有所减少; 草地生态系统后期的单位面积防风固沙量及防风固沙总量较前期有所减少; 荒漠生态系统后期的单位面积防风固沙量基本保持不变（图3-33）。

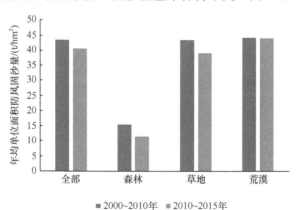

图3-33　2000~2010年和2010~2015年三江源国家公园陆地生态系统单位面积防风固沙量

（二）防风固沙功能变化趋势

2000~2015年, 三江源国家公园防风固沙量呈波动下降态势, 年变化趋势约为–356万t/a，单位面积防风固沙量呈波动变化态势，变化趋势约为–0.32t/(hm²·a)（图3-34）。从空间分布来看，单位面积防风固沙量呈上升态势的区域主要分布在长江源园区中部及东部区域，及澜沧江源园区部分区域。其中，长江源园区和黄河源园区均有所下降，变化趋势均为–0.36t/(hm²·a)，澜沧江源园区基本不变。极重要区单位面积防风固沙量的平均变化呈下降趋势，约为–1.41t/(hm²·a)，一般重要区有些许下降，重要区有所上升（图3-35）。

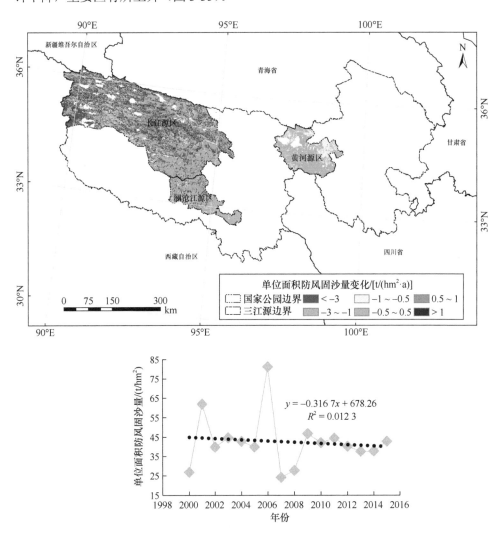

图3-34　三江源国家公园防风固沙功能变化态势时空分布概况

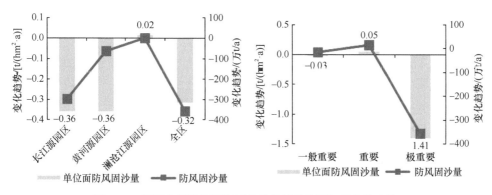

图 3-35　不同分区防风固沙服务总量及单位面积量变化态势

从不同变化态势的分布来看,全区 39.3%的地区防风固沙量有所上升,56.0%的地区则出现了下降。下降幅度较大的地区主要集中在长江源园区西部以及黄河源园区东部。长江源园区出现上升和下降的区域面积相当,分别为 45.2%和 49.2%;而黄河源园区下降的区域超过了 90%。极重要区防风固沙量增加的地区占其面积的 35.3%;重要区以增加为主,增加区域占其面积的 56.8%;一般重要区以减少为主,减少区域占其面积的 58.6%(图 3-36)。

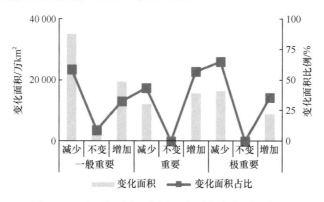

图 3-36　不同分区防风固沙服务功能变化面积占比

第五节　三江源国家公园生态功能变化驱动因素解析

2000~2015 年,三江源国家公园温度及降水量分别以 0.05℃/a 和 2.10mm/a 的变化趋势波动上升(图 3-37、图 3-38),其中,黄河源园区增加最快,分别为 0.053℃/a 和 5.26mm/a,其次是长江源园区,分别为 0.053℃/a 和 1.56mm/a,澜沧江源园区的温度及降水量增加趋势不显著,分别为 0.039℃/a 和 1.40mm/a。气候暖湿化有助于植被返青期提前、生长期延长,进而提高植被覆盖度(Shen *et al.*, 2015)。此外,三江源区实施了大量生态保护与修复工程,至 2012 年累计完成退牧还草 631.22 万 hm^2，封山育林 42.34 万 hm^2，治理黑土滩 18.46 万 hm^2，治理沙漠化土地 4.41 万 hm^2，草原鼠害防治面积 785.41 万 hm^2。在暖湿化气候与生态工程的共同作用下，三江源国家公园草地退化趋势基本遏制，森林面积、郁闭度、蓄积量有所增加，草地退化态势基本遏制，区域内生态系统状况得到较明显改善（Shao et al.，2017）。过去 15 年间，三江源国家公园植被覆盖度呈波动上升趋势，为 1.55%/10a（图 3-37、图 3-38），其中，黄河源园区植被覆盖度上升趋势最明显，为 2.29%/10a，其次是长江源园区，为 1.58%/10a，澜沧江源园区仅为 0.49%/10a。得益于以上因素，水源涵养及土壤保持功能主要呈转好态势。

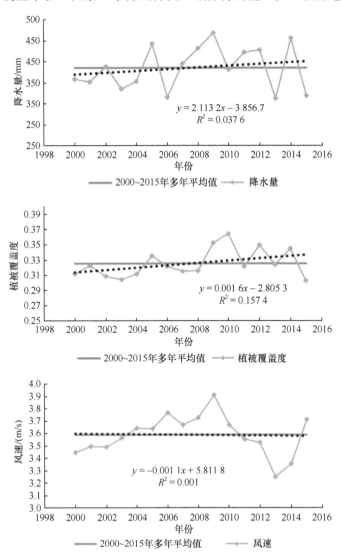

图 3-37　2000～2015 年三江源国家公园降水量、植被覆盖度、风速变化趋势

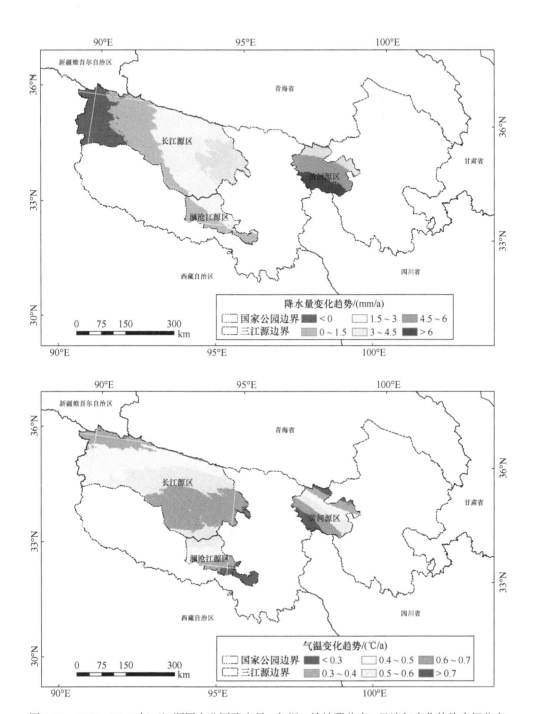

图 3-38　2000～2015 年三江源国家公园降水量、气温、植被覆盖度、风速年变化趋势空间分布

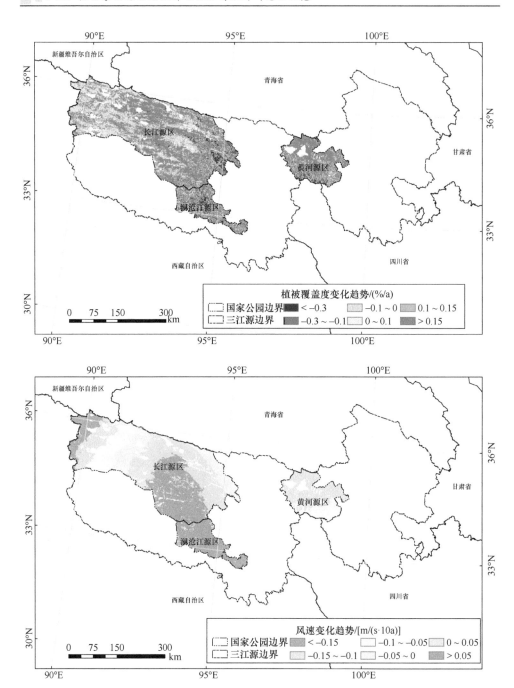

图 3-38（续） 2000～2015 年三江源国家公园降水量、气温、植被覆盖度、风速年变化趋势空间分布

防风固沙功能的下降主要由风速的减小及植被覆盖度的局部降低造成。过去 15 年间，三江源国家公园风速总体以-0.01m/(s·10a)的趋势波动下降（图 3-37、图 3-38），

黄河源园区下降最明显，为$-0.11 m/(s\cdot 10a)$，其次是长江源园区，为$-0.007 m/(s\cdot 10a)$，澜沧江源园区平均风速呈上升趋势，为 $0.11 m/(s\cdot 10a)$。风速降低会造成潜在土壤风蚀量减少，进而有可能造成防风固沙量的降低。同时，通过植被覆盖度及防风固沙量空间变率数据的耦合可以发现，防风固沙量的降低主要发生在植被覆盖度降低的区域，尤其在长江源园区的西北区域最为明显（图3-38）。

第六节　三江源国家公园生态功能提升对策

生态功能极重要区对于三江源国家公园生态功能的发挥具有重大意义。2000～2015年，三江源国家公园生态功能虽整体呈现好转态势，但防风固沙功能及极重要区水源涵养功能呈明显下降趋势。草地退化态势尚未完全遏制，局部地区植被覆盖度仍有所下降，而且植被根系层的恢复极其缓慢，尤其在气候条件相对较差的西部地区，要进一步加强退化草地的修复。Liu 等（2014）预测，由于气温上升趋势显著高于降水，随着气温的进一步升高，潜在蒸散量将随之增加，三江源区暖湿化趋势将有所减弱（徐维新等，2012），促使其呈现暖干化趋势，进而抑制植被的生长。

在黄河源园区，尽管植被覆盖度上升趋势明显，但其好转仅表现在长势上，群落结构并未发生好转（刘纪远等，2013）。在长江源园区，西北区域植被覆盖度存在大面积的降低，同时温度的升高会造成冰川、永久积雪和冻土加速融化，一旦打破该地区生态系统的平衡状态，将会严重威胁其生态安全；在澜沧江源园区，气候暖湿化趋势并不明显，同时植被覆盖度增速缓慢，生态系统未见明显好转。因此，三江源国家公园总体规划目标的实现仍任重道远。

三江源国家公园的规划建设，应遵循生态系统整体保护、系统修复理念，依照各分园区生态系统特点、核心生态功能类型及其重要性分级分布，分区施策，因地制宜。在黄河源园区，应以草地及湿地的保护为主，采取以禁牧、围栏封育为主的自然修复措施。在长江源园区，除草地外，还应注重雪山、冰川及荒漠的保护，严格限制冰川雪山周边的人类生产经营活动。在澜沧江源园区，除草地外，还应以森林生态系统的保护为主，应以公益林补偿、封山育林等综合保护措施为主。最后，在加强保护力度的基础上，需要加强生态工程的管理利用，充分发挥广大农牧民群众生态保护的主体作用，尽快设立生态管护公益岗位。

在未来的研究中，将围绕高寒地区生态系统服务维持机制与提升技术中的关键科学问题，以生态系统服务提升、水土资源协调利用为主线，通过生态系统格局-过程-服务的有机结合，更加深入研究高寒地区生态系统服务形成过程、人为与自然驱动机制，为三江源国家公园"山水林田湖草"重要生态系统原真性、完整性的永续保护提供科学依据。

第四章　三江源国家公园水源涵养生态系统服务价值研究

第一节　生态系统服务概念及相关理论

英国生态学家 A. G.坦斯利（A. G. Tansley）早在 1935 年写到，生物生活在环境中，这是一个互相发挥作用并在区域内相互影响的集合体。自此，生态学研究开启全新的近代发展征程，但是直到 20 世纪 60 年代，生态学才真正融合了百家之长成为一门综合学科。这个年代是生态学与其他学科交叉研究的开始，为后期进一步拓展深入提供依据。70 年代，环境保护常务委员会（standing committee on environment protection，SCEP）首次使用"生态系统服务"，并明确列举出生态系统为人类提供的各式各样的服务功能。但国际学术界对生态系统服务至今未有统一公认的概念，目前戴利（Daily）和科斯坦萨（Costanza）的观点具备一定的代表性和认可度。Daily（1997）认为生态系统服务是指自然生态系统和在这个系统内生存的物种所提供的服务，这种服务能满足和维持人类生存需要。该定义包括三层含义：生态系统服务主要支持人类生存繁衍；由自然生态系统提供服务；自然生态通过一定的过程发挥作用。Costanza（1997）进一步明确生态系统服务是产品和功能的统一，统一为人类提供必要生态条件，共同为人类服务。他将生态系统服务归纳总结为 4 个层次，共 17 类；1999 年 Daily 更加明确生态系统是一个长时期的过程，这个过程具有广泛性和物种系统性两个特征；在 Daily、Costanza 等的基础之上，联合国千年生态发展评估报告归纳了相关概念，言简意赅地认为人类从自然索取到的对自己有利之处就是生态服务，并且可以分为支持调节、文化供给四个产品模式。国际上生态系统服务价值评估是一种热门学科，并且已经有了各式各样深入的研究，同时国内的学者们纷纷对生态系统服务提出自己的看法，诠释对其内涵的理解。欧阳志云等（1999）认为生态系统服务是一种对人类有益的效用，也是一个动态变化过程，在这个过程中形成了人类生存的基本环境。

生态系统服务有偿使用机制（payments for ecosystem services，PES），是指在受到资金条件的约束下仍然追求获得生态环境最大效益的生态系统管理措施。PES 基于市场参与机制，能做到保护与发展的均衡并且在全球生态系统管理措施研究中取得了良好的效果。Wunder（2005）的定义比较全面且受到认可，他认为应当具备的特点是：非强制性；人民明确了解付费机制；无论是购买还是提供，都有其存在的必要性；提供者保证供给服务。沃尔特·伊梅尔泽尔（Walter Immerzeel）等认为在全球范围内，从传统的补贴和经济政策转为激励农民以增加农业生态供应的措施，这被称为生态系统服务有偿使用机制（PES），是一种新的从农民保护生态系统意愿中获得的有价值的服务管理方法。世界农业林学中心认为 PES 可以由政府机构明确构思和实施，无需参考市场。随着时间推移和人们意识的转变，纳税人愿意为生态付费的调整将提供一个初期的反馈，政府等公共部门及时调整供给以适应需求。

在我们国家，生态系统服务有偿使用机制的另一种称呼为生态补偿。1980 年以来，我国自然生态环境已经出现一定程度的问题，这个时候开始摸索生态学和经济学的融合，探讨对生态进行补偿，本质上就是农民对生态服务的隐含价值没有任何积极性，他们是使用者同样也可以是保护者，如果要激励他们保护环境，那么必须由政府出面给予补偿，这项措施不仅仅起到生态保护的作用，在极度贫困地区，即使是很少量的补偿都可以大大改善他们的生活质量。生态补偿机制和生态系统服务付费有所不同，生态系统服务付费更多强调使用者付费的经济价值；而在中国，广义上的生态补偿是个人、集体或国家对生态保护的百般投入，其中有生态工程保护建设，也有对已经恶化的资源进行恢复和补救，更重要的是补偿生态保护者和被限制的使用者。

第二节　生态系统服务研究目的和意义

草地约占陆地面积的 17%，是地上面积最大的生态系统类型，在陆地生态系统中有着相当重要的地位，特别是能够调节高寒干旱等残酷地区的自然生态环境。现在国内外对草地生态的水源涵养功能时空异质性研究还较为单薄，对草地生态系统价值研究相对较少，一般都只在特定区域出于特定目的有所展现。完整的天然草地不单单可以截留降水，相比空旷裸地其渗透性和保水能力要高得多，对涵养土壤水分有着重要的意义。由于我国长期未能认识到草地生态系统的重要性，片面追求经济利益，容许牧民过度放牧，草地生态系统的生产力不断下降，土壤、草原直接沙化。在此形势下，本研究对保护草地生态资源具有重要的意义。三江源国家公园地处青藏高原腹地，这里也是我国最大的淡水资源发源地，在此地任何的破坏行为都会造成牵一发而动全身的严重后果。本书研究了三江源国家公园草地水源涵养生态系统服务价值，从平衡生态保护与牧民放牧之间的关系方面，为实现草地生态系统的恢复与牧民最优生态补偿提供理论基础和依据。

一、有利于规范三江源国家公园牧民行为，促进与自然和谐相处

水源涵养是指在降水的情况下，土壤上的附着物——三江源地区主要是草地

通过保留降水、减缓蒸发，维持区域水资源的均衡。水源涵养生态功能体现在：在干旱期河流渠道水量不够的时候，延长径流时间补给水量；在降雨期把雨水通过草地涵养在土壤中转为地下水，另外一小部分水汽蒸发到大气中，可以看作一个小型的生态水循环。草地水源涵养生态系统服务价值评估从理论上阐明草地资源的巨大生态价值，这一点对提高牧民以主人公身份参与保护生态、建设国家公园的意识有着不可替代的作用。同时也为当地管理者提升对自然资本的重要性认识、加大重视程度奠定思想基础。

二、有利于促进三江源国家公园草地生态资源的可持续发展

随着人们对草地重要性的深入认识，当可持续发展理念可以维持生态系统健康稳定并被全世界认可后，为解决自然资源开发利用与生态保育之间的尖锐矛盾，确立了生态系统管理和生态补偿的策略。草地生态补偿，可以提升牧民保护生态意识、增加牧民收入，同时在生态系统中也是一道安全屏障。通过生态补偿鼓励牧民保护草地生态安全，协调牧民放牧与维持巩固生态保护成果之间的矛盾，有利于合理有效使用有限的草场资源，改变牧民无序、粗放的传统放牧形式，促进快速有效合理地建立中国国家公园体制。本研究通过综合分析相关研究基础，结合国家最新政策，使用 InVEST 产水量模块评估国家公园内草地的水源涵养量，为公园内草原生态功能区划和合理生态补偿提供科学依据。

第三节　三江源国家公园水源涵养生态系统服务价值功能评估

草地是三江源国家公园的主要土地类型，由于我国实际上的草原生态补偿制度起源于 2003 年的"退牧还草工程"，因此本研究以 2005～2015 年 10 年间三江源国家公园的草地资源为主要研究对象，基于 InVEST 模型 Water Yield 水源涵养模块评估三江源国家公园水源涵养的生态系统服务价值，可以使得公园管理者在时间上和空间上了解园区水源涵养动态变化量，分析时空特征，可更有针对性地进行管理规划。

一、研究方法与数据需求

研究初期熟悉模型的使用，并了解国内外对模型的应用情况。通过模型示例数据，了解模型水源涵养模块所需的 9 种数据类型，其中有栅格数据、矢量数据，以及生理系数参数表的制作方法。对目前现有的数据进行整合，对无法直接运用

的数据要进行处理，使其满足模型需求。

InVEST 模型需要和 GIS 地图数据配合运行，模型中产水量的计算依据是水量平衡的原理，即某个栅格单元的降水量减去实际蒸散发的水量。并且地表水与地下水的相互渗透作用不考虑进去。产水量模块基于布德科（Budyko）水热耦合平衡假设（1974 年）。首先，确定研究区每个栅格单元 x 的年产水量 $Y(x)$，公式如下

$$Y(x) = \left(1 - \frac{\text{AET}(x)}{P(x)}\right) \times P(x) \tag{4.1}$$

式中，$Y(x)$ 为研究区域年产水量（mm）；$\text{AET}(x)$ 为研究区域年实际蒸散量（mm），$P(x)$ 为研究区域年降水量（mm）。

水量平衡公式中，土地利用/覆被类型的植被蒸散发 $\dfrac{\text{AET}(x)}{P(x)}$ 计算，同样基于 Budyko 水热耦合平衡假设公式。

$$\frac{\text{AET}(x)}{P(x)} = 1 + \frac{\text{PET}(x)}{P(x)} - \left[1 + \left(\frac{\text{PET}(x)}{P(x)}\right)^{\omega}\right]^{1/\omega} \tag{4.2}$$

式中，$\text{PET}(x)$ 为研究区潜在蒸散量。

$$\text{PET}(x) = K_c(x) \times \text{ET}_0(x) \tag{4.3}$$

式中，$K_c(x)$ 为参考作物蒸散系数；$\text{ET}_0(x)$ 为参考作物蒸散量。

$$\omega(x) = \frac{\text{AWC}(x) \times Z}{P(x)} + 1.25 \tag{4.4}$$

式中，$\omega(x)$ 为自然气候-土壤性质的非物理参数；Z 为经验常数，又称季节常数，能够代表区域降水分布及其他水文地质特征。如果以冬雨为主（12 月至翌年 4 月），Z 值接近 10，如果降雨均匀或者以夏季降雨为主，Z 值接近于 1。$\text{AWC}(x)$ 为土壤有效含水量（mm），由土壤质地和土壤有效深度决定，用来确定土壤为植物生长储存和提供的总水量。由植物可利用含水量（PAWC），以及土壤的最大根系埋藏深度和植物根系深度的最小值决定

$$\text{AWC}(x) = \min(\text{MaxSoilDepth}_x, \text{RootDepth}_x) \times \text{PAWC}_x \tag{4.5}$$

式中，MaxSoilDepth（土壤的最大根系埋藏深度）是指植物根系在不同的环境特征变量中，能够在土壤中延伸的最大深度。RootDepth（植物根系深度）通常指特定植物类型的根系生物量为 95% 的土层深度。PAWC 表示植物可利用水分含量，是指土壤土层中为植物生长提供的水量所占比例，即田间持水量和萎蔫点之间的差值，为[0，1]的小数。

二、数据处理

根据以上数据需求，已经明确研究区和模型所需输入参数和原理，模型水源涵养模块所需数据和具体步骤如下所述。

（一）降水量

本节研究收集到研究区 2005 年和 2015 年降水数据，数据来源于中国科学院地理科学与资源研究所区域环境与生态信息研究室。通过裁剪获得三江源国家公园两期年降水量空间数据。

如图 4-1 所示，三江源国家公园降水量 10 年间变化较大，且呈现出减少趋势，主要是位于南部杂多县的澜沧江园区降水量减少，最多处减少达到 192.94mm；整体来看 10 年间三江源国家公园平均减少降水量 123.93mm。

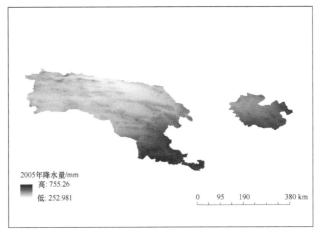

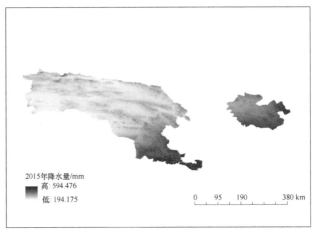

图 4-1　三江源国家公园不同时期降水量及变化情况

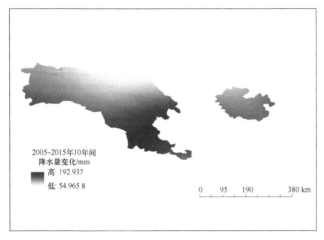

图 4-1（续）　三江源国家公园不同时期降水量及变化情况

（二）潜在蒸散量

潜在蒸散量（PET），与模型中作物参比蒸散量 ET_0 概念相同。潜在蒸散发量是指水分充足的情况下，通过土壤蒸发和植物（如苜蓿或其他草类等健康植被）蒸散作用可能散逸的水量，单位毫米（mm）。为每个栅格对应一个年平均潜在蒸散发的 GIS 栅格数据集。计算潜在蒸散量的方法主要有 Hargreaves（HG）、Thornthwaite、Hamon 和 Modified-Hm2.argreaves 法。Penman-Monteith（PM）公式由联合国粮食及农业组织（FAO）推荐，但是其需要的包括土壤热通量密度和饱和水汽压等数据难以获取，因此本研究采用 Modified-Hm2.argreaves 法公式，对计算潜在蒸散发量具备良好的效果。计算公式如下

$$ET_0 = 0.0013 \times 0.408 \times RA \times (T_{avg} + 17) \times (TD - 0.0123P)^{0.76} \qquad (4.6)$$

式中，ET_0 为潜在蒸散量；RA 为太阳大气顶层辐射；T_{avg} 为三江源国家公园最高温和最低温的均值（℃）；TD 为三江源国家公园平均最高温和平均最低温的差（℃）；P 为降水量（mm）。该公式所需的太阳大气顶层辐射等数据来源于全球潜在蒸散量和全球干旱指数数据集（Global Aridity and PET Database，https：//cgiarcsi.community/data/global-aridity-and-pet-database/）。通过式（4.6），在 ArcGIS 栅格计算器中经过处理得到三江源国家公园 2005～2015 年潜在蒸散量数据情况，如图 4-2 所示。

（三）土地利用图

本研究所需用的两期土地利用图来源于中国科学院地理科学与资源研究所区域环境与生态信息研究室，分为 2005 年和 2015 年两个时段。分类（表 4-1）依据是刘纪远等（2005）的中国土地利用/土地覆被遥感分类系统（图 4-3）。

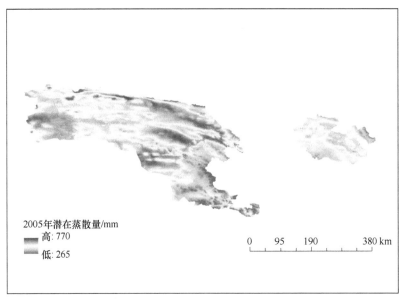

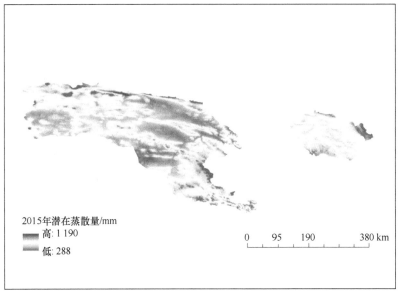

图 4-2　三江源国家公园不同时期潜在蒸散量

（四）土壤的最大根系埋藏深度

土壤的最大根系埋藏深度是指植物根系在不同的环境特征变量中，能够在土壤中延伸的最大深度。该数据来源于中国科学院地理科学与资源研究所区域环境与生态信息研究室，并根据三江源国家公园边界范围进行剪裁得到（图 4-4）。

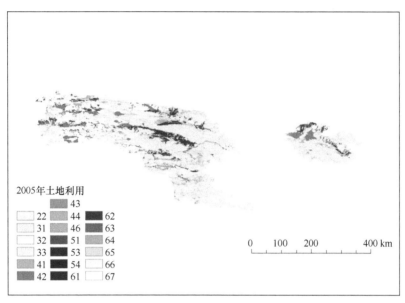

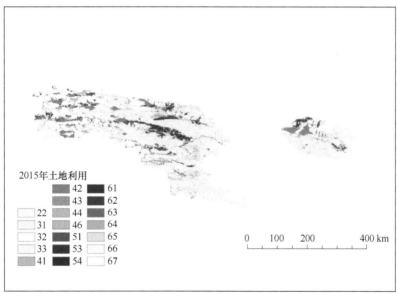

图 4-3 三江源国家公园土地利用图

（五）植物可利用含水量

植物可利用含水量是指土壤中可被植物吸收或利用的水分比例。利用周文佐等（2003）定义的非线性拟合土壤 PAWC 估算模型进行计算，公式如下

$$PAWC=54.509-0.132\times SAND-0.003\times (SAND)^2-0.055\times SILT-0.006\times (SILT)^2$$
$$-0.738\times CLAY+0.007\times (CLAY)^2-2.688\times C+0.501\times C^2 \qquad (4.7)$$

表 4-1　土地资源分类系统

一级类型		二级类型	
编号	名称	编号	名称
2	林地	—	
		22	灌木林
3	草地	—	
		31	高覆盖度草地
		32	中覆盖度草地
		33	低覆盖度草地
4	水域	—	
		41	河渠
		42	湖泊
		43	水库坑塘
		44	永久性冰川雪地
		46	滩地
5	城乡、工矿、居民用地	—	
		51	城镇用地
		53	其他建设用地
6	未利用土地	—	
		61	沙地
		62	戈壁
		63	盐碱地
		64	沼泽地
		65	裸土地
		66	裸岩石砾地
		67	其他

注：—表示无此项。

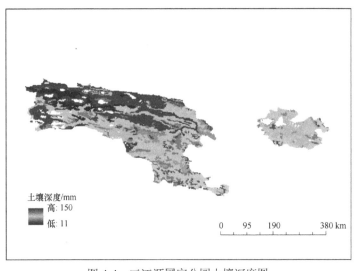

图 4-4　三江源国家公园土壤深度图

式中，SAND 为砂粒的百分比成分（%）；SILT 为粉粒的百分比成分（%）；CLAY 为黏粒的百分比成分（%）；C 为有机质的百分比成分（%）。经过 ArcGIS 栅格计算器工具得到了三江源国家公园植物可利用含水量（图 4-5）。

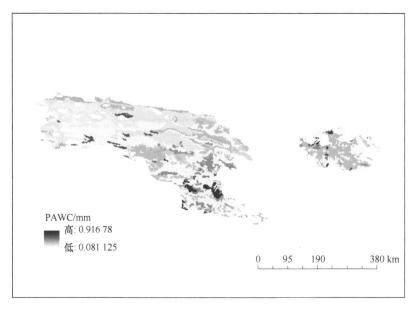

图 4-5　三江源国家公园 PAWC

（六）生物物理量系数表

结合模型说明书和联合国粮食及农业组织《作物蒸散量-作物需水量计算指南》，针对不一样的土地类型来设置构建生物物理量参数表（表 4-2）。

表 4-2　三江源国家公园生物物理量系数表

LULC_desc	Lucode	K_c	root_depth	LULC_veg
灌木林	22	0.5	2 000	1
高覆盖度草地	31	0.65	1 700	1
中覆盖度草地	32	0.65	1 700	1
低覆盖度草地	33	0.65	1 700	1
河渠	41	0	1 000	1
湖泊	42	0	1 000	1
水库坑塘	43	0	1 000	0
永久性冰川雪地	44	0	500	1
滩地	46	0	200	1
城镇用地	51	0.1	10	0
农村居民点	53	0.3	500	0

续表

LULC_desc	Lucode	K_c	root_depth	LULC_veg
其他建设用地	54	0.3	500	0
沙地	61	0.1	300	1
戈壁	62	0.1	300	1
盐碱地	63	0.1	300	1
沼泽地	64	0	300	1
裸土地	65	0	200	1
裸岩石砾地	66	0	200	1
其他	67	0	200	1

注：Lucode：地类代码；K_c：蒸散系数；root_depth：根系深度；LULC_veg：属性类别。

（七）集水区

集水区是一个雨水汇集和排除的地区。该数据是指用多边形表示流域的图形文件（shapefile），即与研究区产水量研究相关的所有小流域图层。本文的集水区基于三江源国家公园 DEM 影像，并在 GIS 中操作得到。具体步骤如下。

1）fill.fill，填洼工具，执行命令 SpatialAnalyst 菜单下面的 fill 对 DEM 进行填洼。

2）flow direction，该步骤主要是分析水流流向。

3）flow accumulation，汇流累积量分析。

4）flow length，分析河流长度。

5）在 ArcGIS 栅格计算器中输入指令 Con（Flow Accumulation1>800，1），将流水累积量大于 800 的赋值为 1，从而得到河网数据 StreamNet。

6）stream to feature，该步骤为栅格河网矢量化。

7）stream to link，生成河网节点。

8）watershed，生成集水区，并使用栅格转矢量工具转换成矢量文件，如图 4-6 所示。

（八）Zhang 系数

Zhang 系数是一个常数，表示降水的季节性分布特征。根据文献资料和平均蒸散量等信息校验该参数，经过多次不同的数值输入运行后，本研究的结论是 Zhang 系数为 3.532 时模型模拟的产水量（水源涵养）效果最好。

三、研究区水源涵养生态系统服务价值评估

基于 InVEST 模型 Water Yield（产水量）模块得到了三江源国家公园 2005 年

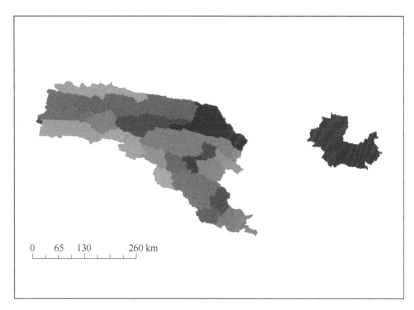

图 4-6　三江源国家公园集水区

和 2015 年两期平均水源涵养量,分别为 335.91mm 和 367.52mm,平均值为 351.72mm,水源涵养总量为 10 年间增长 9.41%(31.61mm);同时最低水源涵养值由 2005 年的 130.91mm 增加到 2015 年的 187.94mm,增幅达到 43.56%(57.03mm);最高水源涵养值由 540.91mm 增加到 546.1mm,增加了 5.19mm。水源涵养总量分别为 $4.13\times10^7\text{m}^3$ 和 $4.52\times10^7\text{m}^3$。因此整体来看,三江源国家公园 10 年间水源涵养量呈现出增加趋势,公园内生态环境保护情况较好,尤其是水源涵养量最低值增长较大,呈现出良好趋势(图 4-7)。

运用 ArcGIS 栅格计算器对三江源国家公园 2005~2015 年 10 年间产水量空间分析得到产水量空间变化情况,按照显著下降(变化量≥30mm)、下降(10mm≤变化量＜30mm)、持平(–10mm≤变化量＜10mm)、增长(–30mm≤变化量＜–10mm)、显著增长(变化量＜–30mm)进行重分类。

由图 4-8 可以看出,三江源国家公园 2005~2015 年这 10 年间的水源涵养情况大部分都在增长或者显著增长。位于国家公园南部的澜沧江源区和中部的接近一半长江源区水源涵养生态系统均在变好,水源涵养量均在增长;位于西北部的部分长江源区水源涵养量有所下降,该地区为可可西里自然保护区,生态环境恶劣,植被稀少,受人为干扰因素很少,主要是气候和荒漠化等自然因素的影响;位于国家公园东部的黄河源区则有接近一半地区水源涵养量在减少或显著减少,相比较其余两个源区,黄河源区的水源涵养量下降明显。虽然三江源国家公园整体水源涵养量增势明显,但是保护该地区生态环境的任务依然艰巨,限制牧民放牧、防止草原退化政策依然需要持续推进。

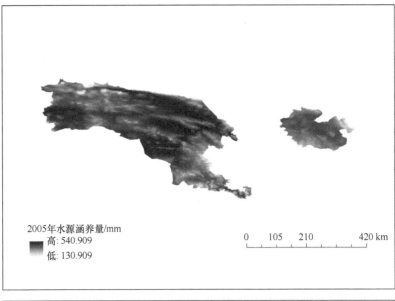

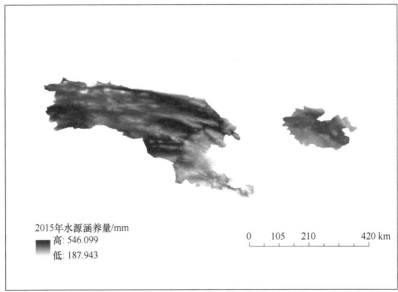

图 4-7   三江源国家公园水源涵养量

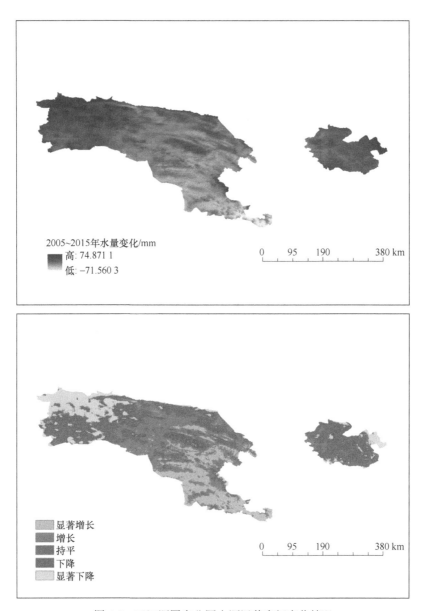

图 4-8　三江源国家公园水源涵养空间变化情况

第四节　基于水源涵养生态系统服务的三江源国家公园草地生态补偿探讨

与欧美和日本等经济相对发达国家或地区相比，我国虽然建立自然保护区时间较早，但首次提出建立国家公园体制却是在 2013 年 11 月发布的《中共中央关于全面深化改革若干重大问题的决定》。现阶段仍然只是体制试点,尚未正式建成。同时三江源国家公园为原三江源区的一部分,三江源区内自然保护区、风景名胜区和各种湿地公园纵横交错、交叉重叠,没有形成统一的符合国家公园管理体制的自然保护地体系。本节从国家公园的建设和水源涵养生态系统服务价值两个方面研究三江源国家公园的生态补偿,并认为这两个方面将对三江源生态补偿方式等产生巨大影响。

一、建立三江源国家公园对生态补偿的作用

(一)三江源国家公园与国外国家公园比较

美国的国家公园是世界上建立时间最早的,是美国的保护观念、人民的荒野需求等多种因素结合的产物。由于自然条件、管理措施和资金形式等的差异,目前世界上形成了美国荒野模式、欧洲模式、澳大利亚模式、英国模式等具有代表性的国家公园发展模式(Wescott,1991;Barker and Stockdale,2008)。首先从世界自然保护联盟(IUCN)保护地级别区分,美国、欧洲和澳大利亚均为二类,英国则为四类。IUCN 的保护地级别数字越小,保护等级越高,因此美国等国家的国家公园保护级别相对较高。美国模式主要是国家出面保护自然资源,不允许人类主观去改造。美国国土面积广阔,资源丰富,国家公园内都是大片的荒野等纯粹的自然景观,人为干涉非常少,土地均为国有,并独立设置国家公园管理局直接管辖,建立了相关的经营和监督机制,同时没有忽视经济功效,强调了社区治理和就业岗位保障,基本实现了自然资源公益价值的差别对待、文化和自然遗产的分级管理;欧洲则是土地公有和私有并存,公园内有居民且未隔离;澳大利亚的国家公园强调更多的是自然保护,并设立各地保护局;英国国家公园土地为私有制,且公园设立目的除了保护自然景观外,可能更多的还是为游客提供休憩场所并增加当地经济收入,保护等级最低。

(二)建立国家公园对生态补偿的作用

美国国家公园管理模式对世界各国影响深远,我国与美国地理情况相似,三江源国家公园同样借鉴了美国的发展模式,地域辽阔地广人稀,保护优先。但是,IUCN 指出,美国这种"岛屿"式的遗产保护路径是对自然与社会关系的扭曲,造成人地关系矛盾加剧(Barker and Stockdale,2008),在这种情况下,最大限度保护三江源地区的脆弱生态环境及其原真性、完整性,建立真正适合我国国情的国家公园尤为重要。国家公园的建设将三江源地区破碎和孤岛化的生态系统重新联系起来,而生态补偿作为保护当地生态系统的重要举措,为进一步明确生态补偿区域和对象提供了依据;新成立的国家公园管理局,将国家公园管理权直接收

归中央直属，避免三江源各种保护地相互重叠，健全了当地自然保护地体系；生态补偿所要解决的人地矛盾，也就是资源利用与保护之间的矛盾，也正是国家公园设立和管理的目的。国外大量实践表明，国家公园是一种合理平衡生态环境保护与利用的行之有效的管理模式，这与生态补偿殊途同归；国家公园并不单纯强调彻底的生态保护，一定程度上减轻了牧民的压力，所倡导的国家公园建设中社区与公众参与相结合的机制也符合牧民期望，促使牧民积极配合生态补偿政策的实施，同时创造新的就业岗位，让牧民实现从资源利用者到保护者身份的转变，将以单纯资金发放为主要形式的生态补偿和牧民劳动参与得到报酬结合起来，实现三江源国家公园可持续发展。

二、水源涵养生态系统服务价值对三江源国家公园草地生态补偿的作用

（一）为国家公园生态补偿标准提供参考

相比较我国其他地区实行的耕地生态补偿或者流域生态补偿，草地生态补偿起步较晚，实行的"退牧还草"政策至今只有15年的时间，且补偿标准较低。由于三江源地处青藏高原，本身生存环境极度恶劣，公共服务水平低下，牧民基本上以放牛和挖虫草为生，牧民增收渠道非常有限。而国家公园的建立，势必将对牧民原先的生活方式产生一定冲击，牧民可能会进一步降低生活水平减少放牧，但同时也将创新牧民的生态保护参与机制。

估算三江源国家公园的巨大水源涵养生态系统服务价值，对政府部门更为合理地差异化、精准化确定生态补偿标准具有重要参考意义。三江源国家公园内自然资源保护面积大，海拔高，多是少数民族聚居地，社会发育程度低。按照三江源国家公园总体规划，在不同的功能区划中有针对性地差别保护，更契合国家公园的发展。

（二）有助于凸显出生态补偿的必须性

三江源国家公园是三江源区的核心部分，地处青藏高原腹地，作为世界面积最大的高寒区域，地理气候环境非常特殊，任何生态环境的变化都对下游淡水供给和大气循环产生巨大作用。水源涵养是三江源地区最重要的生态系统功能，核算三江源地区水源涵养量情况、掌握动态变化对生态补偿具备指导意义。牧民追求经济效益过度放牧导致的草地退化和乱砍滥挖导致的植被破坏会直接影响三江源的水源涵养生态功能。生态补偿是中央财政直接支持的补偿制度，将三江源国家公园与生态补偿结合，充分利用政策带来的资源和财力优势，将加快生态补偿本土化，加快国家公园的建设步伐，加快牧民脱贫速度，实行牧民放牧和草地资

源的生态平衡。

（三）有助于牧民树立自然资本意识并认识国家公园的重要性

《生态文明体制改革总体方案》要求树立自然价值和自然资本理念，构建反映市场供求和资源稀缺程度的自然资源有偿使用和生态补偿制度。牧民是活跃在三江源国家公园的基本单元，让牧民认识到草原在为他们提供经济来源的同时所创造的更大的不可逆转的生态系统价值更有意义。三江源地区土地类型除了草地覆盖地的变化，其余土地变化很小。通过估算三江源的草地生态系统价值，量化草地水源涵养的生态服务功能，让牧民引起足够的重视，认识到放牧行为对草地已经造成严重破坏，提高对自然资本的认识与敬畏，明白草地资源的不可替代性。且三江源地区作为"中华水塔"，其水源涵养的生态地位更是不可忽视，三江源国家公园以国家利益为主导，代表国家形象，展现中华文明，拥有独特丰富和壮美震撼的自然景观，大大提升了牧民的自豪感和认同感，可以让牧民自觉参与到保护美丽的大草原中来，充分调动牧民们的积极性。

三、三江源国家公园草地生态补偿的政策建议

（一）加速推进三江源国家公园成立步伐，对包括土地在内的自然资源资产统一管理

与发达国家相比，我国国家公园土地权属问题是突出的体制约束。国家公园内存在大量非政府直接管理的集体土地且公园内大量原住牧民聚居，内部多种自然保护地受到各种机构的交叉管理，相互推诿事件常有发生。三江源国家公园建设的核心是体制创新，如何让国家公园管理者和牧民充分发挥主体作用同时主动参与进来是关键。要加快顶层设计，由国家公园管理局负责指导，青海省政府具体管理，三江源国家公园管理局作为省政府派出机构充分行使公园内所有自然资源资产所有权和管理权，整合公园管理局和林业、国土、水利以及环保部门相关职责，理顺管理机制。建立"统一、规范、高效"的管理体制，包括统一的资源管理，规范的资金管理，高效的特许经营、社区参与机制。将自然资源产权制度改革与三江源国家公园体制改革并行，加快推荐自然资源确权登记，明确重要草原草甸等权属情况；园区内的大量集体土地可通过置换、租赁等方式探索地役权制度改革。使三江源国家公园成为自然资源产权制度改革试点，在保护生态环境的前提下，清晰界定使用权界线，切实负责公园内全民所有自然资源资产的管理和保护，淡化牧民固定区域草场放牧概念，推进轮值放牧，规定"谁破坏谁修复"，提高草场利用效率和牧民保护意识。

（二）增设国家公园生态补偿项目，完善国家公园资金筹措机制

三江源国家公园虽然备受社会各界和国家广泛关注，但因为自然地理位置和相关严格生态保护政策的制约，位于公园内的玛多、杂多、治多和曲麻莱四个县都是国家级贫困县，经济发展落后。国家公园虽然是具有国家意义的自然生态、景观和传统文化的整合，由国家主导且不追求经济效益。但中央财政并不能安排足够多的资金支持三江源国家公园的建设，因此资金筹措是三江源国家公园的难题之一。本文经过模型空间运算，可以看到位于玛多县的黄河源区水源涵养量大幅下降，这与当地牧民极为贫困的生活关系密切。资金是重中之重，建议中央财政应该设立专项补偿资金支持三江源国家公园管理和运营，重点针对草地退化严重地区的恢复和保障牧民收入达标，使国家公园生态补偿和草地生态补偿并行。另外，三江源国家公园管理局还应当整合现有的政策和渠道，统筹国家扶贫等分散零碎的资金，通过各种有形无形资源拓宽收入渠道。三江源国家公园还肩负着科研教育的任务，在突出保护意义的基础上，优先考虑与各大高校、研究所和非政府组织开展合作，吸纳社会优质资本，探索多元化资金筹措模式，积极与省级财政部门沟通，不让资金问题成为国家公园建设的"短板"。最后，设立三江源国家公园特许经营项目，创新自然资源经营管理，制定与三江源国家公园管理目标相符合的特许经营清单，探索建立"政府主导、管经分离、多方参与"的经营机制，调动广大牧民群众参与的积极性，鼓励牧民（畜牧业）与企业合作，引入社会资本，发展生态畜牧业。

（三）推动完善三江源国家公园管理的法律法规体系建设，提高立法层次和水平

与自然保护区条例过度强调保护不同，国家公园面积大，管理难，同时作为新生事物国内并没有现成法律可以参考。国家公园的管理必须在完善的法律保障上进行，应当尽快在国家层面上出台《国家公园管理法》，坚持"依法治园""一园一法"，对国家公园的认定标准、设定宗旨和管理条例等做出详细规定，从法律上理顺国家公园管理模式。传统利用区严格落实"草畜平衡"政策，推广生态有机畜牧业，进一步减轻草原载畜压力，加快牧民转产转业，逐步减少人类活动。三江源国家公园管理局在征得相关部门同意后可以与青海省人大、政府一起制定地方性三江源国家公园管理法，在现有的自然保护区条例基础上，加强国家公园法律保障。三江源国家公园发展壮大离不开人才，从制度上保证人才的基本利益，才能最大可能保证人才的培养，从更高层次指导国家公园体制试点建设。加大科研经费支持，加强相关专项资金管理，开展项目执行和管理成效评价，整合科研基础设施和资源，加快科研成果转化、推广和普及。建立社区沟通机制，加强信

息公开、重大事项公示，建立社区居民意见采纳和反馈机制；建立社区民主会议制度，对于公园生态工程建设和产业发展等积极征求社区的意见，引导牧民参与重大事项决策。

（四）完善三江源国家公园生态补偿规划体系

单纯的"草原奖补"政策不能满足三江源国家公园的建设和发展，完善的国家公园管理规划应该立足当今，放眼长远。要建立架构清晰、层级分明、权责明确的国家公园管理体制机制，以保证全民参与国家公园建设、促进地方经济的合理健康发展。我们认为，管制平衡和激励相容是三江源国家公园生态补偿体系的两项原则，国家公园生态补偿应当与"草原奖补"相辅相成，政府部门是生态补偿的制定者也是执行者，而牧民是受偿者，平衡管理与保护是关键，牧民参与是核心。激励相容正是在这一情况下，使得牧民追求个人经济利益与草原水源涵养公共利益相统一，倡导国家公园建设中社区、公众参与相结合机制，发挥国家公园在多重发展中的结构功能和整合优势。设立尽可能多的生态管护员岗位，激发牧民主人翁意识，促进源区环境保护、生态建设与经济社会的协调发展，结合多种方式进行生态补偿。鼓励和引导社区通过多种形式参与到国家公园的保护、建设和管理过程中，为国家公园提供必要的支撑；建立国家公园反哺社区制度，通过国家公园建设促进社区发展，让当地牧民充分享用公园建设带来的红利，开展多种形式的就业宣传，引导牧民转产转业。扶持发展多元化的社区产业，促进一二三产融合发展，提供更多就业岗位，利用生态优势大力发展特色产业，推进产业优质化、特色化和品牌化建设，构建与国家公园保护要求相通的一套完善体系。同时优化草场布局，分区分片管理不同质量的草地并给予不同的补偿和政策倾斜，加强草场集约利用，有序推进牧民转产转业，促进牧民增收，带动周边社区发展，发挥国家公园的影响力和示范作用，统筹国家公园内外共同发展，将国家公园内探索建立的社区发展新模式逐步推广到国家公园外。借鉴国际先进经验，鼓励周边社区通过签订合作保护协议等形式，保护国家公园周边的自然资源。

第五章 三江源国家公园动物多样性特征

三江源国家公园自然生态系统具有青藏高原的典型性和代表性，是全球 25 个生物多样性热点地区和全国 32 个陆地生物多样性保护优先区之一。园区内有众多国家级重点保护动物，并以藏羚（*Pantholops hodgsonii*）、雪豹（*Panthera uncia*）、白唇鹿（*Przewalskium albirostris*）、野牦牛（*Bos mutus*）、藏野驴（*Equus kiang*）、黑颈鹤（*Grus nigricollis*）等青藏高原特有珍稀保护物种为人类所共知，素有"高寒生物种质资源库"之称。然而，作为国家所有的重要自然资源资产，园区内现有野生动物的具体分布、数量、生存现状等依然缺乏科学准确且完整的本底数据资料。本研究在整合近 10 年来园区内所有相关野生动物调查研究成果的基础上，利用规范标准的人工调查方法，结合先进的红外相机和无人机技术方法和手段进行全范围的实地调查，旨在全面了解三江源国家公园野生动物多样性特征，为今后园区内野生动物的长期监测、科学管理和生态功能有效提升提供基础支撑。

第一节 研 究 方 法

一、前期动物资源资料整合

（一）文献资料信息整合

分别于中国科学院文献情报中心（www.las.ac.cn）、中国知网平台（www.cnki.net）及 Web of Science 科研数据库平台（www.webofscience.com）检索国内外关于三江源野生动物调查研究的相关文献资料，并于国家科技图书文献中心（www.nstl.gov.cn）、中国科学院大学图书馆（lib.ucas.ac.cn）和国家科技报告服务系统（www.nstrs.cn）查阅相关专著和报告，同时补充百度搜索关键词检索所获的较权威新闻报道。分析归纳已记录三江源国家公园范围内所有野生动物分布、数量、密度、受胁状况等基础信息，形成公园野生动物历史记录及分布数量基础资料。

（二）标本记录信息整合

中国科学院西北高原生物研究所青藏高原生物标本馆是保存青藏高原生物标本数量最多、种类最全、馆藏最丰富的标本馆。对馆藏的三江源国家公园区域内的野生动物标本重新进行整理、订正和录入，统计标本记录信息，整理标本数量信息和采集位点等信息，进而分园区进行分析归纳，补充三江源国家公园区域野生动物的历史信息。青藏高原生物标本馆馆藏标本记录三江源国家公园内兽类 6 目 14 科 33 种；鸟类共 7 目 20 科 59 种，相应标本能够在三江源国家公园野生动物生物多样性特征描述时查阅使用。

（三）访谈调查

走访园区内世居的当地牧户，通过交流访谈了解当地物种分布和生存信息，通过查询收购记录获取物种信息。在与当地牧户交流时，详细记录了野生动物体形特征、分布区域、出现时间、成体及幼体数量、历史分布区域及数量、重点活动生境和对当地牧民的生产生活影响情况等信息，并对当地牧民对野生动物保护的意识和认知程度进行了了解。

（四）生物多样性特征调查研究

通过前期的资料收集和系统整理，形成了三江源国家公园野生动物基础数据，在此基础上，设计了控制全园区，地面样线和样方相结合的调查监测方案，2015～2019 年 5 年间分季节分区域，综合运用人工普查、无人机、红外相机和卫星遥感等现代技术手段对三江源国家公园内野生动物资源进行了多次的系统调查，建立了三江源国家公园野生动物多样性本底数据库，掌握了三江源国家公园野生动物多样性基本特征。

二、野外动物资源调查方法

（一）样线调查法

该调查方法主要针对的是鸟类和兽类。调查时乘车与步行相结合，车行速度为 30km/h 左右。每行车半小时后，下车向道路两侧步行观察，步行时速为 2～3km/h；或步行到道路两侧的制高点观察。调查样线穿过了多种生境类型，横穿了山脊和山谷。调查时遇到河流或深谷等无法通行的隔离带时，绕开障碍后回到原定路线继续调查。记录样线及两侧所见到的野生动物实体的名称、数量、痕迹种类（足迹链、卧迹、粪便及其他活动痕迹等）、痕迹数量、实体或痕迹距中线距离、地理位置等信息；同时记录实体或痕迹所在地的栖息地类型，植被类型记录了群系组或群系名称和优势种。样线调查时要求拍摄大量物种和生境照片，以音像记录物种动态和情态，获得不同季节、不同生态系统类型、不同物种大量的珍贵的第一手信息资料。

（二）直接计数法

该方法针对的是集大群活动的兽类和鸟类，在其分布较为集中的区域进行定点直接计数调查。调查期间，记录物种名称、数量、集群时间、集群的详细地点、集群范围及集群规模，记录集群所在地的栖息地类型，植被类型记录群系组或群系名称和优势种，并拍摄影像资料。

（三）样方法

该方法主要用于两栖类和爬行类动物的调查，在两栖动物和爬行动物可能分布的样地随机布设 2km×2km 的样方，4 人同时从样方四边向中心行进，仔细搜索并记录样方内所见到的爬行类物种名称、实体数量，用 GPS 记录样方位置信息；同时记录实体或痕迹所在的栖息地类型。植被类型记录群系组或群系名称和优势种；并实时进行拍照、录像，保存影像资料。

（四）红外相机法

该方法主要用于兽类及鸟类的调查，具有全天候无间断、隐蔽性、针对性强的特点，同时受环境条件及研究人员的主观限制少。通常将调查区域或野生动物可能分布的区域划分为等面积网格并标记，综合考虑区域植被、地形等特征，按一定比例及强度对标记网格进行随机抽样，在抽取的样方内选择兽径、通道等布设红外相机一至多台进行全天候监测，记录实体照片及影像资料。

（五）无人机法

该方法主要用于大中型兽类的调查，是传统调查方法新的应用形式，能够克服传统调查中地形限制、视野受限等问题。在确定调查区域和调查强度的基础上，针对性的设计抽样方案并进行系统抽样，从而确定航拍覆盖范围。在考虑调查对象体型、生态习性、区域地形及飞行安全要求的基础上，确定无人机所需搭载影像设备类型及飞行航线和飞行高度，以满足覆盖及物种识别的技术要求。后结合飞行及影像设备数据，对所获航拍影像进一步拼接并解译，最终获取实体调查资料。

三、样线法种群密度的数量统计方法

样线法计算公式如下

$$D=(D_1+D_2+D_3+\cdots+D_n)/n \tag{5.1}$$

$$D_n=N_n/A_n \tag{5.2}$$

式中，D 为调查区域内某物种的相对密度；D_n 为第 n 条样线某种动物实体的密度；N_n 为第 n 条样线某种动物实体的数量；A_n 为第 n 条样线的面积。

标准差 σ 的计算公式

$$\sigma = \sqrt{\frac{1}{n}\sum_{i}^{n}\left(D_i - D\right)^2} \qquad (5.3)$$

某物种种群数量 N 估计

$$N = D \times A \qquad (5.4)$$

式中，D 为调查区域内某物种的相对密度；A 为适宜生境面积。

四、物种多样性与区系相似性分析

物种多样性采用 G-F 指数（genus-family index）度量（蒋志刚和纪力强，1999），物种多样性指数（$D_{G\text{-}F}$）由科的物种多样性（F 指数，D_F）和属的物种多样性（G 指数，D_G）标准化而得到。

F 指数（D_F）

$$D_{Fk} = -\sum_{i=1}^{n} p_i \ln p_i \qquad (5.5)$$

式中，D_{Fk} 为在一个特定的科（k）中的 F 指数；$p_i = S_{ki} / S_k$，S_k 为兽类或鸟类名录中 k 科中的物种数，S_{ki} 为兽类或鸟类名录中 k 科 i 属中的物种数；n 为兽类或鸟类名录中 k 科中属的个数。

$$D_F = -\sum_{k=1}^{m} D_{Fk} \qquad (5.6)$$

式中，m 为兽类或鸟类名录中科的个数。

G 指数（D_G）

$$D_G = -\sum_{j=1}^{p} D_{Gj} = -\sum_{j=1}^{p} q_j \ln q_j \qquad (5.7)$$

式中，$q_j = S_j / S$，S_j 为兽类或鸟类名录中 j 属中的物种数，S 为兽类或鸟类名录中的物种数；p 为兽类或鸟类名录中属的个数。

G-F 指数（$D_{G\text{-}F}$）

$$D_{G\text{-}F} = 1 - \frac{D_G}{D_F} \qquad (5.8)$$

国家公园内三个园区间的区系相似性使用平均动物区系相似性（average faunal resemblance，AFR）进行评估

$$AFR = \frac{C(N_1 + N_2)}{2N_1 N_2} \qquad (5.9)$$

式中，N_1 与 N_2 分别为 2 个园区总物种数；C 为两个园区共有物种数。AFR 值域

为 0～1，< 0.40、0.40～0.59、0.60～0.79 与> 0.80 代表 2 个园区的动物区系分别为疏远、周缘、密切与共同关系（Long，1963）。

第二节　三江源国家公园物种多样性特征

一、园区内布设样线

2015～2019 年，在三江源国家公园内共布设调查样线 1 598 条，总长 15 475km，其中，夏季样线 771 条，样线总长 7 050km；秋季样线 142 条，样线总长 694km；冬季样线 685 条，样线总长 7 731km（图 5-1）。每年在相同的样线以人工调查和无人机相配合进行系统调查，并对重点区域和空白区域进行多次补充调查，在关键区域布设红外相机辅助调查。

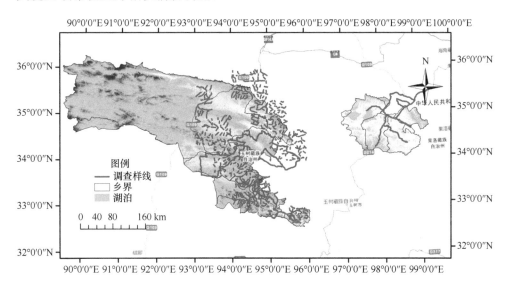

图 5-1　三江源国家公园动物多样性调查样线

二、三江源国家公园野生动物物种名录及多样性

（一）三江源国家公园野生动物物种名录

公园内共分布陆生野生脊椎动物 270 种，隶属 4 纲 29 目 72 科（表 5-1），其中兽类 8 目 19 科 62 种，鸟类 18 目 45 科 196 种，两栖类 2 目 5 科 7 种，爬行类 1 目 3 科 5 种。

表 5-1 三江源国家公园野生动物物种名录及保护等级

纲、目、科	编号	中文名	拉丁名	标本记录	文献记录	实地考察	长江源园区	澜沧江源园区	黄河源园区	居留型	生态类群	地理区系	中国特有种	保护等级	CITES	IUCN濒危等级	中国物种红色名录
两栖纲 AMPHIBIA																	
无尾目 ANURA																	
蟾蜍科 Bufonidae	1	西藏蟾蜍	*Bufo tibetanus*			+	+	+	+			H	+			LC	LC
	2	中华蟾蜍	*Bufo gargarizans*		+	+	+		+			E	+			LC	LC
	3	花背蟾蜍	*Strauchbufo raddei*			+	+		+			X				LC	LC
角蟾科 Megophryidae	4	西藏齿突蟾	*Scutiger boulengeri*	+		+	+	+	+			H				LC	LC
蛙科 Ranidae	5	高原林蛙	*Rana kukunoris*	+		+	+	+	+			X	+			LC	LC
有尾目 CAUDATA																	
小鲵科 Hynobiidae	6	西藏山溪鲵	*Batrachuperus tibetanus*			+	+		+			H	+	II		VU	VU
隐鳃鲵科 Cryptobranchidae	7	大鲵	*Andrias davidianus*	+								E	+	II	I	CR	CR
爬行纲 REPTILIA																	
有鳞目 SQUAMATA																	
蝰科 Viperidae	8	红斑高山蝮	*Gloydius rubromaculatus*		+	+	+	+				H				–	–
鬣蜥科 Agamidae	9	红尾沙蜥	*Phrynocephalus erythrurus*			+	+	+				P	+			LC	LC
	10	江源沙蜥	*Phrynocephalus parvus*	+			+	+	+			P				–	–
	11	青海沙蜥	*Phrynocephalus vlangalii*		+		+	+	+			P	+			LC	–
蜥蜴科 Lacertidae	12	密点麻蜥	*Eremias multiocellata*						+			D				LC	LC
鸟纲 AVES																	
鸡形目 GALLIFORMES																	
雉科 Phasianidae	13	斑尾榛鸡	*Tetrastes sewerzowi*		+	+				R	L	H	+	I		NT	NT
	14	红喉雉鹑	*Tetraophasis obscurus*			+			+	R	L	H	+	I		LC	VU

续表

纲、目、科	编号	中文名	拉丁名	标本记录	文献记录	实地考察	长江源园区	澜沧江源园区	黄河源园区	居留型	生态类群	地理区系	中国特有种	保护等级	CITES	IUCN濒危等级	中国物种红色名录
雉科 Phasianidae	15	藏雪鸡	Tetraogallus tibetanus	+		+	+	+	+	R	L	P		II	I	LC	NT
	16	石鸡	Alectoris chukar		+	+	+		+	R	L	D				LC	LC
	17	高原山鹑	Perdix hodgsoniae	+	+	+	+	+	+	R	L	D				LC	LC
	18	血雉	Ithaginis cruentus		+	+	+	+		R	L	H		II	II	LC	NT
	19	白马鸡	Crossoptilon crossoptilon		+	+	+	+		R	L	H	+	II	I	NT	NT
	20	蓝马鸡	Crossoptilon auritum		+		+			R	L	P	+	II		LC	NT
	21	环颈雉	Phasianus colchicus		+	+	+	+		R	L	O		省		LC	LC
雁形目 ANSERIFORMES																	
鸭科 Anatidae	22	豆雁	Anser fabalis		+	+	+			W	Y	U				LC	LC
	23	灰雁	Anser anser		+	+				S	Y	U		省		LC	LC
	24	斑头雁	Anser indicus	+	+	+	+	+	+	S	Y	P		省		LC	LC
	25	大天鹅	Cygnus cygnus		+	+		+		W	Y	C		II		LC	NT
	26	翘鼻麻鸭	Tadorna tadorna		+					S	Y	U				LC	LC
	27	赤麻鸭	Tadorna ferruginea		+	+	+	+	+	S	Y	U		省		LC	LC
	28	赤膀鸭	Mareca strepera		+	+	+			P	Y	U				LC	LC
	29	赤颈鸭	Mareca penelope		+	+	+		+	W	Y	C				LC	LC
	30	绿头鸭	Anas platyrhynchos		+	+		+		P	Y	C				LC	LC
	31	斑嘴鸭	Anas zonorhyncha		+					P	Y	W		省		LC	LC
	32	针尾鸭	Anas acuta		+	+	+			P	Y	C				LC	LC
	33	绿翅鸭	Anas crecca		+	+	+			P	Y	C				LC	LC
	34	琵嘴鸭	Anas clypeata		+	+	+	+	+	P	Y	C				LC	LC
	35	赤嘴潜鸭	Netta rufina		+	+	+			S	Y	O3				LC	LC

续表

纲、目、科	编号	中文名	拉丁名	标本记录	文献记录	实地考察	长江源园区	澜沧江源园区	黄河源园区	居留型	生态类群	地理区系	中国特有种	保护等级	CITES	IUCN危等级	中国物种红色名录
鸭科 Anatidae	36	红头潜鸭	Aythya ferina		+	+	+			P	Y	C				VU	LC
	37	白眼潜鸭	Aythya nyroca		+	+	+			P	Y	O3				NT	NT
	38	凤头潜鸭	Aythya fuligula		+	+	+			S	Y	U				LC	LC
	39	鹊鸭	Bucephala clangula		+	+	+			P	Y	C				LC	LC
	40	普通秋沙鸭	Mergus merganser		+	+	+	+	+	R	Y	C				LC	LC
鸊鷉目 PODICIPEDIFORMES																	
鸊鷉科 Podicipedidae	41	凤头鸊鷉	Podiceps cristatus			+	+	+	+	S	Y	U				LC	LC
	42	黑颈鸊鷉	Podiceps nigricollis		+	+	+			P	Y	C		II		LC	LC
鸽形目 COLUMBIFORMES																	
鸠鸽科 Columbidae	43	岩鸽	Columba rupestris	+	+	+	+	+	+	R	L	O3				LC	LC
	44	雪鸽	Columba leuconota	+	+	+	+			R	L	H				LC	LC
	45	山斑鸠	Streptopelia orientalis		+	+	+	+		R	L	E				LC	LC
	46	灰斑鸠	Streptopelia decaocto		+	+	+	+		R	L	W				LC	LC
	47	火斑鸠	Streptopelia tranquebarica		+	+	+	+	+	R	L	W				LC	LC
沙鸡目 PTEROCLIFORMES																	
沙鸡科 Pteroclidae	48	西藏毛腿沙鸡	Syrrhaptes tibetanus	+			+			R	L	P		省		LC	LC
	49	毛腿沙鸡	Syrrhaptes paradoxus		+	+	+			R	L	D		省		LC	LC
夜鹰目 CAPRIMULGIFORMES																	
雨燕科 Apodidae	50	白腰雨燕	Apus pacificus		+	+	+	+		S	P	M				LC	LC

续表

纲、目、科	编号	中文名	拉丁名	标本记录	文献记录	实地考察	长江源园区	澜沧江源园区	黄河源园区	居留型	生态类群	地理区系	中国特有种	保护等级	CITES	IUCN濒危等级	中国物种红色名录
鹃形目 CUCULIFORMES																	
杜鹃科 Cuculidae	51	大杜鹃	*Cuculus canorus*		+					S	P	OI				LC	LC
鹤形目 GRUIFORMES																	
秧鸡科 Rallidae	52	白骨顶	*Fulica atra*			+	+			S	Y	O				LC	LC
鹤科 Gruidae	53	蓑羽鹤	*Grus virgo*		+		+			P	S	D		II	II	LC	LC
	54	灰鹤	*Grus grus*		+	+	+	+	+	P	S	U		II	II	LC	NT
	55	黑颈鹤	*Grus nigricollis*		+	+	+	+	+	S	S	P		I	I	NT	VU
鸻形目 CHARADRIIFORMES																	
鹮嘴鹬科 Ibidorhynchidae	56	鹮嘴鹬	*Ibidorhyncha struthersii*		+	+	+	+	+	R	S	P		II		LC	NT
反嘴鹬科 Recurvirostridae	57	黑翅长脚鹬	*Himantopus himantopus*				+		+	P	S	O				LC	LC
	58	反嘴鹬	*Recurvirostra avosetta*		+	+	+			P	S	O3				LC	LC
鸻科 Charadriidae	59	金鸻	*Pluvialis fulva*		+				+	P	S	C				LC	LC
	60	金眶鸻	*Charadrius dubius*			+	+		+	S	S	OI				LC	LC
	61	环颈鸻	*Charadrius alexandrinus*			+	+	+	+	S	S	O				LC	LC
	62	蒙古沙鸻	*Charadrius mongolus*	+		+	+	+	+	S	S	D				LC	LC
	63	东方鸻	*Charadrius veredus*			+		+		S	S	U				LC	LC
鹬科 Scolopacidae	64	大沙锥	*Gallinago megala*		+		+			P	S	U				LC	LC
	65	黑尾塍鹬	*Limosa limosa*			+			+	P	S	U				NT	LC
	66	小杓鹬	*Numenius minutus*			+		+	+	P	S	M		II		LC	NT
	67	白腰杓鹬	*Numenius arquata*			+	+	+	+	P	S	U		II		NT	NT
	68	红脚鹬	*Tringa totanus*	+	+	+	+	+	+	P	S	U				LC	LC

续表

纲、目、科	编号	中文名	拉丁名	标本记录	文献记录	实地考察	长江源园区	澜沧江源园区	黄河源园区	居留型	生态类群	地理区系	中国特有种	保护等级	CITES	IUCN濒危等级	中国物种红色名录
鹬科 Scolopacidae	69	白腰草鹬	*Tringa ochropus*			+	+	+		P	S	U				LC	LC
	70	矶鹬	*Actitis hypoleucos*	+	+	+	+		+	P	S	C				LC	LC
	71	红颈滨鹬	*Calidris ruficollis*	+	+	+	+	+		P	S	M				NT	LC
	72	小滨鹬	*Calidris minuta*		+			+	+	P	S	M				LC	–
	73	青脚滨鹬	*Calidris temminckii*	+			+		+	P	S	U				LC	LC
燕鸻科 Glareolidae	74	普通燕鸻	*Glareola maldivarum*		+		+		+	S	Y	W				LC	LC
鸥科 Laridae	75	棕头鸥	*Chroicocephalus brunnicephalus*			+	+		+	S	Y	P	省			LC	LC
	76	渔鸥	*Ichthyaetus ichthyaetus*		+		+	+	+	S	Y	D				LC	LC
	77	普通燕鸥	*Sterna hirundo*	+	+		+	+	+	S	Y	C				LC	LC
鹳形目 CICONIIFORMES																	
鹳科 Ciconiidae	78	黑鹳	*Ciconia nigra*			+	+			S	S	U		I	II	LC	VU
鲣鸟目 SULIFORMES																	
鸬鹚科 Phalacrocoracidae	79	普通鸬鹚	*Phalacrocorax carbo*		+				+	S	Y	O5		省		LC	LC
鹈形目 PELECANIFORMES																	
鹭科 Ardeidae	80	池鹭	*Ardeola bacchus*		+		+			S	S	U				LC	LC
	81	牛背鹭	*Bubulcus ibis*		+			+	+	S	S	W				LC	LC
	82	苍鹭	*Ardea cinerea*			+	+	+		S	S	W		省		LC	LC
	83	大白鹭	*Ardea alba*		+			+	+	P	S	O				LC	LC
	84	中白鹭	*Ardea intermedia*			+			+	S	S	W				LC	LC
	85	白鹭	*Egretta garzetta*		+				+	S	S	W				LC	LC

续表

纲、目、科	编号	中文名	拉丁名	标本记录	文献记录	实地考察	长江源园区	澜沧江源园区	黄河源园区	居留型	生态类群	地理区系	中国特有种	中国保护等级	CITES	IUCN濒危等级	中国物种红色名录
鹰形目 ACCIPITRIFORMES																	
鹗科 Pandionidae	86	鹗	*Pandion haliaetus*	+		+	+	+	+	R	M	C		II	II	LC	NT
鹰科 Accipitridae	87	胡兀鹫	*Gypaetus barbatus*		+	+	+	+	+	R	M	O		I	II	NT	NT
	88	凤头蜂鹰	*Pernis ptilorhyncus*			+	+		+	P	M	W		II	II	LC	NT
	89	高山兀鹫	*Gyps himalayensis*		+	+	+	+	+	R	M	O3		II	II	NT	NT
	90	秃鹫	*Aegypius monachus*		+	+	+	+	+	R	M	O3		I	II	NT	NT
	91	乌雕	*Clanga clanga*			+	+	+	+	P	M	U		I	II	VU	EN
	92	草原雕	*Aquila nipalensis*		+	+	+	+	+	S	M	D		I	II	EN	VU
	93	白肩雕	*Aquila heliaca*		+	+	+	+	+	S	M	O3		I	I	VU	EN
	94	金雕	*Aquila chrysaetos*		+	+	+	+	+	R	M	C		I	II	LC	VU
	95	雀鹰	*Accipiter nisus*		+	+	+	+	+	S	M	U		II	II	LC	LC
	96	黑鸢	*Milvus migrans*	+		+	+	+	+	R	M	U		II	II	LC	LC
	97	栗鸢	*Haliastur indus*			+	+	+	+	S	M	W		II	II	LC	VU
	98	玉带海雕	*Haliaeetus leucoryphus*			+	+			S	M	D		I	II	EN	EN
	99	大鵟	*Buteo hemilasius*		+	+	+	+	+	R	M	D		II	II	LC	VU
	100	普通鵟	*Buteo japonicus*		+	+	+	+	+	S	M	U		II	II	LC	LC
鸮形目 STRIGIFORMES																	
鸱鸮科 Strigidae	101	雕鸮	*Bubo bubo*	+		+	+	+	+	R	M	U		II	II	LC	NT
	102	纵纹腹小鸮	*Athene noctua*	+	+	+	+	+	+	R	M	U		II	II	LC	LC
犀鸟目 BUCEROTIFORMES																	
戴胜科 Upupidae	103	戴胜	*Upupa epops*			+	+		+	S	P	O		省		LC	LC

续表

纲、目、科	编号	中文名	拉丁名	标本记录	文献记录	实地考察	长江源园区	澜沧江源园区	黄河源园区	居留型	生态类群	地理区系	中国特有种	保护等级	CITES	IUCN濒危等级	中国物种红色名录
啄木鸟目 PICIFORMES																	
啄木鸟科 Picidae	104	蚁䴕	Jynx torquilla	+		+			+	R	P	U		省		LC	LC
	105	大斑啄木鸟	Dendrocopos major		+	+	+			R	P	U		省		LC	LC
	106	三趾啄木鸟	Picoides tridactylus		+	+		+		R	P	C		II		LC	LC
	107	黑啄木鸟	Dryocopus martius			+			+	R	P	U		II		LC	LC
	108	灰头绿啄木鸟	Picus canus		+	+			+	R	P	U		省		LC	LC
隼形目 FALCONIFORMES																	
隼科 Falconidae	109	红隼	Falco tinnunculus		+	+	+	+	+	R	M	OI		II	II	LC	LC
	110	灰背隼	Falco columbarius		+		+	+		P	M	C		II	II	LC	NT
	111	燕隼	Falco subbuteo		+	+	+	+	+	P	M	U		II	II	LC	LC
	112	猎隼	Falco cherrug		+	+	+	+	+	S	M	C		I	II	EN	EN
	113	矛隼	Falco rusticolus		+	+	+	+		P	M	C		I	I	LC	NT
	114	游隼	Falco peregrinus		+	+	+	+	+	P	M	C		II	I	LC	NT
雀形目 PASSERIFORMES																	
伯劳科 Laniidae	115	灰背伯劳	Lanius tephronotus		+	+	+	+		S	Mi	H				LC	LC
	116	楔尾伯劳	Lanius sphenocercus			+	+	+		S	Mi	M				LC	LC
鸦科 Corvidae	117	灰喜鹊	Cyanopica cyanus			+	+	+		R	Mi	U				LC	LC
	118	喜鹊	Pica pica	+		+	+	+		R	Mi	C				LC	LC
	119	黑尾地鸦	Podoces hendersoni						+	R	Mi	D		II		LC	VU
	120	红嘴山鸦	Pyrrhocorax pyrrhocorax	+	+	+	+	+	+	R	Mi	O3				LC	LC
	121	黄嘴山鸦	Pyrrhocorax graculus		+	+	+	+		R	Mi	O				LC	LC

续表

纲、目、科	编号	中文名	拉丁名	标本记录	文献记录	实地考察	长江源园区	澜沧江源园区	黄河源园区	居留型	生态类群	地理区系	中国特有种	保护等级	CITES	IUCN濒危等级	中国物种红色名录
鸦科 Corvidae	122	达乌里寒鸦	*Corvus dauuricus*		+	+	+	+	+	R	Mi	U				LC	LC
	123	秃鼻乌鸦	*Corvus frugilegus*		+	+	+	+	+	R	Mi	U				LC	LC
	124	小嘴乌鸦	*Corvus corone*		+	+	+	+	+	R	Mi	C				LC	LC
	125	大嘴乌鸦	*Corvus macrorhynchos*		+	+	+	+	+	R	Mi	E				LC	LC
	126	渡鸦	*Corvus corax*	+	+	+	+	+	+	R	Mi	C				LC	LC
山雀科 Paridae	127	白眉山雀	*Poecile superciliosus*	+	+	+	+	+	+	R	Mi	P	+	II		LC	NT
	128	褐头山雀	*Poecile montanus*	+	+	+	+	+	+	R	Mi	C				LC	LC
	129	地山雀	*Pseudopodoces humilis*	+	+	+	+	+	+	R	Mi	P	+			LC	LC
	130	大山雀	*Parus cinereus*		+	+	+	+	+	R	Mi	O				LC	LC
百灵科 Alaudidae	131	蒙古百灵	*Melanocorypha mongolica*		+	+	+	+	+	S	Mi	D		II		LC	VU
	132	长嘴百灵	*Melanocorypha maxima*	+	+	+	+	+	+	R	Mi	P		省		LC	LC
	133	大短趾百灵	*Calandrella brachydactyla*		+	+	+	+	+	S	Mi	O				LC	LC
	134	细嘴短趾百灵	*Calandrella acutirostris*	+	+	+	+	+	+	R	Mi	P		省		LC	LC
	135	短趾百灵	*Calandrella cheleensis*						+	S	Mi	O				LC	LC
	136	凤头百灵	*Galerida cristata*	+		+	+	+	+	S	Mi	OI		省		LC	LC
	137	小云雀	*Alauda gulgula*		+	+	+	+	+	S	Mi	W		省		LC	LC
	138	角百灵	*Eremophila alpestris*	+	+	+	+	+	+	R	Mi	C		省		LC	LC
燕科 Hirundinidae	139	崖沙燕	*Riparia riparia*	+	+	+	+	+	+	S	Mi	C				LC	LC
	140	家燕	*Hirundo rustica*		+	+	+	+	+	S	Mi	C				LC	LC
	141	岩燕	*Ptyonoprogne rupestris*	+	+	+	+	+	+	S	Mi	O3				LC	LC
	142	毛脚燕	*Delichon urbicum*	+	+			+	+	S	Mi	U				LC	LC
	143	烟腹毛脚燕	*Delichon dasypus*		+	+	+	+	+	S	Mi	U				LC	LC

续表

纲、目、科	编号	中文名	拉丁名	标本记录	文献记录	实地考察	长江源园区	澜沧江源园区	黄河源园区	居留型	生态类群	地理区系	中国特有种	保护等级	CITES	IUCN濒危等级	中国物种红色名录
燕科 Hirundinidae	144	金腰燕	*Cecropis daurica*	+	+		+	+		S	Mi	U				LC	LC
柳莺科 Phylloscopidae	145	黄腹柳莺	*Phylloscopus affinis*	+	+		+	+		S	Mi	H				LC	LC
	146	棕腹柳莺	*Phylloscopus subaffinis*		+				+	S	Mi	S				LC	LC
	147	华西柳莺	*Phylloscopus occisinensis*		+		+			S	Mi	H				—	—
	148	黄腰柳莺	*Phylloscopus proregulus*			+		+		S	Mi	U				LC	LC
	149	暗绿柳莺	*Phylloscopus trochiloides*		+		+			S	Mi	U				LC	LC
长尾山雀科 Aegithalidae	150	花彩雀莺	*Leptopoecile sophiae*	+			+	+		R	Mi	P				LC	LC
	151	凤头雀莺	*Leptopoecile elegans*				+			R	Mi	H	+			LC	NT
噪鹛科 Leiothrichidae	152	棕草鹛	*Babax koslowi*	+			+	+		R	Mi	H	+			NT	NT
	153	大噪鹛	*Garrulax maximus*		+	+	+	+	+	R	Mi	H	+	II		LC	LC
	154	山噪鹛	*Garrulax davidi*		+	+	+			R	Mi	B	+			LC	LC
	155	橙翅噪鹛	*Trochalopteron elliotii*		+		+	+	+	R	Mi	H	+	II		LC	LC
旋木雀科 Certhiidae	156	欧亚旋木雀	*Certhia familiaris*		+		+			R	Mi	C				LC	LC
䴓科 Sittidae	157	红翅旋壁雀	*Tichodroma muraria*	+	+				+	R	Mi	O				LC	LC
鹪鹩科 Troglodytidae	158	鹪鹩	*Troglodytes troglodytes*		+		+			R	Mi	C				LC	LC
河乌科 Cinclidae	159	河乌	*Cinclus cinclus*		+			+		S	Mi	OI				LC	LC
椋鸟科 Sturnidae	160	灰椋鸟	*Spodiopsar cineraceus*		+			+		S	Mi	X				LC	LC
	161	紫翅椋鸟	*Sturnus vulgaris*						+	P	Mi	O3				LC	LC
鸫科 Turdidae	162	棕背黑头鸫	*Turdus kessleri*	+	+		+	+		R	Mi	D	+			LC	LC
鹟科 Muscicapidae	163	红胁蓝尾鸲	*Tarsiger cyanurus*		+				+	S	Mi	M				LC	LC
	164	白喉红尾鸲	*Phoenicuropsis schisticeps*	+	+				+	R	Mi	H				—	LC

续表

纲、目、科	编号	中文名	拉丁名	标本记录	文献记录	实地考察	长江源园区	澜沧江源园区	黄河源园区	居留型	生态类群	地理区系	中国特有种	保护等级	CITES	IUCN濒危等级	中国物种红色名录
鹟科 Muscicapidae	165	蓝额红尾鸲	*Phoenicuropsis frontalis*		+		+	+	+	S	Mi	H				–	LC
	166	赭红尾鸲	*Phoenicurus ochruros*	+	+	+	+	+	+	S	Mi	O				LC	LC
	167	黑喉红尾鸲	*Phoenicurus hodgsoni*	+	+	+	+	+	+	S	Mi	H				LC	LC
	168	红腹红尾鸲	*Phoenicurus erythrogastrus*	+	+	+	+	+	+	S	Mi	P				LC	LC
	169	白顶溪鸲	*Chaimarrornis leucocephalus*	+	+		+	+		R	Mi	H				LC	LC
	170	蓝大翅鸲	*Grandala coelicolor*	+				+		R	Mi	H				LC	LC
	171	白喉石䳭	*Saxicola insignis*						+	P	Mi	D		II	VU	EN
	172	黑喉石䳭	*Saxicola maurus*	+	+		+		+	S	Mi	O1				–	LC
	173	漠䳭	*Oenanthe deserti*	+	+		+			R	Mi	D			LC	–
	174	乌鹟	*Muscicapa sibirica*		+			+		S	Mi	M				LC	LC
	175	锈胸蓝姬鹟	*Ficedula sordida*		+			+	+	S	Mi	H				LC	LC
岩鹨科 Prunellidae	176	领岩鹨	*Prunella collaris*	+	+		+	+	+	R	Mi	U				LC	LC
	177	鸲岩鹨	*Prunella rubeculoides*	+	+		+	+	+	R	Mi	P				LC	LC
	178	棕胸岩鹨	*Prunella strophiata*	+	+		+	+	+	R	Mi	H				LC	LC
	179	褐岩鹨	*Prunella fulvescens*	+	+		+	+	+	R	Mi	P				LC	LC
朱鹀科 Urocynchramidae	180	朱鹀	*Urocynchramus pylzowi*	+	+		+	+	+	R	Mi	P	+	II		LC	NT
雀科 Passeridae	181	山麻雀	*Passer cinnamomeus*	+	+				+	R	Mi	S				LC	LC
	182	麻雀	*Passer montanus*	+	+		+	+	+	R	Mi	U				LC	LC
	183	石雀	*Petronia petronia*			+	+	+		R	Mi	O3				LC	LC
	184	藏雪雀	*Montifringilla henrici*	+	+		+	+		R	Mi	P	+			LC	NT
	185	褐翅雪雀	*Montifringilla adamsi*	+	+			+	+	R	Mi	P				LC	LC
	186	白腰雪雀	*Onychostruthus taczanowskii*		+				+	R	Mi	P	+			LC	LC

93

续表

纲、目、科	编号	中文名	拉丁名	标本记录	文献记录	实地考察	长江源园区	澜沧江源园区	黄河源园区	居留型	生态类群	地理区系	中国特有种	保护等级	CITES	IUCN危等级	中国物种红色名录
雀科 Passeridae	187	棕颈雪雀	*Pyrgilauda ruficollis*	+	+		+	+	+	R	Mi	P				LC	LC
	188	棕背雪雀	*Pyrgilauda blanfordi*	+	+		+			R	Mi	P				LC	LC
鹡鸰科 Motacillidae	189	黄鹡鸰	*Motacilla tschutschensis*			+		+	+	S	Mi	U				LC	LC
	190	黄头鹡鸰	*Motacilla citreola*	+	+		+	+	+	S	Mi	U				LC	LC
	191	灰鹡鸰	*Motacilla cinerea*		+		+			S	Mi	C				LC	LC
	192	白鹡鸰	*Motacilla alba*	+				+	+	S	Mi	U				LC	LC
	193	水鹨	*Anthus spinoletta*		+		+		+	R	Mi	U				LC	LC
燕雀科 Fringillidae	194	白斑翅拟蜡嘴雀	*Mycerobas carnipes*	+			+			R	Mi	P				LC	LC
	195	林岭雀	*Leucosticte nemoricola*		+		+			R	Mi	P				LC	LC
	196	高山岭雀	*Leucosticte brandti*	+				+	+	R	Mi	P				LC	LC
	197	普通朱雀	*Carpodacus erythrinus*	+			+		+	R	Mi	U				LC	LC
	198	拟大朱雀	*Carpodacus rubicilloides*	+	+		+	+	+	R	Mi	P				LC	NT
	199	大朱雀	*Carpodacus rubicilla*	+		+	+	+	+	R	Mi	P				LC	LC
	200	红眉朱雀	*Carpodacus pulcherrimus*	+			+	+	+	R	Mi	H				LC	LC
	201	曙红朱雀	*Carpodacus waltoni*	+			+	+	+	R	Mi	H				LC	LC
	202	藏雀	*Carpodacus roborowskii*		+		+		+	R	Mi	P	+	II		LC	VU
	203	白眉朱雀	*Carpodacus dubius*			+	+			R	Mi	H				LC	LC
	204	红胸朱雀	*Carpodacus puniceus*		+		+	+	+	R	Mi	P				LC	LC
	205	黄嘴朱顶雀	*Linaria flavirostris*	+					+	R	Mi	H				LC	LC
鹀科 Emberizidae	206	淡灰眉岩鹀	*Emberiza cia*		+		+	+		R	Mi	O3				LC	LC
	207	灰眉岩鹀	*Emberiza godlewskii*	+	+		+	+		R	Mi	O3				LC	LC
	208	藏鹀	*Emberiza koslowi*	+				+	+	R	Mi	P	+	II		NT	VU

续表

纲、目、科	编号	中文名	拉丁名	标本记录	文献记录	实地考察	长江源园区	澜沧江源园区	黄河源园区	居留型	生态类群	地理区系	中国特有种	保护等级	CITES	IUCN濒危等级	中国物种红色名录
哺乳纲 MAMMALIA																	
劳亚食虫目 EULIPOTYPHLA																	
鼩鼱科 Soricidae	209	陕西鼩鼱	Sorex sinalis	+	+				+			H	+		–	–	NT
	210	藏鼩鼱	Sorex thibetanus	+	+	+			+			H	+		–	–	NT
	211	川西缺齿鼩鼱	Chodsigoa hypsibia		+	+	+		+			H	+		LC	LC	LC
	212	小麝鼩	Crocidura suaveolens		+				+			O			LC	LC	–
	213	灰腹水鼩	Chimarrogale styani		+				+			H			LC	LC	VU
翼手目 CHIROPTERA																	
蝙蝠科 Vespertilionidae	214	北棕蝠	Eptesicus nilssoni		+		+		+			U				LC	LC
灵长目 PRIMATES																	
猴科 Cercopithecidae	215	猕猴	Macaca mulatta		+	+	+	+				W		II	II	LC	LC
食肉目 CARNIVORA																	
犬科 Canidae	216	狼	Canis lupus	+	+	+	+	+	+			C		II	II	LC	NT
	217	沙狐	Vulpes corsac		+	+	+	+	+			D		II	II	LC	NT
	218	藏狐	Vulpes ferrilata		+	+	+	+	+			P		II	II	LC	NT
	219	赤狐	Vulpes vulpes	+	+	+	+	+	+			C		II	III	LC	NT
	220	豺	Cuon alpinus		+	+	+	+	+			W		I	II	EN	EN
熊科 Ursidae	221	棕熊	Ursus arctos	+	+	+	+	+	+			C		II	I	LC	VU
鼬科 Mustelidae	222	石貂	Martes foina	+	+	+	+	+	+			U		II	III	LC	EN
	223	香鼬	Mustela altaica		+	+	+	+	+			O		省	III	NT	NT
	224	艾鼬	Mustela eversmanii	+	+	+	+	+	+			U		省		LC	VU

续表

纲、目、科	编号	中文名	拉丁名	标本记录	文献记录	实地考察	长江源园区	澜沧江源园区	黄河源园区	居留型	生态类群	地理区系	中国特有种	保护等级	CITES	IUCN危等级	中国物种红色名录
鼬科 Mustelidae	225	黄鼬	*Mustela sibirica*		+		+					U		省	III	LC	LC
	226	狗獾	*Meles leucurus*		+	+	+	+	+			U				LC	NT
	227	猪獾	*Arctonyx collaris*		+		+	+	+			W				VU	NT
	228	水獭	*Lutra lutra*		+	+	+	+				U		II	I	NT	EN
猫科 Felidae	229	荒漠猫	*Felis bieti*		+	+			+			D	+	I	II	VU	CR
	230	兔狲	*Felis manul*		+	+	+	+	+			D		II	II	LC	EN
	231	豹猫	*Prionailurus bengalensis*		+	+	+	+	+			W		II	II	LC	VU
	232	猞猁	*Lynx lynx*	+	+	+	+	+	+			C		II	II	LC	EN
	233	金钱豹	*Panthera pardus*		+	+		+				O		I	I	VU	EN
	234	雪豹	*Panthera uncia*		+	+	+	+	+			P		I	I	VU	EN
奇蹄目 PERISSODACTYLA																	
马科 Equidae	235	藏野驴	*Equus kiang*		+	+	+	+	+			P		I	II	LC	NT
偶蹄目 ARTIODACTYLA																	
鹿科 Cervidae	236	白唇鹿	*Przewalskium albirostris*	+	+	+	+	+	+			P	+	I		VU	EN
	237	马鹿	*Cervus elaphus*		+	+	+	+	+			C		II		LC	EN
	238	马来水鹿	*Cervus equinus*		+	+	+	+				W		II		–	NT
猪科 Suidae	239	野猪	*Sus scrofa*		+	+	+	+				U				LC	LC
麝科 Moschidae	240	林麝	*Moschus berezovskii*		+	+		+				S		I	II	EN	CR
	241	马麝	*Moschus chrysogaster*	+	+	+	+	+	+			P		I	II	EN	CR
牛科 Bovidae	242	野牦牛	*Bos mutus*		+	+	+	+	+			P	+	I	I	VU	VU
	243	藏原羚	*Procapra picticaudata*	+	+	+	+	+	+			P	+	II		NT	NT
	244	藏羚	*Pantholops hodgsonii*		+	+	+	+	+			P	+	I	I	NT	NT

续表

纲、目、科	编号	中文名	拉丁名	标本记录	文献记录	实地考察	长江源园区	澜沧江源园区	黄河源园区	居留型	生态类群	地理区系	中国特有种	中国保护等级	CITES	IUCN濒危等级	中国物种红色名录
牛科 Bovidae	245	岩羊	*Pseudois nayaur*	+	+		+	+	+			P		II	III	LC	LC
	246	阿尔泰盘羊	*Ovis ammon*	+	+	+	+	+	+			P		II	II	NT	–
	247	中华鬣羚	*Capricornis milneedwardsii*			+	+		+			W		II	I	VU	VU
啮齿目 RODENTIA																	
松鼠科 Sciuridae	248	喜马拉雅旱獭	*Marmota himalayana*	+	+	+	+	+	+			P			III	LC	LC
仓鼠科 Cricetidae	249	藏仓鼠	*Cricetulus kamensis*		+		+	+				P	+			LC	NT
	250	长尾仓鼠	*Cricetulus longicaudatus*	+	+	+	+		+			D				LC	LC
	251	小毛足鼠	*Phodopus roborovskii*		+			+				D				LC	LC
	252	斯氏高山䶄	*Alticola stoliczkanus*		+		+					P				LC	NT
	253	青海松田鼠	*Neodon fuscus*	+	+	+		+	+			P	+			–	LC
	254	高原松田鼠	*Neodon irene*	+	+	+		+				P	+			LC	LC
	255	白尾松田鼠	*Phaiomys leucurus*	+	+		+		+			P				LC	LC
	256	根田鼠	*Microtus oeconomus*	+	+			+	+			P				–	LC
鼠科 Muridae	257	中华姬鼠	*Apodemus draco*		+		+		+			S				LC	LC
	258	小家鼠	*Mus musculus*		+			+	+			U				LC	LC
鼢鼠科 Spalacidae	259	高原鼢鼠	*Myospalax baileyi*	+				+	+			B				–	–
跳鼠科 Dipodidae	260	林跳鼠	*Eozapus setchuanus*		+	+		+				H	+			LC	LC
	261	五趾跳鼠	*Allactaga sibrica*		+				+			D				LC	LC
兔形目 LAGOMORPHA																	
鼠兔科 Ochotonidae	262	藏鼠兔	*Ochotona thibetana*	+	+		+					H				LC	LC
	263	川西鼠兔	*Ochotona gloveri*	+	+	+		+				P	+			LC	LC
	264	大耳鼠兔	*Ochotona macrotis*		+				+			P				LC	LC

续表

纲、目、科	编号	中文名	拉丁名	标本记录	文献记录	实地考察	长江源园区	澜沧江源园区	黄河源园区	生态类群居留型	地理区系	中国特有种	保护等级	CITES	IUCN濒危等级	中国物种红色名录
鼠兔科 Ochotonidae	265	高原鼠兔	*Ochotona curzoniae*	+	+	+	+	+	+		P				LC	LC
	266	间颅鼠兔	*Ochotona cansus*	+	+	+	+	+			P	+			LC	LC
	267	柯氏鼠兔	*Ochotona koslowi*		+	+	+				P	+			EN	EN
	268	拉达克鼠兔	*Ochotona ladacensis*		+	+					P				–	LC
	269	红耳鼠兔	*Ochotona erythrotis*		+			+			P	+			–	LC
兔科 Leporidae	270	灰尾兔	*Lepus oiostolus*	+	+	+	+	+	+		P				LC	LC

（二）三江源国家公园野生动物物种名录制订依据

近年来，随着分子系统学研究的发展和系统发育基因组学的形成，人们对脊椎动物的起源和演化有了新的认识，修订了高级阶元的分类系统，很多物种的分类地位也发生了变化。表 5-1 采用的分类系统，兽类主要参考蒋志刚等的著作《中国哺乳动物多样性及地理分布》和蒋志刚等 2017 年最新发表的论文《中国哺乳动物多样性（第二版)》，两者是参照国际组织推荐的世界哺乳动物分类体系，结合中国哺乳动物分类和分布的主要著作，采用新的分类系统，综合最新研究进展，整理而成。鸟类分类系统主要参考郑光美主编的《中国鸟类分类与分布名录（第三版)》，该书是鸟类分类的权威著作。第三版将涉及我国鸟类分类与分布的国内外有关专著和近期所发表的期刊文章新资料进行了全面的梳理与判定。同时，还参考了分类学方面的最新研究成果与进展，对文献记载的一些分布物种名称及分类阶元做了修正。

在《中国鸟类分类与分布名录（第三版)》中华西柳莺（*Phylloscopus occisinensis*）是黄腹柳莺（*Phylloscopus affinis*）的亚种，尚未提升为独立种，但其独立种的地位在学术界的认可度高，在名录中将其作为独立种列出。根据近期的研究，白斑翅雪雀（*Montifringilla nivalis*）在青海没有分布，《青海经济动物志》记载的白斑翅雪雀应为藏雪雀（*Montifringilla henrici*），故我们未将白斑翅雪雀列到名录中。青海省记录有藏马鸡（*Crossoptilon harmani*）分布，经研究发现应为白马鸡（*Crossoptilon crossoptilon*），所以，依据最新研究成果，不再将藏马鸡列到园区名录中。《青海经济动物志》记载园区内有寒鸦（*Corvus monedula*）分布，该寒鸦为达乌里寒鸦亚种（*Corvus monedula dauuricus*），现在达乌里寒鸦（*Corvus dauuricus*）已成为独立的种，故名录中我们列出了达乌里寒鸦，而不列寒鸦。褐背拟地鸦（*Pseudopodoces humilis*）的名称及分类系统采用 James 等（2003）的建议，将鸦科（Corvidae）中的褐背拟地鸦改属于山雀科（Paridae），称为地山雀（*Pseudopodoces humilis*）。

不同文献资料中的盘羊（*Ovis ammon*）（《青海经济动物志》）、西藏盘羊（*O. hodgsonia*）、阿尔泰盘羊（*O. ammon*），在三江源国家公园园区内指的都是同一动物阿尔泰盘羊。蒋志刚著作中无阿尔泰盘羊（*O. ammon*），有西藏盘羊（*O. hodgsonia*），分布范围与其 2017 年《生物多样性杂志》文章中的阿尔泰盘羊一致。园区内的盘羊为阿尔泰盘羊。蒋志刚根据 Groves 和 Grubb（2011）分类系统，对中国有蹄类动物进行重新分类后，将中国境内的水鹿（*Cervus unicolor*）定名为马来水鹿（*Cervus equinus*），名录中采用其新的种名，与一些文献资料中的水鹿（*Rusa unicolor*）为同一物种。高原鼢鼠（*Myospalax baileyi*）是青藏高原特有种得到了学术界的广泛认可，文献记载的园区内分布有中华鼢鼠（*M. fontanierii*），实际为高原鼢鼠，名录中将高原鼢鼠作为独立种列出，同时未列中华鼢鼠（樊乃昌和施银柱，1982）。此外，马麝（*Moschus chrysogaster*）又名高山麝，隶属麝属，目前以马麝命名较为常见（吴家炎和王伟，2006；国家林业局，2009）。

早期文献记录园区有青海田鼠（*Microtus fuscus*）分布，隶属于毛足田鼠属，蒋志刚著作中将其归为亚洲松田鼠属（*Neodon*），中文名为青海松田鼠（*N. fuscus*），故园区名录中未列青海田鼠，而是列为青海松田鼠（*N. fuscus*）。不同文献资料中根田鼠（*Alexandromys oeconomus*）的拉丁名有3种，蒋志刚2015年动物名录中所列拉丁名为 *Microtus oeconomus*，隶属于田鼠属；*Lasiopodomys oeconomus* 为中国生物物种名录网站上所列拉丁名（蒋志刚等，2015），蒋志刚2017年论文中根据最新研究，将 *Alexandromys* 提升至属，其拉丁名改为 *A. oeconomu*，园区名录中采用蒋志刚2017年版本的拉丁名（蒋志刚等，2017，2018）。

青藏高原生物标本馆中有采自园区内的江源沙蜥（*Phrynocephalus parvus*）标本，但关于江源沙蜥的文献资料信息非常罕见，名录中列出了该物种，但诸如地理区系等信息均缺失。根据文献记录，园区有中国林蛙（*Rana chensinensis*）分布，但根据近期研究结果，建议将中国西北部青藏高原地区的林蛙各居群恢复为有效种，即高原林蛙（*R. kukunoris*）。因此，名录中我们选择保留了高原林蛙。爬行动物中的高原蝮（*Gloydius strauchi*），Shi 等（2017）经传统形态学比较、头骨CT三维重构和分子系统发育等多重研究，证实三江源地区分布的蝮蛇并非文献中记载的高原蝮，而是一个未被描述过的新物种，并依据其独特的形态特征将其命名为红斑高山蝮（*Gloydius rubromaculatus*），故本报告中我们采用了最新的命名红斑高山蝮。

三江源国家公园野生动物物种名录，按照分类系统列表如表5-1所示。表5-1中各种符号说明：表中标本记录栏、文献记录栏和实地考察栏的"+"表示有分布或记录，在中国特有种一栏，鸟类为中国特有种，兽类为中国或青藏高原特有种。居留型栏中"R"表示留居型；"P"表示过路型；"S"表示夏侯；"W"表示冬候；"V"表示偶见或迷鸟。地理区系栏中"C"表示全北型；"U"表示古北型；"M"表示东北型；"B"表示华北型；"X"表示东北-华北型；"E"表示季风区型；"D"表示中亚型；"P"表示高山型；"H"表示喜马拉雅-横断山区型；"S"表示南中国型；"W"表示东洋型；"O"表示不宜归类的分布，其中不少分布比较广泛的种，"O1"与旧大陆温带、热带或温带-热带类型相似，"O3"与地中海附近-中亚或包括东亚类型相似，"O5"与东半球（旧大陆-大洋洲）温带-热带类型相似，"O1"和"O3"可视为广义的古北型。保护等级栏中"Ⅰ"表示国家一级重点保护野生动物，"Ⅱ"表示国家二级重点保护野生动物，"省"表示青海省保护动物。CITES公约栏中，"Ⅰ"表示《濒危野生动植物种国际贸易公约》附录Ⅰ所列物种，"Ⅱ"表示《濒危野生动植物种国际贸易公约》附录Ⅱ所列物种，"Ⅲ"表示《濒危野生动植物种国际贸易公约》附录 III 所列物种。IUCN 濒危等级和中国物种红色名录一栏中，"CR"表示极危（critically endangered），"EN"表示濒危（endangered），"VU"表示易危（vulnerable），"NT"表示近危（near threatened），"LC"表示无危（least concern），"—"表示数据缺失或未查询到。

第三节　三江源国家公园兽类多样性特征

一、三江源国家公园兽类组成

三江源国家公园内的野生兽类共有 62 种（表 5-1），分别隶属 8 目 19 科 44 属。其中食肉目的种类最多，为 19 种，占 30.65%，其次是啮齿目和偶蹄目，分别为 14 种和 12 种，占 22.58% 和 19.35%，再次是兔形目，为 9 种，占 14.52%，劳亚食虫目 5 种，占 8.06%，翼手目、灵长目、奇蹄目各 1 种。从分类系统看，翼手目、灵长目、奇蹄目种类贫乏（表 5-2）。

表 5-2　三江源国家公园兽类各目物种数分布情况

目	种数/种	所占比例/%
劳亚食虫目	5	8.06
翼手目	1	1.61
灵长目	1	1.61
食肉目	19	30.65
奇蹄目	1	1.61
偶蹄目	12	19.35
啮齿目	14	22.58
兔形目	9	14.52
合计	62	100

三江源国家公园内常见兽类有藏原羚（*Procapra picticaudata*）、藏野驴、藏羚、狼（*Canis lupus*）、藏狐（*Vulpes ferrilata*）、赤狐（*Vulpes vulpes*）、岩羊（*Pseudois nayaur*）、阿尔泰盘羊、喜马拉雅旱獭（*Marmota himalayana*）、高原鼠兔（*Ochotona curzoniae*）、高原鼢鼠、灰尾兔（*Lepus oiostolus*）等。对园区内的部分常见种进行夏季、冬季种群密度与数量估算。种群数量较多的有藏原羚、藏羚和藏野驴，分别约 6 万头、6 万头和 3.6 万头。白唇鹿和野牦牛的种群数量在 1 万头左右。

二、三江源国家公园兽类物种多样性水平

G-F 指数是基于物种数目以研究科、属水平上物种多样性的参数，反映了较

长时期内一个地区的物种多样性，G 指数、F 指数和 G-F 指数总结了动物区系中的物种组成信息（蒋志刚和纪力强，1999）。一般地，G-F 指数是 0～1 的测度，非单种科越多，G-F 指数越高。依照前述公式计算得到三江源国家公园 D_F、D_G、D_{F-G} 值分别为 15.75、3.60 和 0.77，表明园区内兽类物种多样性处于较高水平，具有很高的物种多样性保护价值。

三、三江源国家公园兽类物种保护级别与濒危等级

国家林草局 2021 年最新发布的《国家重点保护野生动物名录》共列入野生动物 988 种；其中国家一级重点保护野生动物 235 种、国家二级重点保护野生动物 753 种，原 1989 年版名录中的物种全部予以保留；其中豺（Cuon alpinus）、长江江豚等 65 种由国家二级重点保护野生动物升为国家一级重点保护野生动物，只有熊猴、北山羊、蟒蛇 3 种野生动物由国家一级重点保护野生动物调整为国家二级重点保护野生动物。依据新名录，三江源国家公园分布的 62 种野生兽类中列入国家重点保护野生动物名录的共有 30 种，占全部兽类种数的 48.39%。三江源国家公园分布有国家一级重点保护野生兽类 10 种：金钱豹（panthera pardus）、雪豹、藏野驴、白唇鹿、藏羚、野牦牛、林麝（Moschus berezovskii）、马麝、荒漠猫（Felis bieti）和豺，其中荒漠猫和豺刚刚由国家二级升为国家一级。国家二级重点保护野生兽类 17 种：猕猴、狼、沙狐（Vulpes corsac）、藏狐、赤狐、棕熊（Ursus arctos）、石貂（Martes foina）、水獭（Lutra lutra）、兔狲（Felis manul）、猞猁（Lynx lynx）、马鹿（Cervus elaphus）、马来水鹿、藏原羚、岩羊、豹猫（Prionailurus bengalensis）、阿尔泰盘羊、中华鬣羚（Capricornis milneedwardsii），特别是狼由非保护动物升级为国家二级重点保护野生动物。青海省级重点保护物种有 3 种，分别是香鼬（Mustela altaica）、艾鼬（Mustela eversmanii）和黄鼬（Mustela sibirica）。

列入 IUCN 濒危物种红色名录濒危（endangered，EN）等级的物种 4 种：豺、林麝、马麝、柯氏鼠兔（Ochotona koslowi）；易危（vulnerable，VU）等级有 7 种：猪獾（Arctonyx collaris）、金钱豹、雪豹、荒漠猫、白唇鹿、野牦牛和中华鬣羚；近危（near threatened，NT）等级 5 种：香鼬、水獭、藏羚、藏原羚、阿尔泰盘羊；列入 CITES 附录 I 的有 7 种，分别是棕熊、藏羚、水獭、野牦牛、雪豹、金钱豹、中华鬣羚；附录 II 的有 11 种，分别是狼、豹猫、马麝、林麝、豺、藏野驴、兔狲、猞猁、猕猴、阿尔泰盘羊、荒漠猫；附录 III 的有 6 种：香鼬、黄鼬、石貂、岩羊、赤狐、喜马拉雅旱獭。

参照《中国生物多样性红色名录——脊椎动物卷》（2015 年）、《中国脊椎动物红色名录》（蒋志刚等，2016），在三江源国家公园分布的 62 种野生兽类中，列入极危（critically endangered，CR）等级的有 3 种，分别为林麝、马麝、荒漠猫；

列入濒危（EN）等级的有 10 种，分别是水獭、雪豹、金钱豹、豺、兔狲、猞猁、石貂、柯氏鼠兔、马鹿、白唇鹿。列入易危（VU）等级的有 6 种，分别是中华鬣羚、棕熊、艾鼬、豹猫、野牦牛和灰腹水鼩；列入近危（NT）等级的有 15 种，分别是藏鼩鼱（*Sorex thibetanus*）、狼、沙狐、藏狐、赤狐、香鼬、狗獾（*Meles leucurus*）、猪獾、马来水鹿、藏原羚、藏羚、藏仓鼠（*Cricetulus kamensis*）、斯氏高山䶄（*Alticola stoliczkanus*）、陕西鼩鼱（*Sorex sinalis*）和藏野驴。受威胁（极危、濒危和易危）物种比例为 30.65%，接近受威胁（近危）的物种比例为 24.19%。

三江源国家公园内共分布中国特有种 16 种，分别为荒漠猫、柯氏鼠兔、白唇鹿、青海松田鼠、红耳鼠兔、林跳鼠、川西缺齿鼩鼱、高原松田鼠、川西鼠兔、间颅鼠兔、藏羚、陕西鼩鼱、藏鼩鼱、藏仓鼠、藏原羚、野牦牛。

四、三江源国家公园兽类区系特征及园区间区系相似性

三江源国家公园在动物地理区划上属于古北界中亚亚界青藏区羌塘高原亚区和青海藏南亚区（张荣祖，2011），园区现分布的 62 种兽类以古北界成分为主，其中古北界 45 种，东洋界 14 种，不易归类、分布广泛的物种 3 种（表 5-3）。根据现生哺乳动物在全世界的分布范围和特点，可将国家公园的种类划分为 9 个地理分布型，包括 5 个古北界分布型，3 个东洋界分布型，以及不易归类的广布型。分布的古北界动物代表如全北型的棕熊、狼、马鹿，古北型的根田鼠、艾鼬、水獭，中亚型的沙狐、荒漠猫，高山型的野牦牛、藏羚、藏野驴、藏原羚、高原鼠兔；分布的东洋界动物代表有喜马拉雅-横断山区型的灰腹水鼩（*Chimarrogale styani*）、林跳鼠（*Eozapus setchuanus*），东洋型的猕猴、马来水鹿，南中国型的林麝；不易归类、广布型的有金钱豹、香鼬和小麝鼩（*Crocidura suaveolens*）。

三江源国家公园平均海拔 4 500m 以上，气候特征长冬无夏、春秋相连，植物生长期短，高山草甸、高山草原和高寒荒漠，同生态系统的兽类区系也具有明显的特征，9 个地理分布型中高山型成分最多，有 25 种，占分布的古北界种数的 55.56%。且在数量上具有明显优势，是三江源国家公园兽类区系的主体。因此，园区动物主要以适应高寒气候的特喜寒耐寒的特殊种类为主。另外，在 62 个物种中有 29 种是中国或青藏高原特有种，如川西缺齿鼩鼱（*Chodsigoa hypsibia*）、藏野驴、藏羚、野牦牛、高原鼢鼠、高原鼠兔等，占分布物种数的 46.77%。

表 5-3　三江源国家公园兽类地理型分布表

区系	古北界种	东洋界种	广布种	合计
种数/种	45	14	3	62
所占比例/%	72.58	22.58	4.84	100

将三江源国家公园的三个园区，即长江源园区、澜沧江源园区、黄河源园区的野生兽类分布区系进行比较，长江源园区与澜沧江源园区的平均动物区系相似性（AFR）值为 0.825，为共同关系，黄河源园区与长江源园区、黄河源园区与澜沧江源园区的平均动物区系相似性（AFR）值分别为 0.762 和 0.736，均为密切关系。

第四节　三江源国家公园鸟类多样性特征

一、三江源国家公园鸟类组成

三江源国家公园内共分布野生鸟类 196 种，隶属于 18 目 45 科 121 属，占青海省所有鸟类总数的 51.58%。其中，雀形目鸟类 94 种，占公园鸟类总数的 47.96%；鸻形目、雁形目和鹰形目分别有 22 种、19 种和 15 种，分别占公园鸟类总数的 11.22%、9.69% 和 7.65%，剩余 12 目，占比均小于 5%（表 5-4）。

表 5-4　三江源国家公园鸟类各目物种数分布情况

目	种数	比例/%
雀形目 PASSERIFORMES	94	47.96
鸻形目 CHARADRIIFORMES	22	11.22
雁形目 ANSERIFORMES	19	9.69
鹰形目 ACCIPITRIFORMES	15	7.65
鸡形目 GALLIFORMES	9	4.59
鹈形目 PELECANIFORMES	6	3.06
隼形目 FALCONIFORMES	6	3.06
鸽形目 COLUMBIFORMES	5	2.55
啄木鸟目 PICIFORMES	5	2.55
鹤形目 GRUIFORMES	4	2.04
䴙䴘目 PODICIPEDIFORMES	2	1.02
沙鸡目 PTEROCLIFORMES	2	1.02
鸮形目 STRIGIFORMES	2	1.02
夜鹰目 CAPRIMULGIFORMES	1	0.51
鹃形目 CUCULIFORMES	1	0.51
鹳形目 CICONIIFORMES	1	0.51
鲣鸟目 SULIFORMES	1	0.51
犀鸟目 BUCEROTIFORMES	1	0.51
合计	196	100

长江源园区分布鸟类 18 目 45 科 174 种。园区内大鵟（*Buteo hemilasius*）、猎

隼（*Falco cherrug*）、白肩雕（*Aquila heliaca*）、赤麻鸭（*Tadorna ferruginea*）、斑头雁（*Anser indicus*）、长嘴百灵（*Melanocorypha maxima*）、棕头鸥（*Chroicocephalus brunnicephalus*）等较为常见。澜沧江源园区分布鸟类 14 目 33 科 115 种。园区内大鵟、高山兀鹫（*Gyps himalayensis*）、小云雀（*Alauda gulgula*）、岩鸽（*Columba rupestris*）、蒙古百灵（*Melanocorypha mongolica*）、蓝马鸡（*Crossoptilon auritum*）和白马鸡等为常见鸟类。黄河源园区分布鸟类 13 目 32 科 87 种。园区内草原雕（*Aquila nipalensis*）、猎隼、大鵟、地山雀、长嘴百灵、角百灵（*Eremophila alpestris*）等较为常见，黑颈鹤、赤麻鸭和斑头雁等鸟类物种的分布密度较高。

三江源国家公园内分布的鸟类包括游禽、涉禽、陆禽、猛禽、攀禽和鸣禽 6 类生态类群，以鸣禽类为主，有 94 种，占公园鸟类总数的 47.96%；公园内河流、湖泊及湿地众多，水域充沛，涉禽类和游禽类的鸟类物种数量和分布范围均维持在较高的水平，分别有 28 种和 27 种，占公园鸟类总数的 14.29%和 13.78%；猛禽和陆禽分别有 23 种和 16 种，占公园鸟类总数的 11.73%和 8.16%，攀禽类最少，仅有 8 种，占公园鸟类总数的 4.08%。

三江源国家公园内共分布猛禽 23 种（11.73%），超过国内猛禽分布的平均水平（6.9%）（郑光美，2017），且均属于国家重点保护物种。猛禽属于食物链顶级类群之一，其种类数与种群数量的维系不仅仅是对鸟类物种多样性的体现，更是对其食物链中下级物种种类和数量的一种指示（苏化龙等，2016）。

三江源国家公园中分布的鸟类以留鸟为主，有 93 种，占公园鸟类总数的 47.45%；良好的生态环境和适宜的气候条件也为鸟类提供了繁殖和栖息的适宜场所。分布的夏候鸟有 66 种，占公园鸟类总数的 33.67%；旅鸟 34 种，占公园鸟类总数的 17.35%，成为三江源国家公园鸟类物种多样性组成的重要部分。冬候鸟 3 种，均为鸭科鸟类。

二、三江源国家公园鸟类新分布种

通过与标本记录、历史文献、过去的调查研究成果、最新科研成果和新闻报道等资料记录的物种比较，在三江源国家公园范围内，观察到鸟类新分布有 16 种，具体物种包括：黑鹳（*Ciconia nigra*）、鹗（*Pandion haliaetus*）、栗鸢（*Haliastur indus*）、凤头蜂鹰（*Pernis ptilorhyncus*）、乌雕（*Clanga clanga*）、红喉雉鹑（*Tetraophasis obscurus*）、黑翅长脚鹬（*Himantopus himantopus*）、白腰杓鹬（*Numenius arquata*）、黑尾塍鹬（*Limosa limosa*）、黑啄木鸟（*Dryocopus martius*）、烟腹毛脚燕（*Delichon dasypus*）、楔尾伯劳（*Lanius sphenocercus*）、秃鼻乌鸦（*Corvus frugilegus*）、山噪鹛（*Garrulax davidi*）、大噪鹛（*Garrulax maximus*）和黄腰柳莺（*Phylloscopus proregulus*）。

三、三江源国家公园鸟类保护级别与濒危等级

三江源国家公园内现有各类保护鸟类 70 种，占公园内所有分布鸟类总数的 35.71%，其中国家一级、二级重点保护野生鸟类共 50 种，占园区内鸟类总数的 25.51%，高于国家平均保护水平（15.6%）（张雁云等，2016；郑光美，2017）。国家一级重点保护野生鸟类 13 种，包括斑尾榛鸡（*Tetrastes sewerzowi*）、红喉雉鹑、黑颈鹤、黑鹳、胡兀鹫（*Gypaetus barbatus*）、秃鹫（*Aegypius monachus*）、乌雕、草原雕、白肩雕、金雕（*Aquila chrysaetos*）、玉带海雕（*Haliaeetus leucoryphus*）、猎隼和矛隼（*Falco rusticolus*）；国家二级重点保护野生鸟类 37 种，分别为藏雪鸡（*Tetraogallus tibetanus*）、血雉（*Ithaginis cruentus*）、白马鸡、蓝马鸡、大天鹅（*Cygnus cygnus*）、黑颈䴙䴘（*Podiceps nigricollis*）、蓑羽鹤（*Grus virgo*）、灰鹤（*Grus grus*）、鹮嘴鹬（*Ibidorhyncha struthersii*）、小杓鹬（*Numenius minutus*）、白腰杓鹬、鹗、凤头蜂鹰、高山兀鹫、雀鹰（*Accipiter nisus*）、黑鸢（*Milvus migrans*）、栗鸢、大鵟、普通鵟（*Buto japonicus*）、雕鸮（*Bubo bubo*）、纵纹腹小鸮（*Athene noctua*）、三趾啄木鸟（*Picoides tridactylus*）、黑啄木鸟、红隼（*Falco tinnunculus*）、灰背隼（*Falco columbarius*）、燕隼（*Falco subbuteo*）、矛隼、游隼（*Falco peregrinus*）、黑尾地鸦（*Podoces hendersoni*）、蒙古百灵、棕草鹛（*Babax koslowi*）、大噪鹛、橙翅噪鹛（*Trochalopteron elliotii*）、白喉石䳭（*Saxicola insignis*）、藏雀（*Carpodacus roborowskii*）、藏鹀（*Emberiza koslowi*）和朱鹀（*Urocynchramus pylzowi*）。青海省级保护鸟类 20 种，分别为环颈雉（*Phasianus colchicus*）、灰雁（*Anser anser*）、斑头雁、翘鼻麻鸭（*Tadorna tadorna*）、赤麻鸭、斑嘴鸭（*Anas zonorhyncha*）、西藏毛腿沙鸡（*Syrrhaptes tibetanus*）、毛腿沙鸡（*Syrrhaptes paradoxus*）、棕头鸥、普通鸬鹚（*Phalacrocorax carbo*）、苍鹭（*Ardea cinerea*）、戴胜（*Upupa epops*）、蚁䴕（*Jynx torquilla*）、大斑啄木鸟（*Dendrocopos major*）、灰头绿啄木鸟（*Picus canus*）、长嘴百灵、细嘴短趾百灵（*Calandrella acutirostris*）、凤头百灵（*Galerida cristata*）、小云雀、角百灵。

三江源国家公园内分布的中国特有鸟类 15 种，分别为斑尾榛鸡、红喉雉鹑、白马鸡、蓝马鸡、白眉山雀（*Poecile superciliosus*）、地山雀、凤头雀莺（*Leptopoecile elegans*）、棕草鹛、大噪鹛、山噪鹛、橙翅噪鹛、朱鹀、藏雪雀、藏雀、藏鹀；国家三有鸟类 121 种，包括石鸡（*Alectoris chukar*）、高原山鹑（*Perdix hodgsoniae*）、环颈雉、豆雁（*Anser fabalis*）、灰雁、斑头雁、翘鼻麻鸭、赤麻鸭、赤膀鸭（*Mareca strepera*）、赤颈鸭（*Mareca penelope*）、绿头鸭（*Anas platyrhynchos*）、斑嘴鸭、针尾鸭（*Anas acuta*）、绿翅鸭（*Anas crecca*）、琵嘴鸭（*Anas clypeata*）、赤嘴潜鸭（*Netta rufina*）、红头潜鸭（*Aythya ferina*）、白眼潜鸭（*Aythya nyroca*）、凤头潜鸭（*Aythya fuligula*）、鹊鸭（*Bucephala clangula*）、普通秋沙鸭（*Mergus merganser*）、

凤头䴙䴘（*Podiceps cristatus*）、黑颈䴙䴘、岩鸽、雪鸽（*Columba leuconota*）、山斑鸠（*Streptopelia orientalis*）、灰斑鸠（*Streptopelia decaocto*）、火斑鸠（*Streptopelia tranquebarica*）、西藏毛腿沙鸡、毛腿沙鸡、白腰雨燕（*Apus pacificus*）等，充分表明公园内良好的生态环境为鸟类栖息生存提供了适宜的环境条件。

列入 IUCN 濒危物种红色名录濒危（endangered，EN）等级的鸟类有 3 种，包括草原雕、玉带海雕、猎隼；易危（vulnerable，VU）等级鸟类有 4 种，包括乌雕、白肩雕、红头潜鸭、白喉石䳭；近危（near threatened，NT）等级鸟类有 11 种，分别为斑尾榛鸡、棕草鹛、藏鹀、白腰杓鹬、白眼潜鸭、黑尾塍鹬、红颈滨鹬、白马鸡、黑颈鹤、胡兀鹫、秃鹫、高山兀鹫。列入 CITES 附录 I 的鸟类有 6 种，分别为藏雪鸡、白马鸡、黑颈鹤、白肩雕、矛隼、游隼；列入附录 II 的鸟类有 24 种，分别为血雉、蓑羽鹤、灰鹤、黑鹳、鹗、胡兀鹫、凤头蜂鹰、高山兀鹫、秃鹫、乌雕、草原雕、金雕、雀鹰、黑鸢、栗鸢、玉带海雕、大鵟、普通鵟、雕鸮、纵纹腹小鸮、红隼、灰背隼、燕隼、猎隼。

参照《中国生物多样性红色名录——脊椎动物卷》（2015 年）、《中国脊椎动物红色名录》（蒋志刚等，2016），在三江源国家公园分布的 196 种鸟类中，列入中国生物多样性红色名录濒危（EN）等级的有 5 种，分别是乌雕、白肩雕、玉带海雕、猎隼和白喉石䳭；列入易危（VU）等级的有 10 种，分别是黑颈鹤、黑鹳、草原雕、金雕、栗鸢、大鵟、黑尾地鸦、蒙古百灵、藏雀、藏鹀；列入近危（NT）等级的有 26 种，分别是矛隼、藏雪鸡、游隼、白马鸡、血雉、灰鹤、鹗、凤头蜂鹰、雕鸮、灰背隼、胡兀鹫、秃鹫、高山兀鹫、白眉山雀、凤头雀莺、朱鹀、鹦嘴鹬、拟大朱雀（*Carpodacus rubicilloides*）、蓝马鸡、藏雪雀、大天鹅、小杓鹬、棕草鹛、白腰杓鹬、白眼潜鸭、斑尾榛鸡。三江源国家公园分布的 196 种鸟类中，受威胁物种（濒危、易危和近危）有 42 种，占公园总分布鸟类数的 21.43%，远远高于全国受威胁鸟类的平均水平（10.6%）（张雁云等，2016）。

四、三江源国家公园鸟类物种多样性和区系相似性

依照前述公式计算得到三江源国家公园 D_F、D_G、D_{F-G} 值分别为 26.339、4.617 和 0.825，表明科属间的多样性较丰富，从科和属的角度也反映出较长时期内三江源国家公园的鸟类物种多样性处于较高的水平（蒋志刚和纪力强，1999）。鸟类对生境的选择与其生活习性密切相关，因此在一定生境下的鸟类物种多样性能够衡量不同生境在生态功能上的差异（Long，1963）。就各个园区而言，长江源园区的鸟类物种多样性最高，其 D_F、D_G、D_{F-G} 值分别为 23.926、4.508 和 0.812，其次为澜沧江源园区，D_F、D_G、D_{F-G} 值分别为 17.126、4.146 和 0.758，较低的为黄河源园区，D_F、D_G、D_{F-G} 值分别为 15.096、3.978 和 0.737。G-F 指数在反映当地鸟

类资源丰富程度的同时，也间接的反映出了目前各个园区的资源与保护现状。长江源园区较其他园区而言，生境类型丰富，资源充沛，鸟类多样性最高。三江源国家公园位于青藏高原腹地，在世界动物地理区域划分上绝大多数鸟类都属于古北界。依据中国动物地理区域划分，三江源国家公园鸟类属于古北界中亚亚界青藏区羌塘高原亚区和青海藏南亚区（李佳等，2016；张荣祖，2011）。公园内分布的古北界鸟类有 145 种，占园区鸟类总数的 73.98%，如角百灵、水鹨（*Anthus spinoletta*）、大天鹅等，与青藏高原地区动物区系研究结果总体一致（宋慧刚和朱军，2008）；属于东洋界的鸟类有 37 种，占园区鸟类总数的 18.88%，如东方鸻（*Charadrius veredus*）、中白鹭（*Ardea intermedia*）等；广布种有 14 种，占园区鸟类总数的 7.14%，如大白鹭（*Ardea alba*）、胡兀鹫、环颈雉、戴胜等。进一步的详细划分，鸟类数量居多的前五位分布型分别为：古北型、全北型、高山型、喜马拉雅-横断山区型和中亚型，分别占鸟类总数的 21.9%、15.3%、14.8%、11.7% 和 7.1%。在中国陆栖脊椎动物的 18 个分布型中，公园内鸟类涉及 15 种分布型，动物地理和区系特征的复杂性促使该地的鸟类分布型呈现多样化状态（宋慧刚和朱军，2008）。

将三江源国家公园三个园区的鸟类分布区系进行比较，长江源园区与澜沧江源园区的平均动物区系相似性（AFR）值分别为 0.765、0.621，黄河源园区与澜沧江源园区的平均动物区系相似性值为 0.616，均为密切关系。相较于黄河源园区，澜沧江源园区与长江源园区动物区系相似性指数更高，为 0.765，其主要原因可能是地理位置的差异，长江源园区与澜沧江源园区相连，在一定程度上，形成一个不可分割的整体，其所分布的鸟类也具有较高程度的相似性，而黄河源园区与其他两个园区并不相连，在一定程度上也会出现地理隔离导致的物种分布和适应性差异。

第五节　小　　结

生物多样性保护是生态文明建设的重要内容，关系人类福祉和未来。生态文明思想是以人与自然、人与人、人与社会和谐共生、良性循环、全面发展、持续繁荣为基本宗旨的文化伦理形态。生态文明思想所倡导的原则，与《生物多样性公约》的三大目标高度契合。习近平生态文明思想为推进生物多样性保护工作提供了根本遵循，为正确处理好保护和发展的关系，实现人与自然和谐共生的愿景提供了思想指引和行动指南。

2019 年，生物多样性和生态系统服务政府间科学政策平台（Intergovernmental Science-Policy Platform on Biodiversity and Ecosystem Services，IPBES）发布的《生物多样性和生态系统服务全球评估报告》指出，全球物种灭绝的速度"至少比过去 1000 万年的平均速度快数十至数百倍"。人类活动已经改变了地球 75%的陆地表面和 66%的海洋生态环境，超过 85%的湿地已经丧失，25%的物种面临灭绝的威胁。生态环境既考虑生物因素，也考虑非生物因素，其含义和外延要远大于生物多样性。生物多样性与生态环境的其他元素紧密相连，生物多样性保护是生态环境保护中非常重要的组成部分。物种多样性是生物多样性在物种上的表现形式，也是生物多样性的关键，既体现了生物之间及环境之间的复杂关系，又体现了生物资源的丰富性。

习近平总书记 2021 年视察青海时，强调保护好生态环境，是"国之大者"。要守护好自然生态，保育好自然资源，维护好生物多样性。因此，了解三江源国家公园生物多样性特征对掌握区域物种丰富度和物种与环境之间的关系至关重要，是三江源国家公园生态功能和社会经济协同提升的重要基础。

在 2015 年 12 月《三江源国家公园体制试点方案》审议通过前，政府部门还未组织在三江源国家公园 12.31 万 km² 范围内开展系统、全面、连续的生物多样性科学考察。但在过去几十年里，各级政府及社会各类公益组织，在三江源、可可西里、柴达木盆地和青海湖等区域开展了不同层次、不同范围、不同时段的生物多样性考察活动。1990 年，国家可可西里综合科学考察队生物组对可可西里的生物资源进行了考察，并以此为基础撰写了《青海可可西里地区生物与人体高山生理》。2001 年，国家林业局组织了三江源的资源科学考察工作，由中国林科院、国家林业局规划院、青海省林业局等单位负责实施，形成了《三江源生物多样性——三江源自然保护区科学考察报告》，该报告中的地域范围涵盖三江源省级自然保护区及其周边地区，调查内容包括自然资源和社会经济状况。2012~2014 年，由阿拉善 SEE 公益机构支持，青海省三江源国家级自然保护区管理局、北京大学自然保护与社会发展研究中心、山水自然保护中心以及 IBE 影像生物多样性调查所联合开展了三江源生物多样性快速调查，形成了《三江源自然观察手册》等成果。另外，2011 年启动的全国第二次陆生野生动物资源调查，2013 年开始的青海省第二次陆生野生动物资源调查等，也有涉及三江源国家公园范围的地理调查单元。同时，三江源国家公园区域作为世界高海拔地区生物多样性最丰富的地区，受到全球和社会各界的高度关注，有关该地区动物多样性的新闻及科学论文也时常有报道或发表。

为了更好地推进三江源国家公园生物多样性保护目标，制定切实可行的生物多样性保护对策，在三江源国家公园内开展科学有效的动物调查、监测及研究工作，必须系统掌握三江源国家公园动物多样性特征的客观现状。我们的研究通过查阅标本记录、历史文献、最新科研成果和新闻报道，初步了解三江源国家公园野生动物资源的分布特征，参阅先前的种种考察研究成果，从中抽丝剥茧，在动物分类最新研究成果基础上，汇总形成三江源国家公园野生动物文献记录名录。

同时，通过 5 年的连续不断的实地考察，结合无人机、红外相机和卫星遥感调查等最新的野生动物调查技术，第一次全面掌握了三江源国家公园野生动物多样性特征、主要物种的分布范围和种群数量，分园区绘制了重要物种的分布图，对 10 多种重要物种的栖息地状况进行了评估，为国家公园制定切实可行的野生动物保护对策提供了重要的依据和支撑，有力地推动了三江源国家公园的试点建设，为国家生态文明建设提供了青海经验。

根据调查和持续的监测，三江源国家公园内共分布陆生野生脊椎动物 270 种，隶属 4 纲 29 目 72 科，其中兽类 8 目 19 科 62 种，鸟类 18 目 45 科 196 种，两栖类 2 目 5 科 7 种，爬行类 1 目 3 科 5 种。三江源国家公园野生动物分布具有珍稀濒危物种占比高的特点：公园内常见兽类有藏原羚、藏野驴、藏羚、狼、藏狐、赤狐、岩羊等，常见珍稀鸟类有大鵟、猎隼、白肩雕、草原雕、高山兀鹫、斑头雁、蓝马鸡、黑颈鹤等。三江源国家公园良好的生态环境和适宜的气候条件也为鸟类提供了繁殖和栖息的适宜场所，公园内分布的鸟类以留鸟为主，有 93 种，约占公园鸟类总数的一半；分布的夏候鸟有 66 种，冬候鸟 3 种，旅鸟 34 种。三江源国家公园内分布的鸟类以鸣禽类为主，公园内水域充沛，涉禽类和游禽类的鸟类物种数量和分布范围也维持在较高的水平。公园内共分布猛禽 23 种（11.73%），超过国内猛禽分布的平均水平（6.9%），且均属于国家重点保护物种。

62 种野生兽类中列入国家重点保护野生动物名录的共有 27 种，其中国家一级重点保护野生兽类 10 种，国家二级重点保护野生兽类 17 种；青海省级重点保护物种有 3 种；列入 IUCN 濒危物种红色名录濒危等级物种 4 种，易危等级有 7 种，近危等级 5 种；列入 CITES 附录 I 的有 7 种，附录 II 的有 11 种，附录 III 的有 6 种；列入中国生物多样性红色名录极危等级的有 3 种，濒危 10 种，易危 6 种，近危 15 种。三江源国家公园内现有国家重点保护和青海省重点保护鸟类 70 种，占公园内所有分布鸟类总数的 35.71%，其中国家一级重点保护野生鸟类 13 种，国家二级重点保护野生鸟类 37 种，青海省级保护鸟类 20 种。中国特有鸟类 15 种，国家三有鸟类 121 种。列入 IUCN 濒危物种红色名录濒危等级的鸟类有 3 种，易危 4 种，近危 11 种。列入 CITES 附录 I 的鸟类有 6 种，附录 II 的有 24 种。列入中国生物多样性红色名录濒危等级的有 5 种，易危 11 种，近危 26 种。园区内受威胁物种（濒危、易危和近危）有 42 种，占公园总分布鸟类数的 21.43%，远远高于全国受威胁鸟类的平均水平（10.6%）。

在动物地理区划上三江源国家公园属于古北界中亚亚界青藏区羌塘高原亚区和青海藏南亚区，园区现分布的 62 种兽类以古北界成分为主。三江源国家公园平均海拔 4 500m 以上，园区动物主要以适应高寒气候的特喜寒耐寒的特殊种类为主，高山型成分最多，且在种群数量上具有明显优势，是三江源国家公园兽类区系的主体。在 62 种兽类中有 29 种是中国或青藏高原特有种，占分布物种数的

46.77%。鸟类数量居多的前五位分布型分别为：古北型、全北型、高山型、喜马拉雅-横断山区型和中亚型，分别占鸟类总数的 21.9%、15.3%、14.8%、11.7%和7.1%。在中国陆栖脊椎动物的 18 个分布型中，公园内鸟类涉及 15 种分布型，动物地理和区系特征的复杂性促使该地的鸟类分布型呈现多样化状态。

从生态地理角度划分，三江源国家公园内野生动物可分为以下三个生态地理类群。

高地森林草原动物群：主要见于玉树和果洛南部，河谷深切入高原内部，且多南北走向，受南来气流的影响较大。阴坡以云杉、冷杉、油松和落叶松形成的针叶林为主，一般多分布于谷地和坡面上，阳坡多为圆柏。针阔混交林以杨、桦为主。高山灌丛主要有杜鹃、金露梅、山生柳等。不同的森林植被类型相互交错并随海拔、坡向而变化。代表动物有马麝、白唇鹿、马鹿、狼、野猪（Sus scrofa）、水獭。鸟类有马鸡、血雉、石鸡、岩鸽、多种啄木鸟及多种食虫鸟。

高地草原及草甸动物群：主要见于玉树、果洛西北部高原，草原和草甸草原随海拔、地区、坡向而有明显变化。植物种类主要有小蒿草、异针茅草、藏蒿草、报春花、鹅绒委陵菜、风毛菊、细柄茅等。兽类主要有赤狐、藏狐、棕熊、石貂、艾虎、雪豹、藏野驴、白唇鹿、野牦牛、藏原羚、岩羊、喜马拉雅旱獭等。鸟类中石鸡、雪鸡、猛禽类、褐背拟地鸦、百灵、雪雀等相当丰富。在沼泽地和湖区有灰鹤、黑颈鹤、斑头雁、赤麻鸭、棕头鸥、渔鸥、燕鸥、秋沙鸭等。

高地寒漠动物类群：主要见于保护区西部、可可西里山、唐古拉山地区。自然条件单纯，主要植被是由多种针茅、蒿属、硬叶薹草和小半灌木垫状驼绒藜等组成。动物种类以有蹄类中的藏野驴、藏原羚、藏羚、野牦牛等最普遍，其次是狼、赤狐、高原兔、喜马拉雅旱獭及鸟类中的雁鸭类、鹰雕类比较常见，雪鸡、西藏毛腿沙鸡数量较多，草原鸟类如百灵、文鸟、雪雀等相当繁盛。

三江源国家公园是中国和全世界少有的大型、珍稀、濒危野生动物的主要集中分布区之一。三江源国家公园内的陆生野生脊椎动物调查研究结果与《三江源生物多样性——三江源自然保护区科学考察报告》比较发现，三江源国家公园内现有国家一级、二级重点保护野生兽类共 30 种，占三江源地区国家级重点保护兽类的 90.90%，三江源国家公园范围内几乎涵盖了三江源区分布的所有青藏高原特有兽类，分布于三江源地区而未纳入保护的兽类有云豹、黑熊（Ursus thibetanus）、小熊猫（Ailurus fulgens）、虎和斑羚 5 种，它们在三江源地区仅分布于南部的森林地带。在鸟类方面，三江源国家公园内现有国家一级、二级重点保护野生鸟类共 50 种，占三江源地区国家级重点保护野生鸟类的 87.72%，仅有绿尾虹雉（Lophophorus lhuysii）、红腹锦鸡（Chrysolophus pictus）、长尾林鸮（Strix uralensis）3 种留鸟，一种夏候鸟疣鼻天鹅（Cygnus olor）和一种旅鸟短耳鸮（Asio flammeus）栖息地未纳入国家公园范围内。

然而，青藏高原独特的地理气候条件决定了其生态系统初级生产力低，生态系统十分脆弱。这里野生动物面临着草场过牧、超载、栖息地恶化、冰川和湖泊萎缩等自然环境变化和偷猎行为的威胁，其生态状况不容乐观。加强公园生态系统完整性的维护，对整个三江源国家公园生物多样性的维持以及重点濒危物种的保护具有重要意义。为了给野生动物创建一个和谐、安宁的自然环境，必须采取有效措施，加强物种和栖息地保护，制定科学管理对策。

第一，三江源国家公园地域广阔，部分区域调查不完全，在以后的工作中需要加大监测力度，建立科学、可行的国家公园野生动物巡护制度和反偷猎体系，保证巡护工作的长期、有效开展。

第二，黄河源园区与另外两个园区相隔较远，保护区面积小，连通性差。因此，黄河源园区的野生动物保护不应该只局限于园区内，应该加强周边区域的保护和监测，建议公园在边界区划及生态功能区划分时充分考虑区域的完整性和物种栖息地的连通性。

第三，三江源国家公园面积大，公园野生动物保护工作应充分调动公园内牧民群众积极参与，充分发挥当地牧民对自然环境保护的主观能动性，大力推进现代野生动物保护理念。

第四，很多动物分布在偏远地区，人力巡护难度大，应充分发挥先进技术手段的作用，利用红外相机、遥感、无人机等现代技术设备开展调查研究工作，加强空白区和薄弱区调查，深入开展关键种和旗舰种的保护和研究。

第五，建立生态补偿制度，一方面通过有偿补贴，减少牧民所承包草场地载畜量，用于为缓解国家公园内野生动物种群密度大的地区的草地承载压力，另一方面用于野生动物损害补偿，消除当地群众对保护野生动物的后顾之忧。

第六，在未来的野生动物多样性保护研究中，针对重点保护对象，应进行数量与保护现状的评估，并在长期的数据积累过程中，比较分析重点物种的种群动态变化，不断补充完善三江源国家公园野生动物多样性数据库。

第六章 长江源园区动物多样性特征

长江源园区在三江源国家公园的西北部，自西向东由高寒荒漠草原向高寒草原、高寒草甸过渡，多高原湖泊、沼泽和雪山冰川分布，生物多样性丰富，野生动物数量多、分布广，有藏羚、野牦牛、藏野驴、岩羊、藏原羚、白唇鹿、雪豹、棕熊、狼、胡兀鹫、金雕、白肩雕、大鵟等重点保护动物，是许多国家重点保护野生动物的重要栖息地和迁徙通道，被称为"野生动物天堂"。开展生物多样性调查，摸清区域生物多样性状况，健全和丰富生物多样性家谱，为构建生物多样性保护监管数据库，规划生物多样性观测网络，动态掌握区域物种多样性变化提供重要的科技支撑。

第一节 长江源园区概况

长江源园区位于玉树藏族自治州治多县和曲麻莱县，涉及治多县索加乡、扎河乡和曲麻莱县曲麻河乡、叶格乡，共计 15 个行政村。介于东经 89°50′57″～95°18′51″，北纬 33°9′5″～36°47′53″，包括可可西里国家级自然保护区、三江源国家级自然保护区索加-曲麻河保护分区，园区总面积为 9.03 万 km²，核心保育区面积 7.55 万 km²，生态保育修复区 0.15 万 km²，传统利用区面积 1.33 万 km²。

一、治多县简况

治多县位于青藏高原中部，青海省西南部，玉树藏族自治州中西部。治多藏语译为"长江源头"，是长江的发源地，素有"万里长江第一县"的美称。治多县辖 5 乡 1 镇（索加乡、扎河乡、多彩乡、治渠乡、立新乡和加吉博洛镇），20个行政村、68 个牧民小组、6 个社区居委会。东与玉树为邻，南与唐古拉山乡和杂多县接壤，北与海西蒙古族藏族自治州毗连，东北隔通天河与曲麻莱县相望。县域平均海拔在 4 500m 以上。治多地大物博、山川壮美、历史悠久、文化灿烂，是全国海拔最高、人均占有面积最大、生态位置最为重要的县域之一，素有"万山之宗"、"百川之祖"、"动物王国"、"中华水塔"和"嘉洛宝地"之美誉。

治多县地处三江源核心区，是三江源国家公园长江源区、可可西里世界自然遗产地双重叠的县域，生态位置突出。境内的可可西里自然保护区是目前世界上原始生态环境保存最为完整的地区之一，也是全国面积最大、海拔最高、野生动植物资源最为丰富的自然保护区之一，在青藏高原乃至中国、亚洲和全球生态环境中有着举足轻重的地位。治多县地势走向总体呈西南高东北低的态势。境内山脉纵横，峰峦重叠，湖泊众多，地形复杂，地貌多样。各大山脉基本构成全县地貌的大体骨架。昆仑山脉绵亘境北，乌兰乌拉山横贯境南，可可西里横贯中西部。从布喀达板峰（海拔6 860m）到县境东部通天河沿岸（海拔3 850m），海拔落差3 010m。

治多县地处内陆，属于典型的高原大陆性气候。日照时间长、辐射强，冬季漫长、夏季凉爽，气温日差大、年差小，降水量少，常年干燥多风，高寒缺氧。年均温为-0.6～-0.3℃，年降水量397mm。冷季长达10个月，全年无绝对无霜期。"五月解冻，八月草黄"是治多的真实写照。冰冻、雪灾频繁，是全国生存环境最恶劣的地区之一，被称为"人类生命的禁区"和"地球第三极"。

全县草地面积3 217.94万亩[①]，可利用草场面积2 821.44万亩，占草地总面积的87.69%。其中，夏秋草场1 579.51万亩，冬春草场1 241.94万亩。草场多以高寒草甸类型为主，间以草原草场和高寒沼泽草场，有少量的灌丛草场和疏林草场，植被覆盖度65%，牧草多以蒿草和高原薹草为主。治多县境内蕴藏大量的金、银、铜、锌、煤等矿产资源，水能、风能和太阳能资源丰富。盛产冬虫夏草、红景天、知母、贝母等中药材。雪豹、藏羚、藏野驴、藏雪鸡、林麝、马麝等珍稀野生动物遍及全境（蔡桂全，1982）。水资源丰富，素有"一江九河十大滩"之说。

治多县内共有藏传佛教寺院1个、宗教活动点3个，在册僧侣429名。属全民信教地区，宗教氛围浓郁，文化积淀深厚，藏传佛教文化、格萨尔文化、嘎嘉洛文化和民俗文化交相辉映。自然景观众多，雪山草原、江河湖泊、可可西里风光绮丽。2016年，地区生产总值6.41亿元，同比增长1.8%；县属固定资产投资8.56亿元，同比增长23.48%；地方一般财政预算收入2 364万元，同口径增长13.3%；城镇居民人均可支配收入26 160元，同比增长8.9%；牧民人均可支配收入6 903元，同比增长10.2%；全社会消费品零售总额1.16亿元，同比增长11%。全县牲畜存栏40.06万头（只、匹）。全县开设各级学校13所（初中1所、小学9所、幼儿园3所），在校学生6 123人（初中2 242人、小学3 301人、幼儿园580人）。九年义务教育巩固率达95.2%，初中生升学率达94.59%。

全县开设各类医疗卫生机构32个。其中，县级4所（县人民医院、县藏医院、县妇保院、县疾控中心），2所中心乡（镇）卫生院，4所普通乡镇卫生院，2个社区卫生服务站，20个村卫生室。实际开放病床数120张，每千人拥有病床数3.2张。县乡村卫生服务网络基本健全，医疗卫生机构实现有效覆盖。各类在职从业人员252人（村医42人）。截至2016年末，全县公路通车总里程3 300多千米。S308线、索唐公路、治囊公路等重点公路相继开通，县乡村三级路网和次生干道

---

① 1亩≈667m²，下同。

日趋健全，交通运力明显提升，通达半径日趋扩大。

二、曲麻莱县简况

曲麻莱县位于青海省西南部、玉树藏族自治州北部、三江源区，是一个美丽富饶的地方，素有"江河源头第一县"的美称。长江北源主要源流勒玛河、楚玛尔河、色吾河、代曲河均发源于县境内，是我国南北两大水系的主要水源涵养地，形成了独特的"高原水塔"自然景观，素有"中华水塔""名山之宗"等美称。曲麻莱县面积为 5.25 万 km²，辖 5 乡 1 镇（约改镇、曲麻河乡、叶格乡、麻多乡、巴干乡和秋智乡），县府驻地为约改镇；全县总人口 3.2 万人，藏族占 97.6%，此外还有汉、回、土、满、蒙古、撒拉等民族。境内高山、盆地、滩地相间，主要山脉有昆仑山、巴颜喀拉山、可可西里山、冬乌拉山。曲麻莱县地处三江源核心区，属于三江源国家公园长江源区，生态位置非常突出。境内的三江源国家级自然保护区是目前世界上原始生态环境保存较为完整的地区之一，也是野生动植物资源最为丰富的自然保护区之一，在青藏高原乃至中国、亚洲和全球生态环境中有着举足轻重的地位。

全县整个地势由东南向西北呈上升之势，平均海拔 4 550m 以上，是青海省乃至全国海拔最高的县份之一。大气平均含氧量不足海平面的 40%，属典型的高原大陆性气候，全年无明显四季之分，冷季长达 9 个月，无绝对无霜期；年平均气温−2.2℃，极端最低气温−34.4℃，极端最高气温为 24.2℃，年平均温差 22.2～23.5℃；年平均降水量为 264.8～472.9mm，蒸发量 445.4mm；平均日照时数为 6.9～7.5h，年日照时数为 2 536.3～2 750.2h，太阳辐射总量为 629.5～660.7kJ/cm²；年平均风速 3m/s，七八级大风年均日数在 100 天以上。

曲麻莱全县天然草场面积 375.54 万 hm²，占全县土地总面积的 71.46%，其中可利用草场面积 226.7 万 hm²，占草场面积的 60.37%。草地类型以高寒草甸草场为主，占草场总面积的 71.96%，还有高寒干草原类草地，占草场总面积的 28.0%，天然草场平均产草量 688.5kg/hm²（青海省曲麻莱县畜牧林业局，2002）。曲麻莱县是青海省的主要畜产品生产基地之一，畜牧业是全县国民经济的基础产业。截至 2005 年初全县牲畜存栏数达 57 万余头（只），年产鲜奶 4 800t、肉 6 203.04t、羊毛 450t、牛毛绒 17t。在畜产品资源开发、加工和利用方面具有较大的潜力。

曲麻莱县是野生动物的乐园，主要有野牦牛、藏羚、白唇鹿、雪豹、阿尔泰盘羊、岩羊、棕熊、猞猁和珍禽黑颈鹤、雪鸡、金雕、大天鹅等。县东部分布着丰富的原始天然圆柏疏林，对水土保持、防风、护牧、固沙、涵养水源和栖息野生动物方面具有极为有益的价值，还潜在有巨大的经济效益（陈振宁等，2016）。曲麻莱县境内河流纵横，湖泊星罗棋布，地表水流极为丰富，楚玛尔河、色吾河、约古宗列曲等长江、黄河干流支系纵横交错，融会贯通。长江水系年平均流量215.73m³/s，年总流量达 69.03 亿 m³。黄河水系境内流程 29.5km，年平均流量13.1m³/s，年总流量 4.13 亿 m³。水力资源极为丰富。

2014 年全年完成地区生产总值 5.71 亿元，同比增长 9%。完成地方一般预算收入 1 725 万元，同比增长 85.68%；完成全社会固定资产投资 6 亿元，增长 33%。社会消费品零售总额 6 869 万元，同比增长 11%。城镇居民人均可支配收入 22 167元，同比增长 12%。农牧民人均纯收入 5 792.38 元，同比增长 24.04%。城镇登记失业率控制在 3.5%以内。人口出生率 13.7‰，计划生育达标率 99%。曲麻莱县已基本形成以县城（约改滩）为中心，以省道清曲公路为依托，连接国道 109 线与214 线，辐射 1 镇 5 乡的公路交通网络。青藏铁路在本县境内穿越 185km，并设有不冻泉和五道梁两个站。交通便利，通信方便，城市功能初具规模。

第二节　调　查　方　法

2015～2019 年，使用样线法和样方法在长江源园区进行长期调查，主要范围为治多县的扎河乡、索加乡，曲麻莱县的曲麻河乡、叶格乡及可可西里地区，面积总计约 90 463km²。调查时间分别为每年的 7～9 月和 11～12 月。调查期间共布设样线 917 条，样线总长 9 511km，其中夏季布设样线 503 条，合计 4 450km（图 6-1）；冬季布设样线 414 条，合计 5 061km（图 6-2）。每年以相同的样线进行调查，并对重点区域和空白区域进行多次补充调查。

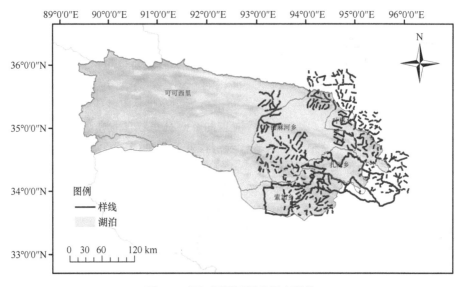

图 6-1　长江源园区夏季调查样线

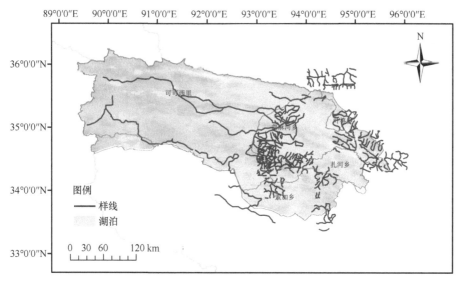

图6-2　长江源园区冬季调查样线

使用样方法对两栖类和爬行类物种进行了调查（图6-3），长江源园区共布设样方380个，主要设在索加乡、叶格乡、曲麻河乡、扎河乡，样方法观测到两栖爬行类个体796只，其中爬行类2种，两栖类3种。

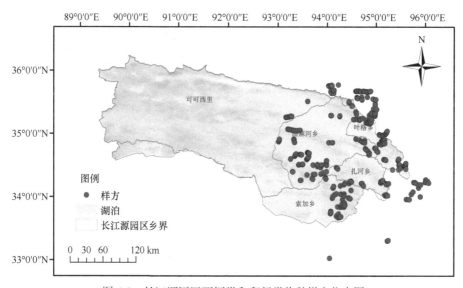

图6-3　长江源园区两栖类和爬行类物种样方位点图

第三节　长江源园区物种多样性特征

长江源园区共分布有陆生脊椎动物29目71科238种（表6-1），其中兽类8

表 6-1　长江源园区陆生脊椎动物物种名录和濒危等级

纲、目、科	编号	中文名	拉丁名	中国特有种	保护等级	CITES	IUCN濒危等级	中国物种红色名录
两栖纲 AMPHIBIA								
无尾目 ANURA								
蟾蜍科 Bufonidae	1	西藏蟾蜍	*Bufo tibetanus*	+			LC	LC
	2	中华蟾蜍	*Bufo gargarizans*				LC	LC
角蟾科 Megophryidae	3	西藏齿突蟾	*Scutiger boulengeri*				LC	LC
蛙科 Ranidae	4	高原林蛙	*Rana kukunoris*	+			LC	LC
有尾目 CAUDATA								
小鲵科 Hynobiidae	5	西藏山溪鲵	*Batrachuperus tibetanus*	+	II		VU	VU
隐鳃鲵科 Cryptobranchidae	6	大鲵	*Andrias davidianus*	+	II	I	CR	CR
爬行纲 REPTILIA								
有鳞目 SQUAMATA								
蝰科 Viperidae	7	红斑高山蝮	*Gloydius rubromaculatus*				—	—
鬣蜥科 Agamidae	8	红尾沙蜥	*Phrynocephalus erythrurus*	+			LC	LC
	9	江源沙蜥	*Phrynocephalus parvus*				—	—
	10	青海沙蜥	*Phrynocephalus vlangalii*	+			LC	—
鸟纲 AVES								
鸡形目 GALLIFORMES								
雉科 Phasianidae	11	斑尾榛鸡	*Tetrastes sewerzowi*	+	I		NT	NT
	12	藏雪鸡	*Tetraogallus tibetanus*		II	I	LC	NT
	13	石鸡	*Alectoris chukar*				LC	LC
	14	高原山鹑	*Perdix hodgsoniae*				LC	LC
	15	血雉	*Ithaginis cruentus*		II	II	LC	NT
	16	白马鸡	*Crossoptilon crossoptilon*	+	II	I	NT	NT
	17	蓝马鸡	*Crossoptilon auritum*	+	II		LC	NT
	18	环颈雉	*Phasianus colchicus*		省		LC	LC
雁形目 ANSERIFORMES								
鸭科 Anatidae	19	豆雁	*Anser fabalis*				LC	LC
	20	灰雁	*Anser anser*		省		LC	LC
	21	斑头雁	*Anser indicus*		省		LC	LC
	22	大天鹅	*Cygnus cygnus*		II		LC	NT
	23	翘鼻麻鸭	*Tadorna tadorna*		省		LC	LC
	24	赤麻鸭	*Tadorna ferruginea*		省		LC	LC
	25	赤膀鸭	*Mareca strepera*				LC	LC
	26	赤颈鸭	*Mareca penelope*				LC	LC
	27	绿头鸭	*Anas platyrhynchos*				LC	LC

续表

纲、目、科	编号	中文名	拉丁名	中国特有种	保护等级	CITES	IUCN濒危等级	中国物种红色名录
鸭科 Anatidae	28	斑嘴鸭	Anas zonorhyncha		省		LC	LC
	29	针尾鸭	Anas acuta				LC	LC
	30	绿翅鸭	Anas crecca				LC	LC
	31	琵嘴鸭	Anas clypeata				LC	LC
	32	赤嘴潜鸭	Netta rufina				LC	LC
	33	红头潜鸭	Aythya ferina				VU	LC
	34	白眼潜鸭	Aythya nyroca				NT	NT
	35	凤头潜鸭	Aythya fuligula				LC	LC
	36	鹊鸭	Bucephala clangula				LC	LC
	37	普通秋沙鸭	Mergus merganser				LC	LC
鸊鷉目 PODICIPEDIFORMES								
鸊鷉科 Podicipedidae	38	凤头鸊鷉	Podiceps cristatus				LC	LC
	39	黑颈鸊鷉	Podiceps nigricollis		II		LC	LC
鸽形目 COLUMBIFORMES								
鸠鸽科 Columbidae	40	岩鸽	Columba rupestris				LC	LC
	41	雪鸽	Columba leuconota				LC	LC
	42	山斑鸠	Streptopelia orientalis				LC	LC
	43	灰斑鸠	Streptopelia decaocto				LC	LC
	44	火斑鸠	Streptopelia tranquebarica				LC	LC
沙鸡目 PTEROCLIFORMES								
沙鸡科 Pteroclidae	45	西藏毛腿沙鸡	Syrrhaptes tibetanus		省		LC	LC
	46	毛腿沙鸡	Syrrhaptes paradoxus		省		LC	LC
夜鹰目 CAPRIMULGIFORMES								
雨燕科 Apodidae	47	白腰雨燕	Apus pacificus				LC	LC
鹃形目 CUCULIFORMES								
杜鹃科 Cuculidae	48	大杜鹃	Cuculus canorus				LC	LC
鹤形目 GRUIFORMES								
秧鸡科 Rallidae	49	白骨顶	Fulica atra				LC	LC
鹤科 Gruidae	50	蓑羽鹤	Grus virgo		II	II	LC	LC
	51	灰鹤	Grus grus		II	II	LC	NT
	52	黑颈鹤	Grus nigricollis		I	I	NT	VU
鸻形目 CHARADRIIFORMES								
鹮嘴鹬科 Ibidorhynchidae	53	鹮嘴鹬	Ibidorhyncha struthersii		II		LC	NT
反嘴鹬科 Recurvirostridae	54	反嘴鹬	Recurvirostra avosetta				LC	LC
鸻科 Charadriidae	55	金眶鸻	Charadrius dubius				LC	LC

119

续表

纲、目、科	编号	中文名	拉丁名	中国特有种	保护等级	CITES	IUCN濒危等级	中国物种红色名录
鸻科 Charadriidae	56	环颈鸻	*Charadrius alexandrinus*				LC	LC
	57	蒙古沙鸻	*Charadrius mongolus*				LC	LC
	58	东方鸻	*Charadrius veredus*				LC	LC
鹬科 Scolopacidae	59	大沙锥	*Gallinago megala*				LC	LC
	60	白腰杓鹬	*Numenius arquata*		II		NT	NT
	61	红脚鹬	*Tringa totanus*				LC	LC
	62	白腰草鹬	*Tringa ochropus*				LC	LC
	63	矶鹬	*Actitis hypoleucos*				LC	LC
	64	红颈滨鹬	*Calidris ruficollis*				NT	LC
	65	青脚滨鹬	*Calidris temminckii*				LC	LC
燕鸻科 Glareolidae	66	普通燕鸻	*Glareola maldivarum*				LC	LC
鸥科 Laridae	67	棕头鸥	*Chroicocephalus brunnicephalus*		省		LC	LC
	68	渔鸥	*Ichthyaetus ichthyaetus*				LC	LC
	69	普通燕鸥	*Sterna hirundo*				LC	LC
鹳形目 CICONIIFORMES								
鹳科 Ciconiidae	70	黑鹳	*Ciconia nigra*	I	II		LC	VU
鲣鸟目 SULIFORMES								
鸬鹚科 Phalacrocoracidae	71	普通鸬鹚	*Phalacrocorax carbo*		省		LC	LC
鹈形目 PELECANIFORMES								
鹭科 Ardeidae	72	池鹭	*Ardeola bacchus*				LC	LC
	73	牛背鹭	*Bubulcus ibis*				LC	LC
	74	苍鹭	*Ardea cinerea*		省		LC	LC
	75	白鹭	*Egretta garzetta*				LC	LC
鹰形目 ACCIPITRIFORMES								
鹗科 Pandionidae	76	鹗	*Pandion haliaetus*	II	II		LC	NT
鹰科 Accipitridae	77	胡兀鹫	*Gypaetus barbatus*	I	II		NT	NT
	78	凤头蜂鹰	*Pernis ptilorhyncus*	II	II		LC	NT
	79	高山兀鹫	*Gyps himalayensis*	II	II		NT	NT
	80	秃鹫	*Aegypius monachus*	I	II		NT	NT
	81	乌雕	*Clanga clanga*	I	II		VU	EN
	82	草原雕	*Aquila nipalensis*	I	II		EN	VU
	83	白肩雕	*Aquila heliaca*	I	I		VU	EN
	84	金雕	*Aquila chrysaetos*	I	II		LC	VU
	85	雀鹰	*Accipiter nisus*	II	II		LC	LC
	86	黑鸢	*Milvus migrans*	II	II		LC	LC

续表

纲、目、科	编号	中文名	拉丁名	中国特有种	保护等级	CITES	IUCN濒危等级	中国物种红色名录
鹰科 Accipitridae	87	玉带海雕	*Haliaeetus leucoryphus*		I	II	EN	EN
	88	大鵟	*Buteo hemilasius*		II	II	LC	VU
	89	普通鵟	*Buto japonicus*		II	II	LC	LC
鸮形目 STRIGIFORMES								
鸱鸮科 Strigidae	90	雕鸮	*Bubo bubo*		II	II	LC	NT
	91	纵纹腹小鸮	*Athene noctua*		II	II	LC	LC
犀鸟目 BUCEROTIFORMES								
戴胜科 Upupidae	92	戴胜	*Upupa epops*		省		LC	LC
啄木鸟目 PICIFORMES								
啄木鸟科 Picidae	93	大斑啄木鸟	*Dendrocopos major*		省		LC	LC
隼形目 FALCONIFORMES								
隼科 Falconidae	94	红隼	*Falco tinnunculus*		II	II	LC	LC
	95	灰背隼	*Falco columbarius*		II	II	LC	NT
	96	燕隼	*Falco subbuteo*		II	II	LC	LC
	97	猎隼	*Falco cherrug*		I	II	EN	EN
	98	矛隼	*Falco rusticolus*		I	I	LC	NT
	99	游隼	*Falco peregrinus*		II	I	LC	NT
雀形目 PASSERIFORMES								
伯劳科 Laniidae	100	灰背伯劳	*Lanius tephronotus*				LC	LC
	101	楔尾伯劳	*Lanius sphenocercus*				LC	LC
鸦科 Corvidae	102	灰喜鹊	*Cyanopica cyanus*				LC	LC
	103	喜鹊	*Pica pica*				LC	LC
	104	黑尾地鸦	*Podoces hendersoni*		II		LC	VU
	105	红嘴山鸦	*Pyrrhocorax pyrrhocorax*				LC	LC
	106	达乌里寒鸦	*Corvus dauuricus*				LC	LC
	107	秃鼻乌鸦	*Corvus frugilegus*				LC	LC
	108	小嘴乌鸦	*Corvus corone*				LC	LC
	109	大嘴乌鸦	*Corvus macrorhynchos*				LC	LC
	110	渡鸦	*Corvus corax*				LC	LC
山雀科 Paridae	111	白眉山雀	*Poecile superciliosus*	+	II		LC	NT
	112	褐头山雀	*Poecile montanus*				LC	LC
	113	地山雀	*Pseudopodoces humilis*	+			LC	LC
	114	大山雀	*Parus cinereus*				LC	LC
百灵科 Alaudidae	115	蒙古百灵	*Melanocorypha mongolica*		II		LC	VU
	116	长嘴百灵	*Melanocorypha maxima*		省		LC	LC

纲、目、科	编号	中文名	拉丁名	中国特有种	保护等级	CITES	IUCN濒危等级	中国物种红色名录
百灵科 Alaudidae	117	大短趾百灵	*Calandrella brachydactyla*				LC	LC
	118	细嘴短趾百灵	*Calandrella acutirostris*		省		LC	LC
	119	短趾百灵	*Calandrella cheleensis*				LC	LC
	120	凤头百灵	*Galerida cristata*		省		LC	LC
	121	小云雀	*Alauda gulgula*		省		LC	LC
	122	角百灵	*Eremophila alpestris*		省		LC	LC
燕科 Hirundinidae	123	崖沙燕	*Riparia riparia*				LC	LC
	124	家燕	*Hirundo rustica*				LC	LC
	125	岩燕	*Ptyonoprogne rupestris*				LC	LC
	126	毛脚燕	*Delichon urbicum*				LC	LC
	127	烟腹毛脚燕	*Delichon dasypus*				LC	LC
	128	金腰燕	*Cecropis daurica*				LC	LC
柳莺科 Phylloscopidae	129	黄腹柳莺	*Phylloscopus affinis*				LC	LC
	130	华西柳莺	*Phylloscopus occisinensis*				—	—
	131	暗绿柳莺	*Phylloscopus trochiloides*				LC	LC
长尾山雀科 Aegithalidae	132	花彩雀莺	*Leptopoecile sophiae*				LC	LC
	133	凤头雀莺	*Leptopoecile elegans*	+			LC	NT
噪鹛科 Leiothrichidae	134	大噪鹛	*Garrulax maximus*	+	II		LC	LC
	135	橙翅噪鹛	*Trochalopteron elliotii*	+	II		LC	LC
旋木雀科 Certhiidae	136	欧亚旋木雀	*Certhia familiaris*				LC	LC
䴓科 Sittidae	137	红翅旋壁雀	*Tichodroma muraria*				LC	LC
鹪鹩科 Troglodytidae	138	鹪鹩	*Troglodytes troglodytes*				LC	LC
河乌科 Cinclidae	139	河乌	*Cinclus cinclus*				LC	LC
椋鸟科 Sturnidae	140	灰椋鸟	*Spodiopsar cineraceus*				LC	LC
	141	紫翅椋鸟	*Sturnus vulgaris*				LC	LC
鸫科 Turdidae	142	棕背黑头鸫	*Turdus kessleri*				LC	LC
鹟科 Muscicapidae	143	白喉红尾鸲	*Phoenicuropsis schisticeps*				—	LC
	144	蓝额红尾鸲	*Phoenicuropsis frontalis*				—	LC
	145	赭红尾鸲	*Phoenicurus ochruros*				LC	LC
	146	黑喉红尾鸲	*Phoenicurus hodgsoni*				LC	LC
	147	红腹红尾鸲	*Phoenicurus erythrogastrus*				LC	LC
	148	白顶溪鸲	*Chaimarrornis leucocephalus*				LC	LC
	149	蓝大翅鸲	*Grandala coelicolor*				LC	LC
	150	黑喉石䳭	*Saxicola maurus*				—	LC

续表

纲、目、科	编号	中文名	拉丁名	中国特有种	保护等级	CITES	IUCN濒危等级	中国物种红色名录
鹟科 Muscicapidae	151	漠䳭	*Oenanthe deserti*				LC	—
	152	乌鹟	*Muscicapa sibirica*				LC	LC
	153	锈胸蓝姬鹟	*Ficedula sordida*				LC	LC
岩鹨科 Prunellidae	154	鸲岩鹨	*Prunella rubeculoides*				LC	LC
	155	棕胸岩鹨	*Prunella strophiata*				LC	LC
	156	褐岩鹨	*Prunella fulvescens*				LC	LC
朱鹀科 Urocynchramidae	157	朱鹀	*Urocynchramus pylzowi*	+	II		LC	NT
雀科 Passeridae	158	山麻雀	*Passer cinnamomeus*				LC	LC
	159	麻雀	*Passer montanus*				LC	LC
	160	石雀	*Petronia petronia*				LC	LC
	161	藏雪雀	*Montifringilla henrici*	+			LC	NT
	162	褐翅雪雀	*Montifringilla adamsi*				LC	LC
	163	白腰雪雀	*Onychostruthus taczanowskii*				LC	LC
	164	棕颈雪雀	*Pyrgilauda ruficollis*				LC	LC
	165	棕背雪雀	*Pyrgilauda blanfordi*				LC	LC
鹡鸰科 Motacillidae	166	黄鹡鸰	*Motacilla tschutschensis*				LC	LC
	167	黄头鹡鸰	*Motacilla citreola*				LC	LC
	168	灰鹡鸰	*Motacilla cinerea*				LC	LC
	169	白鹡鸰	*Motacilla alba*				LC	LC
	170	水鹨	*Anthus spinoletta*				LC	LC
燕雀科 Fringillidae	171	白斑翅拟蜡嘴雀	*Mycerobas carnipes*				LC	LC
	172	林岭雀	*Leucosticte nemoricola*				LC	LC
	173	高山岭雀	*Leucosticte brandti*				LC	LC
	174	普通朱雀	*Carpodacus erythrinus*				LC	LC
	175	拟大朱雀	*Carpodacus rubicilloides*				LC	NT
	176	大朱雀	*Carpodacus rubicilla*				LC	LC
	177	红眉朱雀	*Carpodacus pulcherrimus*				LC	LC
	178	曙红朱雀	*Carpodacus waltoni*				LC	LC
	179	藏雀	*Carpodacus roborowskii*	+	II		LC	VU
	180	白眉朱雀	*Carpodacus dubius*				LC	LC
	181	红胸朱雀	*Carpodacus puniceus*				LC	LC
	182	黄嘴朱顶雀	*Linaria flavirostris*				LC	LC
鹀科 Emberizidae	183	灰眉岩鹀	*Emberiza godlewskii*				LC	LC
	184	藏鹀	*Emberiza koslowi*	+	II		NT	VU

纲、目、科	编号	中文名	拉丁名	中国特有种	保护等级	CITES	IUCN濒危等级	中国物种红色名录
哺乳纲 MAMMALIA								
劳亚食虫目 EULIPOTYPHLA								
鼩鼱科 Soricidae	185	藏鼩鼱	*Sorex thibetanus*	+			—	NT
翼手目 CHIROPTERA								
蝙蝠科 Vespertilionidae	186	北棕蝠	*Eptesicus nilssoni*				LC	LC
灵长目 PRIMATES								
猴科 Cercopithecidae	187	猕猴	*Macaca mulatta*		II	II	LC	LC
食肉目 CARNIVORA								
犬科 Canidae	188	狼	*Canis lupus*		II	II	LC	NT
	189	沙狐	*Vulpes corsac*		II		LC	NT
	190	藏狐	*Vulpes ferrilata*		II		LC	NT
	191	赤狐	*Vulpes vulpes*		II	III	LC	NT
	192	豺	*Cuon alpinus*		I	II	EN	EN
熊科 Ursidae	193	棕熊	*Ursus arctos*		II	I	LC	VU
鼬科 Mustelidae	194	石貂	*Martes foina*		II	III	LC	EN
	195	香鼬	*Mustela altaica*		省	III	NT	NT
	196	艾鼬	*Mustela eversmanii*		省		LC	VU
	197	黄鼬	*Mustela sibirica*		省	III	LC	LC
	198	狗獾	*Meles leucurus*				LC	NT
	199	猪獾	*Arctonyx collaris*				VU	NT
	200	水獭	*Lutra lutra*		II	I	NT	EN
猫科 Felidae	201	荒漠猫	*Felis bieti*	+	I	II	VU	CR
	202	兔狲	*Felis manul*		II	II	LC	EN
	203	豹猫	*Prionailurus bengalensis*		II	II	LC	VU
	204	猞猁	*Lynx lynx*		II	II	LC	EN
	205	雪豹	*Panthera uncia*		I	I	VU	EN
奇蹄目 PERISSODACTYLA								
马科 Equidae	206	藏野驴	*Equus kiang*		I	II	LC	NT
偶蹄目 ARTIODACTYLA								
鹿科 Cervidae	207	白唇鹿	*Przewalskium albirostris*	+	I		VU	EN
	208	马鹿	*Cervus elaphus*		II		LC	EN
猪科 Suidae	209	野猪	*Sus scrofa*				LC	LC
麝科 Moschidae	210	林麝	*Moschus berezovskii*		I	II	EN	CR
	211	马麝	*Moschus chrysogaster*		I	II	EN	CR
牛科 Bovidae	212	野牦牛	*Bos mutus*	+	I	I	VU	VU

纲、目、科	编号	中文名	拉丁名	中国特有种	保护等级	CITES	IUCN濒危等级	中国物种红色名录
牛科 Bovidae	213	藏原羚	*Procapra picticaudata*	+	II		NT	NT
	214	藏羚	*Pantholops hodgsonii*	+	I	I	NT	NT
	215	岩羊	*Pseudois nayaur*		II	III	LC	LC
	216	阿尔泰盘羊	*Ovis ammon*		II	II	NT	—
	217	中华鬣羚	*Capricornis milneedwardsii*		II	I	VU	VU
啮齿目 RODENTIA								
松鼠科 Sciuridae	218	喜马拉雅旱獭	*Marmota himalayana*			III	LC	LC
仓鼠科 Cricetidae	219	藏仓鼠	*Cricetulus kamensis*	+			LC	NT
	220	长尾仓鼠	*Cricetulus longicaudatus*				LC	LC
	221	小毛足鼠	*Phodopus roborovskii*				LC	LC
	222	斯氏高山䶄	*Alticola stoliczkanus*				LC	NT
	223	青海松田鼠	*Neodon fuscus*	+			—	LC
	224	高原松田鼠	*Neodon irene*	+			LC	LC
	225	白尾松田鼠	*Phaiomys leucurus*				LC	LC
	226	根田鼠	*Alexandromys oeconomus*					LC
鼠科 Muridae	227	小家鼠	*Mus musculus*				LC	LC
鼹型鼠科 Spalacidae	228	高原鼢鼠	*Myospalax baileyi*				—	—
跳鼠科 Dipodidae	229	林跳鼠	*Eozapus setchuanus*	+			LC	LC
	230	五趾跳鼠	*Allactaga sibirica*				LC	LC
兔形目 LAGOMORPHA								
鼠兔科 Ochotonidae	231	藏鼠兔	*Ochotona thibetana*				LC	LC
	232	川西鼠兔	*Ochotona gloveri*	+			LC	LC
	233	大耳鼠兔	*Ochotona macrotis*				LC	LC
	234	高原鼠兔	*Ochotona curzoniae*				LC	LC
	235	间颅鼠兔	*Ochotona cansus*	+			LC	LC
	236	柯氏鼠兔	*Ochotona koslowi*	+			EN	EN
	237	拉达克鼠兔	*Ochotona ladacensis*				—	LC
兔科 Leporidae	238	灰尾兔	*Lepus oiostolus*				LC	LC

注：在中国特有种一栏，"+"表示该物种为中国特有种；保护等级栏中"Ⅰ"表示国家一级重点保护野生动物，"Ⅱ"表示国家二级重点保护野生动物，"省"表示青海省保护动物。CITES栏中，"Ⅰ"表示《濒危野生动植物种国际贸易公约》附录Ⅰ所列物种，"Ⅱ"表示《濒危野生动植物种国际贸易公约》附录Ⅱ所列物种，"Ⅲ"表示《濒危野生动植物种国际贸易公约》附录Ⅲ所列物种。IUCN濒危等级和中国物种红色名录一栏中，"CR"表示极危（critically endangered），"EN"表示濒危（endangered），"VU"表示易危（vulnerable），"NT"表示近危（near threatened），"LC"表示无危（least concern），"—"表示数据缺失或未查询到。

目19科54种，鸟类18目45科174种，两栖类2目5科6种，爬行类1目2科4种。长江源园区分布的国家一级重点保护野生动物21种，其中鸟类有12种，分别为黑颈鹤、白肩雕、矛隼、黑鹳、胡兀鹫、秃鹫、乌雕、草原雕、金雕、玉带海雕、猎隼、斑尾榛鸡，兽类有 9 种，分别为豺、荒漠猫、雪豹、藏野驴、白唇鹿、林麝、马麝、野牦牛、藏羚。国家二级重点保护野生动物 49 种，其中鸟类有 31 种，分别是藏雪鸡、白马鸡、游隼、血雉、蓑羽鹤、灰鹤、鹗、凤头蜂鹰、高山兀鹫、雀鹰、黑鸢、大鵟、普通鵟、雕鸮、纵纹腹小鸮、红隼、灰背隼、燕隼、蓝马鸡、大天鹅、黑颈䴙䴘、鹮嘴鹬、白腰杓鹬、黑尾地鸦、白眉山雀、蒙古百灵、大噪鹛、橙翅噪鹛、藏雀、藏鹀、朱鹀。兽类有 16 种，分别是猕猴、狼、沙狐、藏狐、赤狐、棕熊、石貂、水獭、兔狲、豹猫、猞猁、马鹿、藏原羚、岩羊、阿尔泰盘羊、中华鬣羚。两栖类有 2 种，分别为西藏山溪鲵（*Batrachuperus tibetanus*）和大鲵（*Andrias davidianus*）。省级保护动物 21 种，其中鸟类有 18 种，分别是环颈雉、灰雁、斑头雁、翘鼻麻鸭、赤麻鸭、斑嘴鸭、西藏毛腿沙鸡、毛腿沙鸡、棕头鸥、普通鸬鹚、苍鹭、戴胜、大斑啄木鸟、长嘴百灵、细嘴短趾百灵、凤头百灵、小云雀、角百灵，兽类有 3 种，分别是香鼬、艾鼬、黄鼬。

在长江源园区分布的 238 种物种中，共有 31 种中国特有种，其中两栖类有 4 种，分别是西藏蟾蜍（*Bufo tibetanus*）、高原林蛙、西藏山溪鲵和大鲵。爬行类有 2 种，为红尾沙蜥（*Phrynocephalus erythrurus*）和青海沙蜥（*Phrynocephalus vlangalii*）。鸟类有 12 种，分别是斑尾榛鸡、白马鸡、蓝马鸡、白眉山雀、大噪鹛、橙翅噪鹛、藏雀、藏鹀、地山雀、凤头雀莺、朱鹀、藏雪雀。兽类有 13 种，分别是荒漠猫、白唇鹿、野牦牛、藏羚、藏原羚、藏鼩鼱、藏仓鼠、青海松田鼠、高原松田鼠（*Neodon irene*）、林跳鼠、川西鼠兔（*Ochotona gloveri*）、间颅鼠兔（*Ochotona cansus*）、柯氏鼠兔。

列入 IUCN 濒危物种红色名录极危（critically endangered，CR）等级的物种有 1 种，为大鲵；濒危（endangered，EN）等级的物种有 7 种，其中鸟类有 3 种，分别为草原雕、玉带海雕、猎隼，兽类有 4 种，分别为豺、林麝、马麝、柯氏鼠兔；易危（vulnerable，VU）等级的物种有 10 种，其中两栖类有 1 种，为西藏山溪鲵；鸟类有 3 种，分别为红头潜鸭、乌雕、白肩雕，兽类有 6 种，分别为猪獾、荒漠猫、雪豹、白唇鹿、中华鬣羚和野牦牛；近危（near threatened，NT）等级的物种有 15 种，其中鸟类有 10 种，分别为斑尾榛鸡、白马鸡、藏鹀、黑颈鹤、胡兀鹫、秃鹫、高山兀鹫、白腰杓鹬、白眼潜鸭、红颈滨鹬，兽类有 5 种，分别是香鼬、水獭、藏原羚、藏羚、阿尔泰盘羊。

参照《中国生物多样性红色名录——脊椎动物卷》和《中国脊椎动物红色名录》（蒋志刚等，2016），长江源园区被列入中国生物多样性红色名录濒危（endangered，EN）等级的物种一共有 13 种，其中鸟类有 4 种，分别为乌雕、白肩雕、玉带海雕和猎隼，兽类有 9 种，分别为豺、石貂、水獭、兔狲、猞猁、雪豹、白唇鹿、马鹿、柯氏鼠兔。被列入极危（critically endangered，CR）等级的物种有 4 种，其中两栖类有一种，为大鲵，兽类有 3 种，分别为荒漠猫、林麝和马麝。被列入易危（vulnerable，VU）的物种有 15 种，其中两栖类有 1 种，为西藏山溪鲵，鸟类有 9 种，分别为黑颈鹤、黑鹳、草原雕、金雕、大鵟、黑尾地鸦、蒙古百灵、藏雀、藏鹀，兽类有 5 种，分别为棕熊、艾鼬、豹猫、野牦牛和中华鬣羚；被列入近危（near threatened，NT）等级的物种有 37 种，其中鸟类有 24 种，分别是蓝马鸡、白眉山雀、凤头雀莺、朱鹀、藏雪雀、矛隼、藏雪鸡、游隼、血雉、灰鹤、鹗、凤头蜂鹰、雕鸮、灰背隼、大天鹅、鹮嘴鹬、拟大朱雀、斑尾榛鸡、白马鸡、胡兀鹫、秃鹫、高山兀鹫、白腰杓鹬、白眼潜鸭，兽类有 13 种，分别为藏鼩鼱、藏狐、藏仓鼠、藏野驴、狼、沙狐、赤狐、狗獾、斯氏高山䶄、藏羚、藏原羚、香鼬、猪獾。

列入 CITES 附录 I 的有 13 种，分别包括 1 种两栖类、6 种鸟类和 6 种兽类，分别为大鲵、水獭、雪豹、白肩雕、矛隼、藏雪鸡、游隼、藏羚、白马鸡、棕熊、黑颈鹤、野牦牛、中华鬣羚；列入 CITES 附录 II 的物种有 34 种，包括 23 种鸟类和 11 种兽类，分别为狼、豹猫、马麝、林麝、荒漠猫、阿尔泰盘羊、玉带海雕、猎隼、豺、兔狲、猞猁、乌雕、蓑羽鹤、雀鹰、黑鸢、普通鵟、纵纹腹小鸮、红隼、燕隼、猕猴、藏野驴、血雉、灰鹤、鹗、凤头蜂鹰、雕鸮、灰背隼、胡兀鹫、秃鹫、高山兀鹫、草原雕、黑鹳、金雕、大鵟；列入 CITES 附录 III 的物种有 6 种，均为兽类，分别是赤狐、石貂、香鼬、黄鼬、岩羊、喜马拉雅旱獭。

第四节　长江源园区常见物种的分布现状

在长江源园区，较为常见的兽类主要包括藏原羚、藏野驴、藏羚、藏狐、狼等。狼在长江源园区的东部区域分布比较均匀，主要发现地点为曲麻河乡、叶格乡和索加乡，在可可西里的发现位点较少。藏羚的主要发现地点为可可西里，且分布比较均匀，在曲麻河乡的西部和索加乡的西北部也有少量发现。野牦牛主要分布在可可西里地区，但发现位点数量少于藏羚，其在曲麻河乡也有少量分布。藏狐的发现位点主要集中在长江源园区的东部，在曲麻河乡、叶格乡、扎河乡和索加乡均有发现，属于长江源园区的常见物种。藏原羚和藏野驴在长江源园区的大部分区域均有分布，且大部分为重叠区域，其重叠分布区主要为叶格乡、曲麻河乡和索加乡，但藏野驴在可可西里的西部地区也有发现（图 6-4、图 6-5）。

棕熊主要集中分布在索加乡的东部和北部区域，在扎河乡的东南部有较多分布，曲麻河乡的西部也有少量分布，每次的发现数量主要为 1 头。白唇鹿主要在叶格乡、曲麻河乡和扎河乡的南部有发现，发现数量以 1～4 头居多。盘羊的发现位点较少，且分布也比较分散，主要分布于曲麻河乡、叶格乡和扎河乡的南部。岩羊的发现位点较多，且常集大群，主要分布在曲麻河乡的西部、索加乡的东北部和叶格乡（图 6-6）。

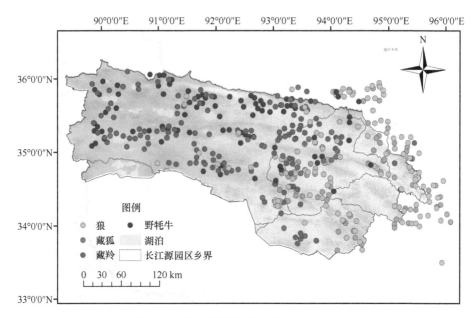

图 6-4　长江源园区狼等兽类物种分布图

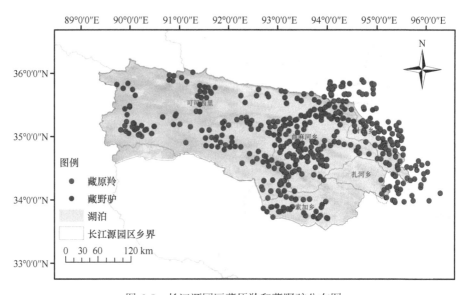

图 6-5　长江源园区藏原羚和藏野驴分布图

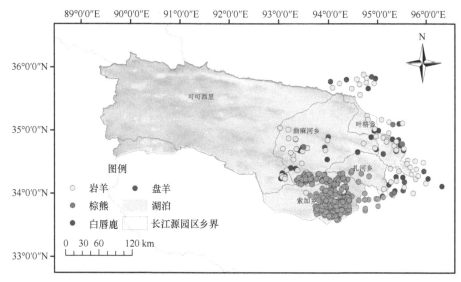

图 6-6　长江源园区岩羊等兽类物种分布图

在长江源园区，猎隼的主要发现区域为曲麻河乡的西部和东北部、叶格乡的全境和扎河乡。胡兀鹫的发现地点较集中，主要位于曲麻河乡的西部和叶格乡的南部。金雕的发现区域与胡兀鹫相似，也主要位于曲麻河乡的西部和叶格乡的中部和南部。黑颈鹤的发现位点较少，其主要分布于索加乡的南部和叶格乡的中部区域（图 6-7）。大鵟是在长江源园区发现次数最多的猛禽，其发现位点主要分布于

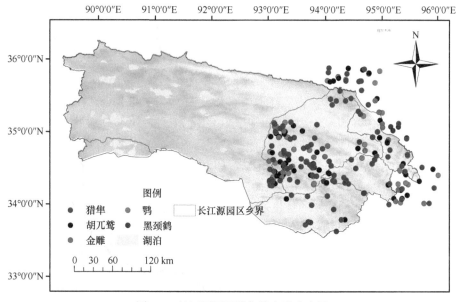

图 6-7　长江源园区猎隼等鸟类分布图

曲麻河乡、叶格乡和索加乡。白肩雕和大鵟在长江源园区的发现范围相似，有大部分的重叠区域。白肩雕的主要发现区域为曲麻河乡、索加乡和叶格乡（图6-8）。

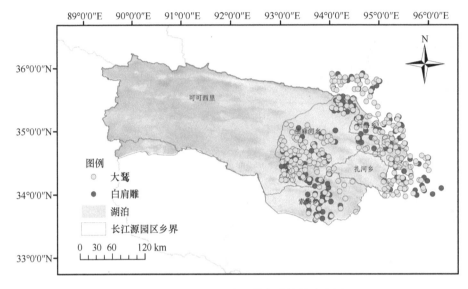

图6-8　长江源园区大鵟等鸟类物种分布图

长江源园区共发现两栖爬行类 5 种，其中分布数量较多的物种为红斑高山蝮和青海沙蜥。因为两栖类的生存离不开水，所以两栖类的生境面积较小，数量也相对较少。

第五节　小　　结

长江源园区是三江源国家公园三个园区中面积最大的一个，共分布有陆生脊椎动物 29 目 70 科 238 种，占三江源国家公园 270 种的 88.15%。在长江源园区分布的 238 个物种中，国家一级重点保护野生动物 21 种，国家二级重点野生保护动物 49 种，青海省重点保护动物 21 种，共计有 91 种，占园区内分布物种总数的 38.24%，高于全国保护物种总体分布水平（15.6%）。同时，园区内被列入 IUCN 重点保护（濒危、易危和近危）的物种共有 32 种，占物种总数的 13.45%，表明长江源园区是大量珍稀濒危动物的优良适宜栖息地，该区域生态系统完整性状态良好。长江源区分布的 238 个物种中，仅分布在该园区的有 67 种，这其中有国家一级重点保护野生动物 6 种，分别为斑尾榛鸡、黑鹳、玉带海雕、豺、荒漠猫、藏羚，国家二级重点保护野生动物 5 种，分别为大鲵、黑颈鸊鷉、蓑羽鹤、凤头蜂鹰、灰背隼，青海省重点保护物种 6 种，分别为灰雁、翘鼻麻鸭、赤麻鸭、斑嘴鸭、毛腿沙鸡、黄鼬，体现了长江源园区在三江源国家公园物种多样性保护中的重要地位。

由长江源园区兽类及鸟类分布图可以看出，在长江源园区分布较广的兽类物种为藏狐、藏野驴和藏原羚，鸟类为大鵟和猎隼。藏狐、赤狐、猎隼和白肩雕数量的变动与高原鼠兔等小型哺乳动物数量的变动密切相关。藏野驴偏好于选择植被盖度小于 70%，植被高度低矮的缓斜坡，海拔 3 800～4 000m，并以紫花针茅、垫状驼绒藜为主的高寒荒漠。在 5km 范围内，水源远近对藏野驴的分布影响不大。藏原羚常以山丘、低凹地、灌丛等为隐蔽和休息场所，主要在隐蔽条件好、食物较丰富、离水源近的草甸草原中活动。藏原羚和藏野驴的分布区域有很大的重叠，但是它们的食性具有较大差异，藏野驴主要采食禾本科、莎草科、豆科和藜科植物。藏原羚喜欢选择蒿草属、火绒草属和棘豆属等营养高的植物为食。

长江源园区的野生哺乳动物大致可分为以下 3 个关键类群：高度濒危类群，根据中国野生动物的现状，哺乳类中凡其现存种群数量不足 5 000 只者（指中型、大型者），均可视作本类群。本区分布有雪豹，考察中仅见到 1 只，数量非常稀少，当属高度濒危种。重大科学价值类群，主要包括所有的青藏高原特有种，如藏狐、藏野驴、野牦牛、藏羚、藏原羚、白唇鹿、拉达克鼠兔（Ochotana ladacensis）、高原鼠兔、松田鼠、高原兔和喜马拉雅旱獭等，其中除松田鼠、高原兔、喜马拉雅旱獭有亚种分化外，其余物种均是单型种，且藏羚属和白唇鹿属还是单型属。该类群在分类学、生物系统学和动物地理学的研究上都有着重要意义。本区的阿尔泰盘羊属于重要经济价值类群，是国际娱乐性狩猎活动中的珍贵猎物。本类群与具有重大科研价值的类群的界限不是绝对的，如野牦牛也具有很高的经济价值，是改良家牦牛品质的重要遗传资源。

根据现生哺乳动物在全世界的分布范围和特点，可将该地区野生动物的种类划分为 6 个地理分布型，其中阿尔泰盘羊、雪豹、香鼬属亚洲中部温旱型，分布于亚洲中部广大地区，常见生境为草原和荒漠草原；猞猁广泛分布于欧亚大陆北部，属欧亚大陆北部温旱与寒湿混合型，可见于草原、草甸、森林等生境；长尾仓鼠（Cricetulus longicaudatus）、小毛足鼠（Phodopus roborovskii）属于蒙新温旱型，主要分布于蒙新东部地区，生境为荒漠草原和荒漠；白尾松田鼠是青藏高原特有种，属于青藏温旱型，多见于草原、荒漠草原生境；藏野驴、野牦牛、藏羚、藏狐、拉达克鼠兔等属于青藏寒旱型，也是高原特有种，主要栖息地为高寒草原、高寒荒漠草原；藏原羚、喜马拉雅旱獭、高原鼠兔为青藏温旱与寒旱混合型，亦是高原特有种，生境为高寒草甸、高寒草原。可见，本区动物主要以喜温耐旱和喜寒耐旱的为主。

曲麻莱县是青海省的主要畜产品生产基地之一，畜牧业是全县国民经济的基础产业。近年来，三江源国家公园内大型野生食草动物的数量逐渐增多，传统畜牧业面临过度放牧的风险（孙鹏飞等，2015），大型野生食草动物栖息地与放牧家畜重叠分布（Gao et al., 2020），野生动物与家畜争夺草场资源问题不断加剧。三江源草地生态系统结构简单、生产水平低、生态环境脆弱（陈桂琛等，2003），家畜和野生动物对草场的采食压力过大会导致三江源草地过载退化，影响草地生态系统服务功能维持，给三江源生态安全屏障带来风险。需要科学合理评估区域内草地食草动物承载力，推算合理的家畜载畜数量，制定减畜补偿政策，缓解当地因动物竞食引起的人兽冲突，为该区域藏野驴、藏羚、藏原羚、野牦牛等大型野生食草动物留出必要的生存空间，从而切实保护长江源野生动物多样性。

第七章　澜沧江源园区动物多样性特征

澜沧江源园区以江源高原峡谷为主，高寒森林、灌丛、草原、草甸镶嵌分布。园区重点保护江源冰川雪山、冰蚀地貌、高山峡谷林灌木和野生动物，区内分布的藏原羚、藏野驴、岩羊和白唇鹿等青藏高原特有珍稀大型野生动物众多，是雪豹和金钱豹全球最重要的适宜栖息地之一。全面开展澜沧江源园区野生动物调查研究，掌握生物多样性分布特征和物有物种栖息地分布现状，可为该区域珍稀濒危物种及栖息地保护提供重要的科技支撑，为管理部门制定最具针对性的保护和管理对策提供决策依据。

第一节　澜沧江源园区概况

澜沧江源园区位于玉树藏族自治州杂多县，包括青海三江源国家级自然保护区果宗木查、昂赛 2 个保护分区，面积 1.37 万 km²，涉及的范围包括莫云乡、查旦乡、扎青乡、阿多乡和昂赛乡，共 19 个行政村。杂多县位于青海省南部、玉树藏族自治州西南，东和东南与玉树、囊谦两县毗邻，西靠唐古拉山地区，南和西南与西藏自治区昌都、那曲两个专区的丁青、巴青、聂荣、索县、安多五县接壤，北靠治多县。该县东西长 315km、南北宽 190km，总面积 30 161km²，平均海拔 4 290m。杂多县辖 1 个镇、7 个乡（萨呼腾镇、昂赛乡、结多乡、阿多乡、苏鲁乡、查旦乡、莫云乡、扎青乡），县城所在地海拔 4 060m。著名国际河流澜沧江发源于此，并横贯全县，有"澜沧江源第一县"之称，又因境内所产"冬虫夏草"体大、质优享誉国内外，也有"中国虫草第一县"之美誉。

杂多县内草山资源面积大，草原东西长 315km、南北宽 190km，总面积 30 161km²，全县草场总面积为 3 549.3 万亩，其中可利用草场 2 592.9 万亩。境内矿藏资源丰富，已初步探明的矿藏有金、铜、铁、水晶、玉石、煤等 50 余种。植物资源有冬虫夏草、雪山贝母、雪莲、秦艽、红景天等中药材，其中冬虫夏草以其独特的品位，享誉九洲。野生动物资源有野牦牛、黑颈鹤、白唇鹿、雪豹、麝、野驴、藏羚、藏原羚、雪鸡等。水产资源有鲤鱼、水獭等。水利资源得天独厚，水电理论蕴藏量高，太阳能资源相当丰富，年光照时数 1 930～2 370h。

杂多县地处内陆，远离海洋，属于典型的高原大陆性气候。日照时间长、辐射强，冬季漫长、夏季凉爽，气温日差大、年差小，降水量少，常年干燥多风，高寒缺氧，年均温 0.2℃，年降水量为 523.3mm。杂多县地处三江源核心区，是三江源国家公园澜沧江源园区，生态位置非常突出。境内的三江源国家级自然保护区是目前世界上原始生态环境保存较为完整的地区之一，境内分布有原始柏树林，生境多样，野生动植物资源最为丰富，在青藏高原乃至中国、亚洲和全球生态环境中有着举足轻重的地位。

第二节 调查方法

2015～2019 年，使用样线法和样方法在澜沧江源园区进行长期调查，调查区域为杂多县澜沧江园区，面积总计约 13 786km²，主要范围包括杂多县的扎青乡、阿多乡、昂赛乡、莫云乡和查旦乡。调查时间分别为每年的 6～9 月和 11～12 月。调查中共布设样线 252 条，样线总长 3 909km。夏季布设样线 140 条，总长 1 967km（图 7-1）；冬季布设样线 112 条，总长 1 942km（图 7-2）。每年以相同的样线进行调查，对重点区域和空白区域进行补充调查。

两栖爬行类物种使用样方法进行调查，在澜沧江源园区共布设样方 26 个（图 7-3），莫云乡 5 个，查旦乡 3 个，扎青乡 11 个，阿多乡 5 个，昂赛乡 2 个，观察到两栖爬行类个体共 27 只，其中两栖类 5 种，爬行类 3 种。

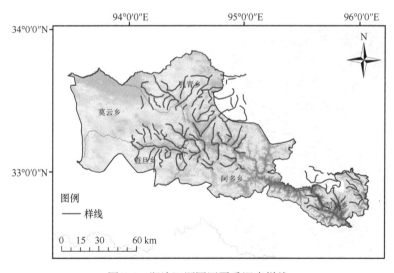

图 7-1 澜沧江源园区夏季调查样线

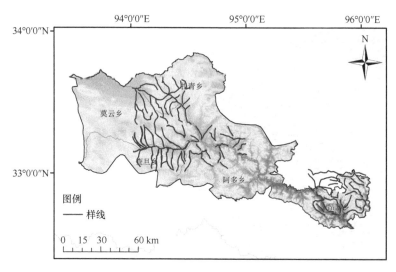

图 7-2　澜沧江源园区冬季调查样线

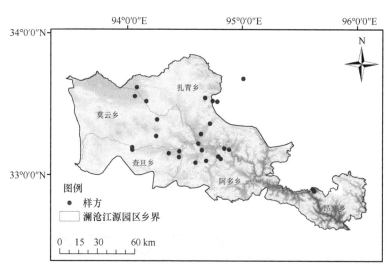

图 7-3　澜沧江源园区两栖类和爬行类调查样方

第三节　澜沧江源园区物种多样性特征

澜沧江源园区共有陆生脊椎动物 23 目 57 科 167 种（表 7-1），其中兽类 6 目 17 科 44 种，鸟类 14 目 33 科 115 种，两栖类 2 目 4 科 5 种，爬行类 1 目 3 科 3 种。国家一级重点保护野生动物 16 种，其中鸟类有 10 种，分别为红喉雉鹑、黑颈鹤、胡兀鹫、秃鹫、乌雕、草原雕、白肩雕、金雕、猎隼、矛隼，兽类有 6 种，分别为金钱豹、雪豹、藏野驴、白唇鹿、马麝、野牦牛。国家二级重点保护野生动物 45 种，其中鸟类有 27 种，分别是藏雪鸡、血雉、白马鸡、蓝马鸡、大天鹅、灰鹤、鹮嘴鹬、白腰杓鹬、鹗、高山兀鹫、雀鹰、黑鸢、栗鸢、大鵟、普通鵟、雕鸮、纵纹腹小鸮、红隼、燕隼、游隼、蒙古百灵、棕草鹛、大噪鹛、橙翅噪鹛、藏雀、藏鹀、朱鹀。兽类有 17 种，分别是猕猴、狼、沙狐、藏狐、赤狐、棕熊、石貂、水獭、兔狲、豹猫、猞猁、马鹿、马来水鹿、藏原羚、岩羊、阿尔泰盘羊、中华鬣羚；两栖类有 1 种，为西藏山溪鲵。省级保护动物 13 种，其中鸟类有 11 种，分别是环颈雉、斑头雁、赤麻鸭、西藏毛腿沙鸡、苍鹭、戴胜、长嘴百灵、细嘴短趾百灵、凤头百灵、小云雀、角百灵，兽类有 2 种，分别是香鼬和艾鼬。

表 7-1　澜沧江源园区物种名录和濒危等级

纲、目、科	编号	中文名	拉丁名	中国特有种	保护等级	CITES公约	IUCN濒危等级	中国物种红色名录
两栖纲 AMPHIBIA								
无尾目 ANURA								
蟾蜍科 Bufonidae	1	西藏蟾蜍	*Bufo tibetanus*	+			LC	LC
	2	花背蟾蜍	*Strauchbufo raddei*				LC	LC
角蟾科 Megophryidae	3	西藏齿突蟾	*Scutiger boulengeri*				LC	LC
蛙科 Ranidae	4	高原林蛙	*Rana kukunoris*	+			LC	LC
有尾目 CAUDATA								
小鲵科 Hynobiidae	5	西藏山溪鲵	*Batrachuperus tibetanus*	+	II		VU	VU
爬行纲 REPTILIA								
有鳞目 SQUAMATA								
蝰科 Viperidae	6	红斑高山蝮	*Gloydius rubromaculatus*				—	—
鬣蜥科 Agamidae	7	江源沙蜥	*Phrynocephalus parvus*				—	—
蜥蜴科 Lacertidae	8	密点麻蜥	*Eremias multiocellata*				LC	LC
鸟纲 AVES								
鸡形目 GALLIFORMES								
雉科 Phasianidae	9	红喉雉鹑	*Tetraophasis obscurus*	+	I		LC	VU
	10	藏雪鸡	*Tetraogallus tibetanus*		II	I	LC	NT
	11	高原山鹑	*Perdix hodgsoniae*				LC	LC
	12	血雉	*Ithaginis cruentus*		II	II	LC	NT
	13	白马鸡	*Crossoptilon crossoptilon*	+	II	I	NT	NT
	14	蓝马鸡	*Crossoptilon auritum*	+	II		LC	NT
	15	环颈雉	*Phasianus colchicus*		省		LC	LC
雁形目 ANSERIFORMES								
鸭科 Anatidae	16	斑头雁	*Anser indicus*		省		LC	LC
	17	大天鹅	*Cygnus cygnus*		II		LC	NT
	18	赤麻鸭	*Tadorna ferruginea*		省		LC	LC

纲、目、科	编号	中文名	拉丁名	中国特有种	保护等级	CITES公约	IUCN濒危等级	中国物种红色名录
鸭科 Anatidae	19	普通秋沙鸭	*Mergus merganser*				LC	LC
䴙䴘目 PODICIPEDIFORMES								
䴙䴘科 Podicipedidae	20	凤头䴙䴘	*Podiceps cristatus*				LC	LC
鸽形目 COLUMBIFORMES								
鸠鸽科 Columbidae	21	岩鸽	*Columba rupestris*				LC	LC
	22	雪鸽	*Columba leuconota*				LC	LC
	23	山斑鸠	*Streptopelia orientalis*				LC	LC
	24	灰斑鸠	*Streptopelia decaocto*				LC	LC
	25	火斑鸠	*Streptopelia tranquebarica*				LC	LC
沙鸡目 PTEROCLIFORMES								
沙鸡科 Pteroclidae	26	西藏毛腿沙鸡	*Syrrhaptes tibetanus*	省			LC	LC
夜鹰目 CAPRIMULGIFORMES								
雨燕科 Apodidae	27	白腰雨燕	*Apus pacificus*				LC	LC
鹤形目 GRUIFORMES								
鹤科 Gruidae	28	灰鹤	*Grus grus*		II	II	LC	NT
	29	黑颈鹤	*Grus nigricollis*		I	I	NT	VU
鸻形目 CHARADRIIFORMES								
鹮嘴鹬科 Ibidorhynchidae	30	鹮嘴鹬	*Ibidorhyncha struthersii*		II		LC	NT
鹬科 Scolopacidae	31	白腰杓鹬	*Numenius arquata*		II		NT	NT
	32	红脚鹬	*Tringa totanus*				LC	LC
	33	白腰草鹬	*Tringa ochropus*				LC	LC
	34	红颈滨鹬	*Calidris ruficollis*				NT	LC
燕鸻科 Glareolidae	35	普通燕鸻	*Glareola maldivarum*				LC	LC
鸥科 Laridae	36	渔鸥	*Ichthyaetus ichthyaetus*				LC	LC
	37	普通燕鸥	*Sterna hirundo*				LC	LC
鹈形目 PELECANIFORMES								
鹭科 Ardeidae	38	苍鹭	*Ardea cinerea*	省			LC	LC
	39	大白鹭	*Ardea alba*				LC	LC
鹰形目 ACCIPITRIFORMES								
鹗科 Pandionidae	40	鹗	*Pandion haliaetus*		II	II	LC	NT
鹰科 Accipitridae	41	胡兀鹫	*Gypaetus barbatus*		I	II	NT	NT
	42	高山兀鹫	*Gyps himalayensis*		II	II	NT	NT
	43	秃鹫	*Aegypius monachus*		I	II	NT	NT
	44	乌雕	*Clanga clanga*		I	II	VU	EN
	45	草原雕	*Aquila nipalensis*		I	II	EN	VU
	46	白肩雕	*Aquila heliaca*		I	I	VU	EN
	47	金雕	*Aquila chrysaetos*		I	II	LC	VU

纲、目、科	编号	中文名	拉丁名	中国特有种	保护等级	CITES公约	IUCN濒危等级	中国物种红色名录
鹰科 Accipitridae	48	雀鹰	*Accipiter nisus*		II	II	LC	LC
	49	黑鸢	*Milvus migrans*		II	II	LC	LC
	50	栗鸢	*Haliastur indus*		II	II	LC	VU
	51	大鵟	*Buteo hemilasius*		II	II	LC	VU
	52	普通鵟	*Buto japonicus*		II	II	LC	LC
鸮形目 STRIGIFORMES								
鸱鸮科 Strigidae	53	雕鸮	*Bubo bubo*		II	II	LC	NT
	54	纵纹腹小鸮	*Athene noctua*		II	II	LC	LC
犀鸟目 BUCEROTIFORMES								
戴胜科 Upupidae	55	戴胜	*Upupa epops*		省		LC	LC
隼形目 FALCONIFORMES								
隼科 Falconidae	56	红隼	*Falco tinnunculus*		II	II	LC	LC
	57	燕隼	*Falco subbuteo*		II	II	LC	LC
	58	猎隼	*Falco cherrug*		I	II	EN	EN
	59	矛隼	*Falco rusticolus*		I	I	LC	NT
	60	游隼	*Falco peregrinus*		II	I	LC	NT
雀形目 PASSERIFORMES								
伯劳科 Laniidae	61	灰背伯劳	*Lanius tephronotus*				LC	LC
	62	楔尾伯劳	*Lanius sphenocercus*				LC	LC
鸦科 Corvidae	63	灰喜鹊	*Cyanopica cyanus*				LC	LC
	64	喜鹊	*Pica pica*				LC	LC
	65	红嘴山鸦	*Pyrrhocorax pyrrhocorax*				LC	LC
	66	黄嘴山鸦	*Pyrrhocorax graculus*				LC	LC
	67	达乌里寒鸦	*Corvus dauuricus*				LC	LC
	68	秃鼻乌鸦	*Corvus frugilegus*				LC	LC
	69	小嘴乌鸦	*Corvus corone*				LC	LC
	70	大嘴乌鸦	*Corvus macrorhynchos*				LC	LC
	71	渡鸦	*Corvus corax*				LC	LC
山雀科 Paridae	72	地山雀	*Pseudopodoces humilis*	+			LC	LC
百灵科 Alaudidae	73	蒙古百灵	*Melanocorypha mongolica*		II		LC	VU
	74	长嘴百灵	*Melanocorypha maxima*		省		LC	LC
	75	细嘴短趾百灵	*Calandrella acutirostris*		省		LC	LC
	76	凤头百灵	*Galerida cristata*		省		LC	LC
	77	小云雀	*Alauda gulgula*		省		LC	LC
	78	角百灵	*Eremophila alpestris*		省		LC	LC
燕科 Hirundinidae	79	崖沙燕	*Riparia riparia*				LC	LC

续表

纲、目、科	编号	中文名	拉丁名	中国特有种	保护等级	CITES公约	IUCN濒危等级	中国物种红色名录
燕科 Hirundinidae	80	岩燕	Ptyonoprogne rupestris				LC	LC
	81	毛脚燕	Delichon urbicum				LC	LC
	82	金腰燕	Cecropis daurica				LC	LC
柳莺科 Phylloscopidae	83	黄腹柳莺	Phylloscopus affinis				LC	LC
	84	黄腰柳莺	Phylloscopus proregulus				LC	LC
长尾山雀科 Aegithalidae	85	花彩雀莺	Leptopoecile sophiae				LC	LC
噪鹛科 Leiothrichidae	86	棕草鹛	Babax koslowi	+	II		NT	NT
	87	大噪鹛	Garrulax maximus	+	II		LC	LC
	88	山噪鹛	Garrulax davidi	+			LC	LC
	89	橙翅噪鹛	Trochalopteron elliotii	+	II		LC	LC
鸫科 Turdidae	90	棕背黑头鸫	Turdus kessleri				LC	LC
鹟科 Muscicapidae	91	白喉红尾鸲	Phoenicuropsis schisticeps				—	LC
	92	赭红尾鸲	Phoenicurus ochruros				LC	LC
	93	黑喉红尾鸲	Phoenicurus hodgsoni				LC	LC
	94	红腹红尾鸲	Phoenicurus erythrogastrus				LC	LC
	95	蓝大翅鸲	Grandala coelicolor				LC	LC
	96	黑喉石䳭	Saxicola maurus				—	LC
	97	锈胸蓝姬鹟	Ficedula sordida				LC	LC
岩鹨科 Prunellidae	98	领岩鹨	Prunella collaris				LC	LC
	99	鸲岩鹨	Prunella rubeculoides				LC	LC
	100	褐岩鹨	Prunella fulvescens				LC	LC
朱鹀科 Urocynchramidae	101	朱鹀	Urocynchramus pylzowi	+	II		LC	NT
雀科 Passeridae	102	山麻雀	Passer cinnamomeus				LC	LC
	103	麻雀	Passer montanus				LC	LC
	104	石雀	Petronia petronia				LC	LC
	105	褐翅雪雀	Montifringilla adamsi				LC	LC
	106	白腰雪雀	Onychostruthus taczanowskii				LC	LC
	107	棕颈雪雀	Pyrgilauda ruficollis				LC	LC
鹡鸰科 Motacillidae	108	黄鹡鸰	Motacilla tschutschensis				LC	LC
	109	黄头鹡鸰	Motacilla citreola				LC	LC
	110	白鹡鸰	Motacilla alba				LC	LC
燕雀科 Fringillidae	111	白斑翅拟蜡嘴雀	Mycerobas carnipes				LC	LC
	112	高山岭雀	Leucosticte brandti				LC	LC
	113	普通朱雀	Carpodacus erythrinus				LC	LC
	114	拟大朱雀	Carpodacus rubicilloides				LC	NT

续表

纲、目、科	编号	中文名	拉丁名	中国特有种	保护等级	CITES公约	IUCN濒危等级	中国物种红色名录
燕雀科 Fringillidae	115	大朱雀	*Carpodacus rubicilla*				LC	LC
	116	红眉朱雀	*Carpodacus pulcherrimus*				LC	LC
	117	曙红朱雀	*Carpodacus waltoni*				LC	LC
	118	藏雀	*Carpodacus roborowskii*	+	II		LC	VU
	119	红胸朱雀	*Carpodacus puniceus*				LC	LC
	120	黄嘴朱顶雀	*Linaria flavirostris*				LC	LC
鹀科 Emberizidae	121	淡灰眉岩鹀	*Emberiza cia*				LC	LC
	122	灰眉岩鹀	*Emberiza godlewskii*				LC	LC
	123	藏鹀	*Emberiza koslowi*	+	II		NT	VU
哺乳纲 MAMMALIA								
灵长目 PRIMATES								
猴科 Cercopithecidae	124	猕猴	*Macaca mulatta*		II	II	LC	LC
食肉目 CARNIVORA								
犬科 Canidae	125	狼	*Canis lupus*		II	II	LC	NT
	126	沙狐	*Vulpes corsac*		II		LC	NT
	127	藏狐	*Vulpes ferrilata*		II		LC	NT
	128	赤狐	*Vulpes vulpes*		II	III	LC	NT
熊科 Ursidae	129	棕熊	*Ursus arctos*		II	I	LC	VU
鼬科 Mustelidae	130	石貂	*Martes foina*		II	III	LC	EN
	131	香鼬	*Mustela altaica*		省	III	NT	NT
	132	艾鼬	*Mustela eversmanii*		省		LC	VU
	133	狗獾	*Meles leucurus*				LC	NT
	134	水獭	*Lutra lutra*		II	I	NT	EN
猫科 Felidae	135	兔狲	*Felis manul*		II	II	LC	EN
	136	豹猫	*Prionailurus bengalensis*		II	II	LC	VU
	137	猞猁	*Lynx lynx*		II	II	LC	EN
	138	金钱豹	*Panthera pardus*		I	I	VU	EN
	139	雪豹	*Panthera uncia*		I	I	VU	EN
奇蹄目 PERISSODACTYLA								
马科 Equidae	140	藏野驴	*Equus kiang*		I	II	LC	NT
偶蹄目 ARTIODACTYLA								
鹿科 Cervidae	141	白唇鹿	*Przewalskium albirostris*	+	I		VU	EN
	142	马鹿	*Cervus elaphus*		II		LC	EN
	143	马来水鹿	*Cervus equinus*		II		—	NT
猪科 Suidae	144	野猪	*Sus scrofa*				LC	LC
麝科 Moschidae	145	马麝	*Moschus chrysogaster*		I	II	EN	CR

续表

纲、目、科	编号	中文名	拉丁名	中国特有种	保护等级	CITES公约	IUCN濒危等级	中国物种红色名录
牛科 Bovidae	146	野牦牛	*Bos mutus*	+	I	I	VU	VU
	147	藏原羚	*Procapra picticaudata*	+	II		NT	NT
	148	岩羊	*Pseudois nayaur*		II	III	LC	LC
	149	阿尔泰盘羊	*Ovis ammon*		II	II	NT	—
	150	中华鬣羚	*Capricornis milneedwardsii*		II	I	VU	VU
啮齿目 RODENTIA								
松鼠科 Sciuridae	151	喜马拉雅旱獭	*Marmota himalayana*			III	LC	LC
仓鼠科 Cricetidae	152	藏仓鼠	*Cricetulus kamensis*	+			LC	NT
	153	长尾仓鼠	*Cricetulus longicaudatus*				LC	LC
	154	斯氏高山䶄	*Alticola stoliczkanus*				LC	NT
	155	青海松田鼠	*Neodon fuscus*	+			—	LC
	156	高原松田鼠	*Neodon irene*	+			LC	LC
	157	白尾松田鼠	*Phaiomys leucurus*				LC	LC
	158	根田鼠	*Alexandromys oeconomus*				—	LC
鼠科 Muridae	159	中华姬鼠	*Apodemus draco*				LC	LC
	160	小家鼠	*Mus musculus*				LC	LC
鼹型鼠科 Spalacidae	161	高原鼢鼠	*Myospalax baileyi*				—	—
跳鼠科 Dipodidae	162	林跳鼠	*Eozapus setchuanus*	+			LC	LC
兔形目 LAGOMORPHA								
鼠兔科 Ochotonidae	163	川西鼠兔	*Ochotona gloveri*	+			LC	LC
	164	高原鼠兔	*Ochotona curzoniae*				LC	LC
	165	间颅鼠兔	*Ochotona cansus*	+			LC	LC
	166	红耳鼠兔	*Ochotana erythrotis*	+			—	LC
兔科 Leporidae	167	灰尾兔	*Lepus oiostolus*				LC	LC

注：在中国特有种一栏，"+"表示该物种为中国特有种；保护等级栏中"I"表示国家一级重点保护野生动物，"II"表示国家二级重点保护野生动物，"省"表示青海省保护动物。CITES 公约栏中，"I"表示《濒危野生动植物种国际贸易公约》附录 I 所列物种，"II"表示《濒危野生动植物种国际贸易公约》附录 II 所列物种，"III"表示《濒危野生动植物种国际贸易公约》附录 III 所列物种。IUCN 濒危等级和中国物种红色名录一栏中，"CR"表示极危（critically endangered），"EN"表示濒危（endangered），"VU"表示易危（vulnerable），"NT"表示近危（near threatened），"—"表示数据缺失或未查询到。

澜沧江源园区共有中国特有种 24 种，其中两栖类有 3 种，分别是西藏蟾蜍、高原林蛙和西藏山溪鲵。鸟类有 11 种，分别是红喉雉鹑、白马鸡、蓝马鸡、地山雀、棕草鹛、大噪鹛、山噪鹛、橙翅噪鹛、朱鹀、藏雀、藏鹀。兽类有 10 种，分别是白唇鹿、野牦牛、藏原羚、藏仓鼠、青海松田鼠、高原松田鼠、林跳鼠、川西鼠兔、间颅鼠兔、红耳鼠兔（*Ochotana erythrotis*）。

列入 IUCN 濒危物种红色名录濒危（endangered，EN）等级的物种有 3 种，其中鸟类有 2 种，分别为草原雕和猎隼，兽类有 1 种，为马麝；易危（vulnerable，VU）等级的物种有 8 种，其中两栖类有 1 种，为西藏山溪鲵；鸟类有 2 种，为乌雕和白肩雕，兽类有 5 种，分别为金钱豹、雪豹、中华鬣羚、白唇鹿和野牦牛；近危（near threatened，NT）等级的物种有 13 种，其中鸟类有 9 种，分别为白马鸡、黑颈鹤、白腰杓鹬、红颈滨鹬、胡兀鹫、高山兀鹫、秃鹫、棕草鹛、藏鸦，兽类有 4 种，分别是香鼬、水獭、藏原羚、阿尔泰盘羊。

参照《中国生物多样性红色名录——脊椎动物卷》和《中国脊椎动物红色名录》（蒋志刚等，2016），澜沧江源园区被列入中国生物多样性红色名录濒危（endangered，EN）等级的物种一共有 11 种，其中鸟类有 3 种，分别为乌雕、白肩雕和猎隼，兽类有 8 种，分别为兔狲、石貂、猞猁、马鹿、水獭、白唇鹿、雪豹、金钱豹。被列入极危（critically endangered，CR）等级的物种有 1 种，为马麝。被列入易危（vulnerable，VU）等级的物种有 15 种，其中两栖类有 1 种，为西藏山溪鲵，鸟类有 9 种，分别为红喉雉鹑、黑颈鹤、草原雕、金雕、栗鸢、大鵟、蒙古百灵、藏雀、藏鸦。兽类有 5 种，分别为棕熊、艾鼬、豹猫、野牦牛和中华鬣羚。被列入近危（near threatened，NT）等级的物种有 29 种，其中鸟类有 18 种，分别是蓝马鸡、朱鹮、矛隼、藏雪鸡、血雉、大天鹅、灰鹤、鹮嘴鹬、鹗、雕鸮、游隼、拟大朱雀、白马鸡、棕草鹛、胡兀鹫、秃鹫、白腰杓鹬、高山兀鹫。兽类有 11 种，分别为马来水鹿、藏狐、藏仓鼠、藏野驴、狼、沙狐、赤狐、狗獾、斯氏高山䶄、藏原羚、香鼬。

列入 CITES 附录Ⅰ的有 12 种，包括 6 种鸟类和 6 种兽类，分别为水獭、雪豹、白肩雕、金钱豹、矛隼、藏雪鸡、游隼、白马鸡、棕熊、黑颈鹤、野牦牛、中华鬣羚；列入 CITES 附录Ⅱ的物种有 27 种，包括 8 种兽类和 19 种鸟类，分别为狼、豹猫、马麝、阿尔泰盘羊、猕猴、藏野驴、兔狲、猞猁、猎隼、乌雕、雀鹰、黑鸢、普通鵟、纵纹腹小鸮、红隼、燕隼、血雉、灰鹤、鹗、雕鸮、胡兀鹫、秃鹫、高山兀鹫、草原雕、金雕、栗鸢、大鵟；列入 CITES 附录Ⅲ的物种有 5 种，均为兽类，分别是赤狐、石貂、香鼬、岩羊和喜马拉雅旱獭。

第四节　常见物种的分布现状

在澜沧江源园区开展的野外调查中，较为常见的兽类主要包括岩羊、藏原羚、狼、棕熊、野牦牛和藏野驴等。岩羊的发现位点较集中，主要分布于莫云乡、扎青乡和昂赛乡，其中扎青乡的发现位点数量最多。盘羊的发现位点较岩羊少，其在莫云乡、查旦乡、扎青乡和昂赛乡均有发现，但主要的发现地点位于扎青乡的南部附近。藏原羚和藏野驴的发现位点数量较多，而且两物种的分布区域相似度高，在莫云乡、查旦乡、扎青乡和昂赛乡均有分布。藏原羚在阿多乡也有少量分布。野牦牛在澜沧江源园区的发现位点较少，主要分布在扎青乡的中部和昂赛乡附近。

狼的发现位点在澜沧江源园区较为分散，主要在莫云乡和扎青乡附近。棕熊的发现位点较少，主要在扎青乡和昂赛乡附近有分布（图7-4）。在澜沧江源园区内，扎青乡和昂赛乡相较其他乡镇来说，物种分布丰富，种类较多，包括棕熊、阿尔泰盘羊、岩羊、狼等重点保护动物；阿多乡分布有少量的藏原羚和岩羊。个别区域动物分布较为集中，阿尔泰盘羊主要分布于昂赛乡，岩羊、棕熊和狼主要分布于扎青乡，野牦牛主要分布于扎青乡和昂赛乡。

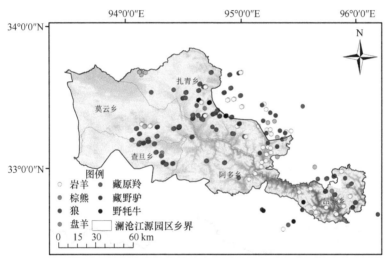

图 7-4　澜沧江源园区重点兽类物种分布

在重点保护鸟类物种中，澜沧江源园区发现数量最多的是高山兀鹫，其广泛分布于澜沧江源园区，无特别集中分布的区域，而且在冬季和夏季均可见，无迁徙习性。较为常见的猛禽还有猎隼、大鵟、纵纹腹小鸮、普通鵟、秃鹫和草原雕等。上述猛禽均为留鸟，在冬夏季均可见。其中，猎隼、大鵟和普通鵟的数量较多，分布更广泛。大鵟是分布广泛且分布位点较多的大型猛禽，其分布范围覆盖澜沧江源园区的各个乡镇，在莫云乡、查旦乡、扎青乡、阿多乡和昂赛乡均有发现，发现位点集中在澜沧江源园区的中部区域。猎隼发现位点的分布也比较分散，在澜沧江源园区的 5 个乡均有发现，但在阿多乡的发现位点最少。白肩雕的发现位点虽然在各个乡均有分布，但其数量较少，分布也较零散，主要在阿多乡和查旦乡。胡兀鹫、鹗、金雕和黑颈鹤的发现位点均较少。胡兀鹫在 5 个县均有发现，但其主要的分布位点在昂赛乡附近。黑颈鹤的主要发现位点也在昂赛乡，其次在查旦乡和扎青乡有少量的分布。金雕主要集中分布在昂赛乡（图7-5）。

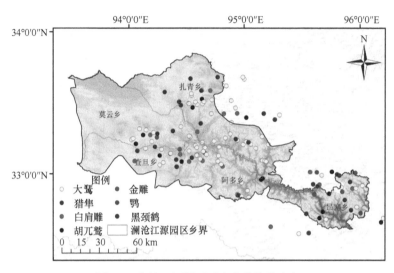

图 7-5　澜沧江源园区重点鸟类物种分布

　　园区内常见的鸟类还有小云雀、蒙古百灵、岩鸽、普通秋沙鸭、大嘴乌鸦（*Corvus macrorhynchos*）、楔尾伯劳、棕背黑头鸫（*Turdus kessleri*）和赭红尾鸲（*Phoenicurus ochruros*）等，在整个园区内均有分布。藏雀等颜色鲜亮的小型雀形目鸟类也偶尔可见。体型稍微大的鸡形目鸟类，藏马鸡和白马鸡等也为常见鸟类，常出没于灌丛和树林间。澜沧江源园区内共发现两栖爬行类 8 种，其中优势物种为红斑高山蝮、密点麻蜥（*Eremias multiocellata*）和青海沙蜥。

第五节　小　　结

　　了解澜沧江源园区生物多样性特征，可为该区域珍稀濒危物种及栖息地保护提供最重要的科技支撑。澜沧江源园区内常见的大型野生兽类物种包括藏原羚、藏野驴、岩羊和白唇鹿，常见的中小型啮齿类动物为喜马拉雅旱獭。白唇鹿常聚群活动，发现生境一般为水流旁的山坡草地或灌丛附近。调查时见到的白唇鹿大群有 20 头和 50 头群，其中 50 头群共发现两次。藏野驴也常聚群活动，特别是在食物匮乏的冬季会集更大的群。在调查过程中发现澜沧江源园区内的藏野驴聚群数量较黄河源园区和长江源园区小，一般只有 10 头左右，可能与澜沧江源园区的地势和生境类型有关。藏原羚也常聚群活动，聚群大小一般为 5 头左右，较大群的藏原羚一般为 10 头左右。

　　澜沧江源园区内，岩羊的数量较多，主要原因是园区内适宜岩羊的生境面积较大，生态环境优良，还有部分地区为原始森林，岩羊有充足的食物和栖息环境。雪豹的主要食物来源为岩羊，岩羊的数量在一定程度上能够反映出雪豹的数量，岩羊数量的增多有益于雪豹种群数量的增长。喜马拉雅旱獭在澜沧江源园区是最为常见的啮齿类动物。喜马拉雅旱獭为家族式聚居生活，主要活动区为洞穴内及洞穴周边。每年夏季新生小旱獭会出洞活动觅食或晒太阳，调查发现，部分区域公路边平均每 100m 便会看见其嬉戏打闹的画面。很多食肉类动物都以喜马拉雅旱獭为食，狼和棕熊有时也会捕食旱獭。

兔狲、猞猁、石貂平常很难见到，种群数量较小，均在 300 只以下。在澜沧江源园区内时常有棕熊伤人，甚至致人死亡的事件发生。棕熊破坏房屋家具导致当地牧民财产损失的事件在夏季经常发生。高山兀鹫、秃鹫和胡兀鹫这三种大型猛禽在园区范围内数量相对较多，均为千只以上。园区内通过样方法观测到两栖爬行类共 8 种，其中观测数量最多的为青海沙蜥和高原林蛙，其次为密点麻蜥和西藏蟾蜍。森林主要位于杂多县的昂赛乡，其生物多样性要明显高于三江源国家公园内的其他地区。

生态旅游是指在一定自然地域中进行的有责任的旅游行为，为了享受和欣赏历史的和现存的自然文化景观，这种行为应该在不干扰自然地域、保护生态环境、降低旅游的负面影响和为当地人口提供有益的社会和经济活动的情况下进行。相比之下，大众旅游则不利于生态环境的保护，不利于承担环境保护的责任，不利于公平分配利益相关者之间的利益。生态旅游是实现可持续旅游的一种发展模式，比大众旅游更注重对当地自然和文化的保护、更注重对旅游者的教育，其消费高于国内大众旅游的消费水平，是高层次的旅游活动。生态旅游发展的终极目标是可持续，"可持续发展"是判断生态旅游的决定性标准，这在国内外的旅游研究者中均已经达成了共识。按照可持续发展的含义，生态旅游的可持续发展可以概括为，以可持续发展的理论和方式管理生态旅游资源，保证生态旅游地的经济、社会、生态效益的可持续发展，在满足当代人开展生态旅游的同时，不影响后代人满足其对生态旅游的需要。

昂赛乡位于青海省玉树藏族自治州杂多县东南部，距县府驻地 32km，是澜沧江源园区核心区域。该区域在全县相对海拔较低，不到 4 000m，植被茂盛。美丽的澜沧江从此处穿过，浩浩江水经西藏、云南流向境外。澜沧江在境外被称为湄公河，经缅甸、老挝、泰国、柬埔寨，在越南南部汇入海洋。昂赛乡地处扎曲（河）西南岸山地、沟谷地。位于昂赛乡境内的巴艾涌丹霞地质景区（昂赛大峡谷）是澜沧江上游的重要支流扎曲流域所在地。2015 年中国地质科考团在此发现了 300 余平方千米的白垩纪丹霞地质景观，发现如此大规模的丹霞地貌景观，令在场所有人感到前所未有的震撼。这里赤壁丹霞广泛发育，形成了顶平、身陡、麓缓的方山、石墙、石峰、石柱、陡崖等千姿百态的地貌形态，是名副其实的"红石公园"。这是三江源区域甚至是青藏高原发育最完整的白垩纪丹霞地质景观。景区内沿线有 30 多千米的道路紧临澜沧江的支流扎曲河谷而建，两岸丹霞奇观连绵不断，车道两旁有大片高山草甸分布其间，峡谷中的河流破冰而出，缓缓流向远方，蓝天、白云、冰河、冰瀑、冰柱、高山草甸、丹霞地貌等构成一幅奇美无比的自然景观，如此的天成美景令人惊叹不已。不仅有绝美的天然风光，在昂赛乡还有着丰富的野生动植物资源，岩羊、阿尔泰盘羊、棕熊、雪豹、狼、马麝和白马鸡等物种均有大量广泛的分布。杂多县是我国雪豹分布密度较高的区域之一，被誉为"中国雪豹之乡"，而昂赛大峡谷雪豹数量较多且频繁出现，因此，在昂赛乡可开展自然峡谷地质景观与野生动物观察体验相结合的生态旅游观光活动。

昂赛乡位于青海省玉树藏族自治州杂多县东南部，属于三江源国家公园澜沧江源园区核心保护区范围内，是三江源区域雪豹最重要的栖息地之一。为发挥国家公园的生态体验与环境教育职能，2018年初，经三江源国家公园澜沧江源园区管委会授权，大峡谷自然体验项目（以下简称"昂赛自然体验"）正式启动。国内外的自然爱好者可以通过预约报名的方式参与活动，获得许可后进入昂赛地区，入住当地接待家庭，在牧民向导的带领下寻找雪豹等珍稀野生动物、观赏自然和文化景观、体验牧区生活。

在项目试运营阶段，昂赛乡年都村生态旅游扶贫合作社（以下简称"合作社"）注册成立，成员包括由年都村委会选拔设立的自然体验接待家庭和年都村全体村民。作为经营主体，合作社承担着自然体验项目的管理与运营工作。与此同时，山水自然保护中心受昂赛乡政府以及三江源国家公园澜沧江源园区昂赛管护站委托，作为项目的技术支持机构，与昂赛合作社共同完成了包括自然体验者指导手册、接待家庭资料手册、预约网站在内的产品设计，并协助完善了合作社管理章程、自然体验者入园守则、体验者协议、接待家庭协议等规章制度。目前，共有21户当地牧民作为接待家庭，自然体验者所有的收益都会留在社区内部，其中45%的收入归接待家庭，45%归村集体，10%归社区保护基金，很好地兼顾了示范户与集体，以及发展与保护的平衡。截至2021年6月，大猫谷自然体验累计接待国内外自然体验者近450人次，累计收益达到200万元。

在澜沧江源园区开展的自然体验试点工作，充分发挥了国家公园的生态体验与环境教育职能，不仅为广大社会人群提供了观察自然、认识自然的机会，增长了生态环保意识，更是对习近平总书记"绿水青山就是金山银山"理念的现实实践，让园区丰富而独特的野生动物资源转化为当地牧民群众生产致富的有效途径，充分展现野生动物资源的生态价值，是未来国家公园建设的重要任务。

第八章 黄河源园区动物多样性特征

习近平总书记在黄河流域生态保护和高质量发展座谈会上强调，保护黄河是事关中华民族伟大复兴和永续发展的千秋大计。黄河流域生态保护和高质量发展，同京津冀协同发展、长江经济带发展、粤港澳大湾区建设、长三角一体化发展一样，是国家重大战略。黄河源园区是黄河流域的主要产流区和水源涵养区，是黄河中下游地区可持续发展的重要生态屏障。黄河源园区野生动物多样性特征的了解和掌握为该区域野生动物多样性保护和栖息地恢复提供了良好的数据支持，也是该区域生态功能和社会经济协调发展的重要基础。

第一节 黄河源园区概况

黄河源园区位于果洛州玛多县境内，包括三江源国家级自然保护区的扎陵湖-鄂陵湖和星星海两个保护分区，面积 1.91 万 km²。涉及玛多县的黄河乡、扎陵湖乡、玛查理镇，共 19 个行政村。黄河源园区河流纵横、湖泊星罗棋布。扎陵湖和鄂陵湖是黄河上游最大的两个天然湖泊，与星星海等湖泊群构成黄河源"千湖"景观；高寒湿地、草地生态系统形态独特。园区重点保护源头湖泊、湿地生态景观，保育高寒草甸、草原生态系统，维护生物多样性，并加强沙漠化土地防治及黑土滩治理。

果洛藏族自治州位于青海省东南部，地处青藏高原腹地的巴颜喀拉山和阿尼玛卿山之间，东临甘肃省甘南藏族自治州和青海省黄南藏族自治州，南接四川省阿坝藏族羌族自治州和甘孜藏族自治州，西与青海省玉树藏族自治州毗邻，北连青海省海西蒙古族藏族自治州、海南藏族自治州。果洛州辖区内有玛沁、达日、甘德、班玛、久治、玛多 6 个县，总面积 7.6 万 km²，占青海省面积的 10.54%。果洛州地貌以高山为主，主要山系为阿尼玛卿山系和巴颜喀拉山系，区内海拔 4 000～5 000m 的地区占全区面积的 80%左右。山势均呈西北-东南走向，地形也由西北向东南倾斜。山间有穿流河水和大小不等的山间小盆地。水系主要分布有黄河和长江（支流）两大水系。巴颜喀拉山南侧为长江水系（大渡河，雅砻江上游支流），地貌特征是山高坡陡，沟深流急；巴颜喀拉山主脊北侧为黄河水系，平均海拔高于长江水系，河谷宽浅，河水散流。黄河源位于巴颜喀拉山北侧，干流从玛多县扎陵湖-鄂陵湖自西向东流经达日、甘德、久治、玛沁等县。

玛多县（东经 96°50′～99°20′，北纬 33°50′～35°40′）位于果洛州的西北部，巴颜喀拉山北麓。玛多的藏语意为"黄河源头"，是自唐以来从内地通往西藏的驿站和古老渡口。玛多县东与本州的玛沁县、达日县为邻，南与玉树州称多县、四川省石渠县接壤，西与玉树州曲麻莱县相接，东西长 228km，南北宽 207km，土地总面积 26 541km²，占全州总面积的 34.72%。2006 年以前，玛多县辖花石峡镇、黑河乡、黄河乡、扎陵湖乡和玛查里镇，共 3 乡 2 镇。2006 年撤销黑河乡，现包括花石峡镇、玛查里镇、黄河乡和扎陵湖乡，共 2 乡 2 镇，26 个牧委会，4 个生态移民新村。随着玛多县经济的发展，各项社会事业在改革中前进。截至 2020 年，全县总人口 14 400 人，人口密度为每 2km² 一人，是全省人口最少的县。民族单一，藏族是主体民族，占总人口的 90% 以上。

玛多县的年平均气温在 –4.1℃ 左右，6～8 月是一年中气温最高的季节，9～11 月，由于太阳高度角的周期性变化，总辐射量迅速降低，温度也急剧下降。记载的极端最高温为 22.9℃，极端最低温为 –48.1℃。无绝对无霜期，多大风。平均年降水量为 307.5mm。降水集中，干湿季节分明。雨季一般从 5 月上旬开始，10 月中旬结束，期间降水量占了全年降水量的 94%，相对湿度为 59%～67%。

县城南北两面分别为巴颜喀拉山和布青山，地势起伏较小，相对平坦，多为断陷作用所形成的宽谷和河湖盆地。平均海拔 4 700m 以上，有海拔 5 000m 以上的高峰 16 座。境内除南部属于寒温湿润牧业气候区外，大部分属于寒温半干旱牧业气候区。玛多县由于受巴颜喀拉山的影响，西南气流无法影响到该地区，水汽相对缺少，降水日数和降水量明显偏少。中华民族的母亲河黄河发源于此，境内河流均属于黄河水系，有较大支流 13 条，流程 1 000 多千米，其中黄河干流流程 300 多千米。全县河流密集、湖泊众多，大小湖泊共有 4 077 个，素有"黄河之源""千湖之县""中华水塔"的美誉。其中，闻名遐迩的扎陵湖、鄂陵湖两"姊妹湖"，于 2005 年被联合国《湿地公约》列为国际重要湿地名录。

玛多县的野生动物资源极为丰富。陆生脊椎动物主要有野牦牛、藏野驴、藏原羚、岩羊、阿尔泰盘羊、藏狐、喜马拉雅旱獭、高原兔等。鸟类种类十分丰富，可分为留鸟和候鸟两大类。留鸟主要为猛禽，如大鸳、草原雕等。其余大部分鸟类为候鸟，每年 5 月飞来，10 月离去。候鸟主要有黑颈鹤、斑头雁、棕头鸥、赤麻鸭、红脚鹬（*Tringa totanus*）等。玛多县湖泊河流内主要的鱼类为花斑裸鲤、黄河裸裂尻鱼等。具有药用价值的植物有 120 余种，是高原生态环境科考的圣地。

20 世纪 80 年代初，玛多县畜牧业经济繁荣，全县牧民人均纯收入居全国之首。21 世纪初，随着国家"三江源"生态战略的实施，585 户 2 334 名河源儿女积极响应国家"保护生态、减人减畜、退牧还草"的号召，主动迁出世代繁衍生息的家园，维护了母亲河源头的生态平衡，为黄河中下游乃至全国的生态文明建设做出了巨大牺牲，现已成为国家级扶贫开发工作重点县。近年来，玛多县依托独特的交通区位优势和资源禀赋优势，着力培育高原生态畜牧业、高原生态旅游业和商贸服务业，积极推进跨越发展、绿色发展、统筹发展、和谐发展进程，全县经济社会呈现出快速稳步发展的良好态势。

　　大野马岭位于玛多县黄河乡，是野生动物分布较为集中的区域，这里陆生脊椎动物主要有藏野驴、藏原羚、藏狐、喜马拉雅旱獭、高原兔等。鸟类十分丰富，可分为留鸟和候鸟两大类。留鸟主要为猛禽，如大鵟、草原雕等。其余大部分鸟类为候鸟，主要有黑颈鹤、斑头雁、棕头鸥、赤麻鸭、红脚鹬等。玛多县湖泊河流内主要的鱼类为花斑裸鲤、黄河裸裂尻鱼等。此外，藏野驴在此处分布十分广泛，冬季可见到成群藏野驴活动，大的种群数量可达数百只。

　　扎陵湖和鄂陵湖位于玛多县扎陵湖乡，距玛多县城 40 多千米，是黄河源头两个最大的高原淡水湖泊，素有黄河源头"姊妹湖"之称。黄河从巴颜喀拉山北麓的卡日曲和约古宗列曲发源后，经星宿海和玛曲河（又名孔雀河），首先注入扎陵湖。扎陵湖东西长、南北窄，酷似一只美丽的大贝壳，镶嵌在黄河上，湖的面积达 526km^2，平均水深约 9m，蓄水量为 46 亿 m^3。扎陵湖水色碧澄发亮，湖心偏南是黄河的主流线，看上去仿佛是一条宽宽的乳黄色的带子，将湖面分成两半，其中一半清澈碧绿，另一半微微发白，所以叫"白色的长湖"。

　　扎陵湖的西南角，距黄河入湖不远处，有 3 个面积为 1～2km^2 的小岛，岛上栖息着大量水鸟，所以又称"鸟岛"。这里的鸟大都是候鸟，每年春天，数以万计的大雁、渔欧等鸟类从印度半岛飞到此处繁衍生息。黄河在扎陵湖经过一番回旋之后，在巴颜郎玛山南面，进入一条 300 多米宽的很长的河谷，河水在这里分成九股道，散乱地穿过峡谷，流入鄂陵湖。鄂陵湖位于扎陵湖之东。鄂陵湖与扎陵湖的形状恰好相反，鄂陵湖东西窄、南北长，犹如一个很大的宝葫芦。湖的面积为 628km^2，比扎陵湖大 100km^2，平均水深 17.6m，最深可达 30 多米，蓄水量为 107 亿 m^3，相当于扎陵湖的一倍多。鄂陵湖水色极为清澈，呈深绿色，晴天日丽时，天上的云彩、周围的山岭倒映在水中，清晰可见，因此叫"蓝色的长湖"。

　　扎陵湖有供鸟类栖息的岛屿，而鄂陵湖却有一个专供鸟儿们会餐的天然场所，人称"小西湖"，又称"鱼餐厅"。原来，每年春天，黄河源头冰消雪融，河水上涨，鄂陵湖的水漫过一道堤岸流入"小西湖"，湖中的鱼儿也跟着游进来。待到冰雪化尽，水源枯竭时，湖水断流，并开始大量蒸发，潮水迅速下降，鱼儿开始死亡，而且被风浪推到岸边的沙滩上。鸟儿们不需要花费力气去捕鱼，只要到"小西湖"随便入座，就可以美美地饱餐一顿。

　　扎陵湖和鄂陵湖海拔 4 300 多米，比我国最大的内陆湖泊青海湖高出一千多米，是名副其实的高原湖泊。这里地势高寒、潮湿，地域辽阔，牧草丰美，自然景观奇妙，是难得的旅游观光胜地。盛夏季节，碧空如洗，苍穹无垠。蓝天白云之下，起伏连绵的青山和褶褶闪亮的碧波，交相掩映，分外妖娆。在扎陵湖的"鸟岛"区域，生活有数以万计的鸟类，种类主要有斑头雁、赤麻鸭、黑颈鹤、鸬鹚、白鹭（*Egretta garzetta*）、红脚鹬、棕头鸥等。此外这片区域还分布有藏野驴、藏原羚、赤狐、藏狐、香鼬、狼、喜马拉雅旱獭、大鵟、猎隼等野生动物。

第二节　调　查　方　法

2015~2019 年，使用样线法和样方法在黄河源园区进行长期调查，调查范围为玛多县境内的玛查里镇、黄河乡和扎陵湖乡，面积总计约 19 018km²。每年调查分三个季节进行，分别是夏季、秋季和冬季，夏季调查开展时间为每年的 6~8月，秋季调查开展时间为 9~10 月，冬季调查开展时间为 11~12 月。夏季共布设样线 128 条，样线总长 633km（图 8-1）；秋季布设样线 142 条，样线总长 694km（图 8-2）；冬季共布设样线 159 条，样线总长 728km（图 8-3）。每年以相同的样线进行调查，不同年间对重点区域和空白区域进行补充调查。

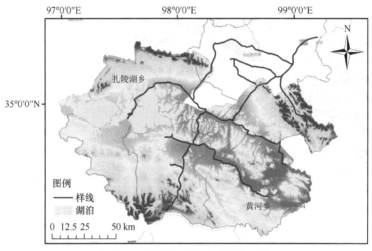

图 8-1　黄河源园区夏季调查样线

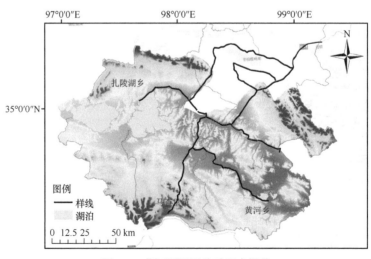

图 8-2　黄河源园区秋季调查样线

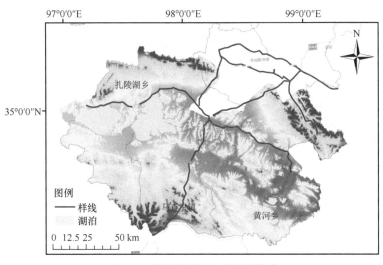

图 8-3　黄河源园区冬季调查样线

第三节　黄河源园区物种多样性特征

黄河源园区共有陆生脊椎动物 21 目 50 科 127 种（表 8-1），其中兽类 7 目 17 科 38 种，鸟类 13 目 32 科 87 种，爬行类 1 目 1 科 2 种。国家一级重点保护野生动物 13 种，其中鸟类有 8 种，分别为黑颈鹤、胡兀鹫、秃鹫、乌雕、草原雕、白肩雕、金雕、猎隼，兽类有 5 种，分别为雪豹、藏野驴、白唇鹿、马麝、野牦牛；二级重点保护野生动物 32 种，其中鸟类有 19 种，分别是灰鹤、鹮嘴鹬、小杓鹬、白腰杓鹬、鹗、高山兀鹫、大鵟、普通鵟、雕鸮、纵纹腹小鸮、三趾啄木鸟、黑啄木鸟、红隼、燕隼、游隼、黑尾地鸦、棕草鹛、白喉石䳭、藏雀。兽类有 13 种，分别是狼、沙狐、藏狐、赤狐、棕熊、石貂、兔狲、豹猫、猞猁、马鹿、藏原羚、岩羊、阿尔泰盘羊。省级保护动物 13 种，其中鸟类有 11 种，分别是斑头雁、赤麻鸭、棕头鸥、普通鸬鹚、戴胜、蚁䴕、灰头绿啄木鸟、长嘴百灵、细嘴短趾百灵、小云雀、角百灵，兽类有 2 种，分别是香鼬和艾鼬。

表 8-1　黄河源园区物种名录和濒危等级

纲、目、科	编号	中文名	拉丁名	中国特有种	保护等级	CITES公约	IUCN濒危等级	中国物种红色名录
爬行纲 REPTILIA								
有鳞目 SQUAMATA								
鬣蜥科 Agamidae	1	江源沙蜥	*Phrynocephalus parvus*				—	—
	2	青海沙蜥	*Phrynocephalus vlangalii*	+			LC	
鸟纲 AVES								

续表

纲、目、科	编号	中文名	拉丁名	中国特有种	保护等级	CITES公约	IUCN濒危等级	中国物种红色名录
雁形目 ANSERIFORMES								
鸭科 Anatidae	3	斑头雁	*Anser indicus*		省		LC	LC
	4	赤麻鸭	*Tadorna ferruginea*		省		LC	LC
	5	普通秋沙鸭	*Mergus merganser*				LC	LC
䴙䴘目 PODICIPEDIFORMES								
䴙䴘科 Podicipedidae	6	凤头䴙䴘	*Podiceps cristatus*				LC	LC
鸽形目 COLUMBIFORMES								
鸠鸽科 Columbidae	7	岩鸽	*Columba rupestris*				LC	LC
	8	火斑鸠	*Streptopelia tranquebarica*				LC	LC
鹤形目 GRUIFORMES								
鹤科 Gruidae	9	灰鹤	*Grus grus*		II	II	LC	NT
	10	黑颈鹤	*Grus nigricollis*		I	I	NT	VU
鸻形目 CHARADRIIFORMES								
鹮嘴鹬科 Ibidorhynchidae	11	鹮嘴鹬	*Ibidorhyncha struthersii*		II		LC	NT
反嘴鹬科 Recurvirostridae	12	黑翅长脚鹬	*Himantopus himantopus*				LC	LC
鸻科 Charadriidae	13	金鸻	*Pluvialis fulva*				LC	LC
	14	金眶鸻	*Charadrius dubius*				LC	LC
	15	环颈鸻	*Charadrius alexandrinus*				LC	LC
	16	蒙古沙鸻	*Charadrius mongolus*				LC	LC
鹬科 Scolopacidae	17	黑尾塍鹬	*Limosa limosa*				NT	LC
	18	小杓鹬	*Numenius minutus*		II		LC	NT
	19	白腰杓鹬	*Numenius arquata*		II		NT	NT
	20	红脚鹬	*Tringa totanus*				LC	LC
	21	矶鹬	*Actitis hypoleucos*				LC	LC
	22	小滨鹬	*Calidris minuta*				LC	—
	23	青脚滨鹬	*Calidris temminckii*				LC	LC
鸥科 Laridae	24	棕头鸥	*Chroicocephalus brunnicephalus*		省		LC	LC
	25	渔鸥	*Ichthyaetus ichthyaetus*				LC	LC
	26	普通燕鸥	*Sterna hirundo*				LC	LC
鲣鸟目 SULIFORMES								
鸬鹚科 Phalacrocoracidae	27	普通鸬鹚	*Phalacrocorax carbo*		省		LC	LC
鹈形目 PELECANIFORMES								
鹭科 Ardeidae	28	大白鹭	*Ardea alba*				LC	LC
	29	中白鹭	*Ardea intermedia*				LC	LC

续表

纲、目、科	编号	中文名	拉丁名	中国特有种	保护等级	CITES公约	IUCN濒危等级	中国物种红色名录
鹭科 Ardeidae	30	白鹭	*Egretta garzetta*				LC	LC
鹰形目 ACCIPITRIFORMES								
鹗科 Pandionidae	31	鹗	*Pandion haliaetus*		II	II	LC	NT
鹰科 Accipitridae	32	胡兀鹫	*Gypaetus barbatus*		I	II	NT	NT
	33	高山兀鹫	*Gyps himalayensis*		II	II	NT	NT
	34	秃鹫	*Aegypius monachus*		I	II	NT	NT
	35	乌雕	*Clanga clanga*		I	II	VU	EN
	36	草原雕	*Aquila nipalensis*		I	II	EN	VU
	37	白肩雕	*Aquila heliaca*		I	I	VU	EN
	38	金雕	*Aquila chrysaetos*		I	II	LC	VU
	39	大鵟	*Buteo hemilasius*		II	II	LC	VU
	40	普通鵟	*Buto japonicus*		II	II	LC	LC
鸮形目 STRIGIFORMES								
鸱鸮科 Strigidae	41	雕鸮	*Bubo bubo*		II	II	LC	NT
	42	纵纹腹小鸮	*Athene noctua*		II	II	LC	LC
犀鸟目 BUCEROTIFORMES								
戴胜科 Upupidae	43	戴胜	*Upupa epops*		省		LC	LC
啄木鸟目 PICIFORMES								
啄木鸟科 Picidae	44	蚁䴕	*Jynx torquilla*		省		LC	LC
	45	三趾啄木鸟	*Picoides tridactylus*		II		LC	LC
	46	黑啄木鸟	*Dryocopus martius*		II		LC	LC
	47	灰头绿啄木鸟	*Picus canus*		省		LC	LC
隼形目 FALCONIFORMES								
隼科 Falconidae	48	红隼	*Falco tinnunculus*		II	II	LC	LC
	49	燕隼	*Falco subbuteo*		II	II	LC	LC
	50	猎隼	*Falco cherrug*		I	II	EN	EN
	51	游隼	*Falco peregrinus*		II	I	LC	NT
雀形目 PASSERIFORMES								
鸦科 Corvidae	52	黑尾地鸦	*Podoces hendersoni*		II		LC	VU
	53	红嘴山鸦	*Pyrrhocorax pyrrhocorax*				LC	LC
	54	秃鼻乌鸦	*Corvus frugilegus*				LC	LC
	55	大嘴乌鸦	*Corvus macrorhynchos*				LC	LC
	56	渡鸦	*Corvus corax*				LC	LC
山雀科 Paridae	57	地山雀	*Pseudopodoces humilis*	+			LC	LC
百灵科 Alaudidae	58	长嘴百灵	*Melanocorypha maxima*		省		LC	LC

纲、目、科	编号	中文名	拉丁名	中国特有种	保护等级	CITES公约	IUCN濒危等级	中国物种红色名录
百灵科 Alaudidae	59	细嘴短趾百灵	*Calandrella acutirostris*		省		LC	LC
	60	小云雀	*Alauda gulgula*		省		LC	LC
	61	角百灵	*Eremophila alpestris*		省		LC	LC
燕科 Hirundinidae	62	崖沙燕	*Riparia riparia*				LC	LC
	63	岩燕	*Ptyonoprogne rupestris*				LC	LC
柳莺科 Phylloscopidae	64	棕腹柳莺	*phylloscopus subaffinis*				LC	LC
噪鹛科 Leiothrichidae	65	棕草鹛	*Babax koslowi*	+	II		NT	NT
鸭科 Sittidae	66	红翅旋壁雀	*Tichodroma muraria*				LC	LC
河乌科 Cinclidae	67	河乌	*Cinclus cinclus*				LC	LC
椋鸟科 Sturnidae	68	灰椋鸟	*Spodiopsar cineraceus*				LC	LC
鸫科 Turdidae	69	棕背黑头鸫	*Turdus kessleri*				LC	LC
鹟科 Muscicapidae	70	红胁蓝尾鸲	*Tarsiger cyanurus*				LC	LC
	71	赭红尾鸲	*Phoenicurus ochruros*				LC	LC
	72	黑喉红尾鸲	*Phoenicurus hodgsoni*				LC	LC
	73	红腹红尾鸲	*Phoenicurus erythrogastrus*				LC	LC
	74	白喉石䳭	*Saxicola insignis*		II		VU	EN
岩鹨科 Prunellidae	75	鸲岩鹨	*Prunella rubeculoides*				LC	LC
	76	棕胸岩鹨	*Prunella strophiata*				LC	LC
雀科 Passeridae	77	麻雀	*Passer montanus*				LC	LC
	78	白腰雪雀	*Onychostruthus taczanowskii*				LC	LC
	79	棕颈雪雀	*Pyrgilauda ruficollis*				LC	LC
鹡鸰科 Motacillidae	80	黄鹡鸰	*Motacilla tschutschensis*				LC	LC
	81	黄头鹡鸰	*Motacilla citreola*				LC	LC
	82	白鹡鸰	*Motacilla alba*				LC	LC
燕雀科 Fringillidae	83	高山岭雀	*Leucosticte brandti*				LC	LC
	84	拟大朱雀	*Carpodacus rubicilloides*				LC	NT
	85	大朱雀	*Carpodacus rubicilla*				LC	LC
	86	红眉朱雀	*Carpodacus pulcherrimus*				LC	LC
	87	曙红朱雀	*Carpodacus waltoni*				LC	LC
	88	藏雀	*Carpodacus roborowskii*	+	II		LC	VU
	89	红胸朱雀	*Carpodacus puniceus*				LC	LC
哺乳纲 MAMMALIA								
劳亚食虫目 EULIPOTYPHLA								
鼩鼱科 Soricidae	90	陕西鼩鼱	*Sorex sinalis*	+			—	NT

续表

纲、目、科	编号	中文名	拉丁名	中国特有种	保护等级	CITES公约	IUCN濒危等级	中国物种红色名录
鼩鼱科 Soricidae	91	藏鼩鼱	*Sorex thibetanus*	+			—	NT
	92	川西缺齿鼩鼱	*Chodsigoa hypsibia*	+			LC	LC
	93	小麝鼩	*Crocidura suaveolens*				LC	—
	94	灰腹水鼩	*Chimarrogale styani*				LC	VU
翼手目 CHIROPTERA								
蝙蝠科 Vespertilionidae	95	北棕蝠	*Eptesicus nilssoni*				LC	LC
食肉目 CARNIVORA								
犬科 Canidae	96	狼	*Canis lupus*		II	II	LC	NT
	97	沙狐	*Vulpes corsac*		II		LC	NT
	98	藏狐	*Vulpes ferrilata*		II		LC	NT
	99	赤狐	*Vulpes vulpes*		II	III	LC	NT
熊科 Ursidae	100	棕熊	*Ursus arctos*		II	I	LC	VU
鼬科 Mustelidae	101	石貂	*Martes foina*		II	III	LC	EN
	102	香鼬	*Mustela altaica*		省	III	NT	NT
	103	艾鼬	*Mustela eversmanii*		省		LC	VU
	104	狗獾	*Meles leucurus*				LC	NT
	105	猪獾	*Arctonyx collaris*				VU	NT
猫科 Felidae	106	兔狲	*Felis manul*		II	II	LC	EN
	107	豹猫	*Prionailurus bengalensis*		II	II	LC	VU
	108	猞猁	*Lynx lynx*		II	II	LC	EN
	109	雪豹	*Panthera uncia*		I	I	VU	EN
奇蹄目 PERISSODACTYLA								
马科 Equidae	110	藏野驴	*Equus kiang*		I	II	LC	NT
偶蹄目 ARTIODACTYLA								
鹿科 Cervidae	111	白唇鹿	*Przewalskium albirostris*	+	I		VU	EN
	112	马鹿	*Cervus elaphus*		II		LC	EN
麝科 Moschidae	113	马麝	*Moschus chrysogaster*		I	II	EN	CR
牛科 Bovidae	114	野牦牛	*Bos mutus*	+	I	I	VU	VU
	115	藏原羚	*Procapra picticaudata*	+	II		NT	NT
	116	岩羊	*Pseudois nayaur*		II	III	LC	LC
	117	阿尔泰盘羊	*Ovis ammon*		II	II	NT	—
啮齿目 RODENTIA								
松鼠科 Sciuridae	118	喜马拉雅旱獭	*Marmota himalayana*			III	LC	LC
仓鼠科 Cricetidae	119	长尾仓鼠	*Cricetulus longicaudatus*				LC	LC
	120	青海松田鼠	*Neodon fuscus*	+			—	LC

纲、目、科	编号	中文名	拉丁名	中国特有种	保护等级	CITES公约	IUCN濒危等级	中国物种红色名录
仓鼠科 Cricetidae	121	白尾松田鼠	*Phaiomys leucurus*				LC	LC
	122	根田鼠	*Alexandromys oeconomus*				—	LC
鼠科 Muridae	123	小家鼠	*Mus musculus*				LC	LC
鼹型鼠科 Spalacidae	124	高原鼢鼠	*Myospalax baileyi*				—	—
跳鼠科 Dipodidae	125	五趾跳鼠	*Allactaga sibirica*				LC	LC
兔形目 LAGOMORPHA								
鼠兔科 Ochotonidae	126	高原鼠兔	*Ochotona curzoniae*				LC	LC
兔科 Leporidae	127	灰尾兔	*Lepus oiostolus*				LC	LC

注：在中国特有种一栏中，"+"表示该物种为中国特有种；保护等级栏中"Ⅰ"表示国家一级重点保护野生动物，"Ⅱ"表示国家二级重点保护野生动物，"省"表示青海省保护动物。CITES 公约栏中，"Ⅰ"表示《濒危野生动植物种国际贸易公约》附录Ⅰ所列物种，"Ⅱ"表示《濒危野生动植物种国际贸易公约》附录Ⅱ所列物种，"Ⅲ"表示《濒危野生动植物种国际贸易公约》附录Ⅲ所列物种。IUCN 濒危等级和中国物种红色名录一栏中，"CR"表示极危（critically endangered），"EN"表示濒危（endangered），"VU"表示易危（vulnerable），"NT"表示近危（near threatened），"LC"表示近危（least concern），"—"表示数据缺失或未查询到。

黄河源园区共分布有中国特有种 11 种，其中爬行类 1 种，为青海沙蜥；鸟类有 3 种，分别是地山雀、棕草鹛和藏雀；兽类有 7 种，分别是白唇鹿、野牦牛、藏原羚、陕西鼩鼱、藏鼩鼱、川西缺齿鼩鼱、青海松田鼠。

列入 IUCN 濒危物种红色名录濒危（endangered，EN）等级的物种有 3 种，其中鸟类有 2 种，分别为草原雕和猎隼，兽类有 1 种，为马麝；易危（vulnerable，VU）等级的物种有 7 种，其中鸟类有 3 种，为乌雕、白肩雕和白喉石鹛，兽类有 4 种，分别为猪獾、雪豹、白唇鹿、野牦牛；近危（near threatened，NT）等级的物种有 10 种，其中鸟类有 7 种，分别为黑颈鹤、黑尾塍鹬、白腰杓鹬、胡兀鹫、高山兀鹫、秃鹫和棕草鹛，兽类有 3 种，分别是香鼬、藏原羚和阿尔泰盘羊。

参照《中国生物多样性红色名录——脊椎动物卷》和《中国脊椎动物红色名录》（蒋志刚等，2016），黄河源园区被列入中国生物多样性红色名录极危（critically endangered，CR）等级的物种有 1 种，为马麝。被列入濒危（endangered，EN）等级的物种一共有 10 种，其中鸟类有 4 种，分别为乌雕、白喉石鹛、白肩雕和猎隼，兽类有 6 种，分别为石貂、兔狲、猞猁、雪豹、白唇鹿和马鹿。被列入易危（vulnerable，VU）等级的物种有 11 种，其中鸟类有 6 种，分别为黑颈鹤、草原雕、金雕、大鵟、黑尾地鸦、藏雀，兽类有 5 种，分别为棕熊、艾鼬、灰腹水鼩、豹猫和野牦牛。被列入近危（near threatened，NT）等级的物种有 23 种，其中鸟类有 12 种，分别是灰鹤、鹮嘴鹬、小杓鹬、白腰杓鹬、鹗、胡兀鹫、高山兀鹫、秃鹫、雕鸮、游隼、棕草鹛和拟大朱雀，兽类有 11 种，分别为陕西鼩鼱、藏鼩鼱、藏狐、狼、沙狐、赤狐、狗獾、藏野驴、香鼬、藏原羚、猪獾。

列入 CITES 附录Ⅰ的有 6 种，包括 3 种鸟类和 3 种兽类，分别为雪豹、白肩雕、游隼、棕熊、黑颈鹤、野牦牛；列入 CITES 附录Ⅱ的物种有 22 种，包括 7 种兽类和 15 种鸟类，分别为狼、豹猫、马麝、阿尔泰盘羊、藏野驴、兔狲、猞猁、猎隼、乌雕、普通鵟、纵纹腹小鸮、红隼、燕隼、灰鹤、鹗、雕鸮、胡兀鹫、秃鹫、高山兀鹫、草原雕、金雕、大鵟；列入 CITES 附录Ⅲ的物种有 5 种，均为兽类，分别是赤狐、石貂、香鼬、岩羊、喜马拉雅旱獭。

第四节　黄河源园区常见物种的分布现状

黄河源园区内藏原羚、藏野驴的分布最为广泛，且两者的分布范围基本一致，在各个乡镇范围内均有大量的分布，但藏野驴分布位点的数量少于藏原羚。藏原羚和藏野驴的主要分布区域为扎陵湖和鄂陵湖、星宿海附近、从星宿海去岗纳格玛错的沿途道路两侧等。大野马岭是藏野驴最主要的发现位点。藏狐为黄河源园区的常见食肉目物种，其主要发现位点的区域与藏原羚和藏野驴的相似，但发现位点数量远少于藏原羚和藏野驴。野外考察见到的赤狐的数量远少于藏狐，其发现位点的分布范围也比藏狐的狭窄，主要分布在黄河乡。狼的发现位点及发现数量也较少，且分布的范围较为狭窄，主要在黄河乡（图 8-4）。

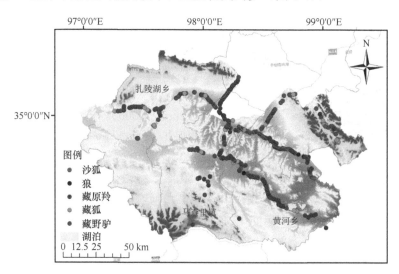

图 8-4　黄河源园区重点兽类物种分布图

在黄河源园区内，重点保护鸟类物种为猛禽，分布范围广且数量多的猛禽是大鵟和猎隼，两物种在园区的各个乡镇均有发现。公路沿途的电线杆为大鵟和猎隼的主要停歇位点。猎隼的主要发现区域在黄河乡境内，为星宿海去岗纳格玛错的沿途道路两侧。秃鹫和红隼的发现位点较少。秃鹫的发现位点主要在扎陵湖和鄂陵湖附近,红隼在玛查里镇南部、黄河乡北部和花石峡镇的东部均有少量发现。黑颈鹤为迁徙鸟类,夏季可见,栖息地一般为湖泊、湿地沼泽等,主要分布在黄河乡的东北部和玛查里镇的南部,其分布多依赖于水源;鹗仅在扎陵湖乡的扎陵湖附近有分布(图8-5)。

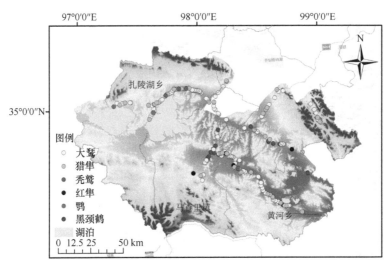

图 8-5 黄河源园区重点鸟类物种分布图

第五节 小 结

物种多样性是生物多样性研究中最先开始研究的功能和结构单位,也是生物多样性研究的基础内容及重要核心(Myers *et al.*,2000)。黄河源园区野生动物多样性特征的了解能够为该地区野生动物的保护及栖息地恢复提供良好的数据支持,也是该区域生态保护和社会经济协同提升的重要基础。

黄河源园区是黄河流域的主要产流区和水源涵养区,是黄河中下游地区可持续发展的重要生态屏障(赵串串等,2017)。黄河源园区的面积为 19 018km²,仅占整个三江源国家公园总面积的 15.43%,但黄河源园区共分布有陆生脊椎动物 21 目 50 科 127 种,占整个三江源国家公园物种总数的 47%,物种多样性处于较高的水平。较其他园区,有 17 种物种仅在黄河源园区有记录或分布,分别是黑翅长脚鹬、金眶鸻(*Pluvialis fulva*)、黑尾塍鹬、小杓鹬、小滨鹬(*Calidris minuta*)、中白鹭、蚁䴕、三趾啄木鸟、黑啄木鸟、灰头绿啄木鸟、棕腹柳莺、红胁蓝尾鸲(*Tarsiger cyanurus*)、白喉石䳭、陕西鼩鼱、川西缺齿鼩鼱、小麝鼩、灰腹水麝,这些重要的物种成为今后黄河源园区野生动物保护重点关注的对象。

在黄河源园区分布的 127 种物种中,各类保护物种(国家一级、国家二级和青海省级）共计有 57 种，占园区内总分布物种数的 44.88%，远高于全国保护物种总体分布水平（15.6%）。另外，园区内被列入 IUCN 重点保护（濒危、易危和近危）的物种共有 20 种，占园区内物种总数的 15.75%，表明园区内具有适宜野生濒危保护物种生存的良好环境条件。三江源国家公园的建设更有利于生态环境及野生动物的保护。

鸟类是评估生物多样性丰富度的重要指示类群，黄河源园区内共分布有 13 目 32 科 87 种鸟类，成为黄河源园区野生动物的重要组成部分。黄河源园区河流湖泊众多，是我国众多水鸟重要的迁徙繁殖地，每到夏季，园区内几乎所有大小湖泊周围都有水鸟分布，水鸟种类数及种群数量处于较高的水平。在黄河源园区内，最为常见的水鸟为斑头雁和赤麻鸭，约占观测鸟类总数的 60%。长期野外调查发现，黄河源园区冬季也会有赤麻鸭滞留越冬。水鸟分布最多的区域为扎陵湖乡的鸟岛附近和黄河乡的岗纳格玛措。鸟岛附近生活的主要鸟类为斑头雁和普通鸬鹚。每到繁殖季节，鸟岛几乎被占满。岗纳格玛错附近的主要鸟类为红脚鹬，夏季此处会有超过 1 000 只分布。

猛禽通常被认为是生态系统中的顶级捕食者和食腐物种，对鼠害防控具有重要的作用，在维持自然界的生态平衡中发挥着重要的作用（Donázar et al.，2016；McClure et al.，2018）。较其他猛禽，大鵟和猎隼的发现频次最高且分布也最广，发现点多为电线杆或鹰架，大鵟和猎隼主要以高原鼠兔为食，其分布与高原鼠兔等小型啮齿类相关，玛多县的主要生境为草地，鸟类的栖息多依赖于人为建筑。草原鼠害引发了草原退化、沙化和水土流失，严重威胁着草原畜牧业可持续发展、草原生物多样性保护与草原生态环境保护与建设。前期草原灭鼠多为药物灭鼠，既不环保，成本又高，药物残留严重。因此布设鹰架，提高猛禽的繁殖率和种群密度，利用生物防治来控制鼠类的数量，既保证生物链的延续，又保护环境，效果明显，一次投入长期使用（许正红等，2020）。

黄河源园区共分布兽类 7 目 17 科 38 种，相较其他园区，兽类数量相对较少。在黄河源园区内，分布最为广泛的兽类为藏原羚和藏野驴，两者对生境和食物的选择偏好一致，其分布范围也较为相似。另外，藏野驴和藏原羚的生态位较宽，在调查区域内几乎都有分布，数量较大。藏野驴多喜欢集群活动，少则几头，多则一百多头，喜欢聚集在宽阔的区域，其生境的选择多依赖于食物（吴娱等，2014），主要取食禾本科和莎草科植物（曹伊凡和苏建平，2006）。藏野驴在冬季大量集群，在大野马岭平滩上发现最大的集群，共 312 只，秋季和夏季没有大规模集群现象，多以 3～8 只集小群活动。聚集的藏野驴不太惧怕人类，在其周边 300m 以外不会使其受惊逃窜。藏原羚主要以禾本科、菊科、蔷薇科和莎草科为食（李忠秋和蒋志刚，2007），藏原羚的分布较分散，无大量集群的现象，一般 3～8 只为一群或单只生活。扎陵湖-鄂陵湖周边和大野马岭至达日方向的县道上发现藏原羚的概率较大，数量较多。除此之外，在黄河源园区最为常见的食肉类动物是狼和藏狐，人为干扰较少且有大量的藏野驴和藏原羚分布的区域，食肉动物发现的频次更高。

随着对生态环境保护力度的加强，黄河源园区及整个三江源国家公园内物种多样性得以提高、特有种及珍稀濒危物种更加丰富，园区动物资源具有极高的研究和保护价值，对三江源国家公园生态价值实现和生态经济功能发挥与提升具有重要意义。

第九章　三江源国家公园野生动物栖息地适宜性评估

三江源国家公园自然生态系统具有青藏高原的典型性和代表性，是具有全球意义的生物多样性重要地区，其生物多样性保护在全球处于非常重要的战略地位。公园内具有冰川、雪山、荒漠、森林、高海拔湖泊湿地、高寒草原草甸等多种类型的生态系统，不同的生态类型孕育了丰富而独特的高原野生生物资源，素有"高寒生物种质资源库"之美称。野生动物是高原生态系统的重要组成部分，对维持整个生态系统的多样性、稳定性具有不可替代的关键作用。三江源国家公园内保持着野生动物较好的原真性和物种栖息地的完整性，雪豹、藏羚等旗舰物种以及野牦牛、藏野驴、藏原羚、大鸳、猎隼、高山兀鹫等珍稀濒危物种具有极高的生物多样性保护价值，有利于生态系统的稳定和整体功能的发挥。

野生动物的空间分布研究是物种保护的基础，适宜的生存环境能够为野生动物的生存、繁衍和避难提供良好空间，保护野生动物栖息地与保护野生动物本身处于同等重要的位置，评价野生动物的生境适宜性是野生动物栖息地保护和修复的基础。在广泛开展野生动物分布地调查研究基础上，应用生态模型对野生动物过去、现在和未来的栖息地变化进行评估，能够有效地划分野生动物适宜栖息地，探寻野生动物的重要避难所，分析对其生存影响的主要因素，是野生动物保护的重要手段。

第一节　栖息地评估的背景、意义与进展

随着"3S"技术和多元分析统计的普及，各种模型已经成为物种栖息地研究的有效工具。近年来，与生态位有关的模型在预测物种分布方面的研究越来越多，广义线性模型（generalized linear model，GML）、广义相加模型（generalized additive model，GAM）、生态位因子分析模型（ecological-niche factor analysis，ENFA）、生物气候因子分析模型（BIOCLIM）、基于规则集的遗传算法（genetic algorithm for rule-set production，GARP）、最大熵（maximum entropy，MaxEnt）模型等多种物种分布模型得到广泛应用（宗敏等，2017）。

广义线性模型（GML）是 20 世纪 70 年代发展起来的一种线性模型，运用于响应变量服从泊松分布、多项分布、负二项分布等非正态分布的回归分析（赵青

山等，2013），是评价栖息地适宜性及分析种群关系的有力工具（易雨君等，2013）。

生态位因子分析模型（ENFA）是一种基于生态位概念的研究物种在地域上分布的一种多变量分析方法，其最大的优点是不依赖于数据的任何基础假设，模型计算只需要物种存在位点数据，而不需要非存在位点数据（王学志等，2008）。物种分布区域和环境背景之间的差异主要通过边际值（M）、特异值（S）和耐受值（T）三个指标得到：边际值是由物种利用的环境因子的均值和整个区域环境因子均值的差异得到，特异值（S）是由在整个研究区域的背景下目标物种的生态位特化的程度获得，两者共同推断物种的生态位。M 的范围为 0～1，M 值越接近 1，则说明相对整个研究区域物种选择了一个特别的区域；而 S 的取值范围从 0 到无穷大，S 值越大说明物种的生态位宽度越小（赵青山等，2013）。该模型已广泛应用于大熊猫、亚洲象等濒危物种栖息地适宜性评估研究中（王学志等，2008；林柳等，2015）。

MaxEnt 模型可以使用环境变量和物种出现点来计算约束条件，并探索在此约束条件下最大熵的可能分布，然后预测研究区域内物种的栖息地适宜性（Phillips et al.，2006）。MaxEnt 模型是一类常用的生态位模型，因为它只需要物种位点，即使样本量很小，也可以获得更准确的预测（Phillips et al.，2006；Phillips and Dudik，2008），与其他类似的生态位模型相比，MaxEnt 模型在预测性能和模型稳定性方面均表现最佳（Phillips et al.，2006）。此外，MaxEnt 模型被很多研究证明是预测结果较佳的模型（Hernandez et al.，2006）。该模型是以最大熵理论为基础的密度估计和物种分布预测模型，通过将已知物种实际地理分布信息与研究区域的环境变量等约束条件相结合（Phillips et al.，2006）；利用生境适宜性评价模型可以评价指定物种在给定环境条件下生境适宜性以及预测物种在研究区的潜在栖息地分布（Phillips and Dudik，2008），结合历史和未来的地理、气候相关环境数据还能够推测保护物种的分布变化历程和未来的潜在分布状态。目前常用的用于评估模型精确度的指标主要包括灵敏度、特异性、AUC 等，其中 AUC 表示受试者工作特征曲线（receiver operating characteristic curve，ROC 曲线）下面积，可以客观反应模型预测能力，不受阈值影响，是公认的比较理想的评价指标，其结果相对客观（Padalia et al.，2015；Jiang et al.，2016）。ROC 曲线以假阳性率，即（1-特异度）为横坐标，以真阳性率，即灵敏度为纵坐标，将预测结果的每个值作为可能的判断界值，以此计算得到相应的灵敏度和特异度。AUC 值的取值范围一般为 0.5～1，AUC 值越接近 1 则表明模型可靠性越高。在理想情况下，AUC 值为 1 则表明模型预测分布区与物种实际分布区完全相同。若 AUC 值为 0.5～0.7，则表示模型评价可靠性较低；当 AUC 值为 0.7～0.9 时，表明模型评价可靠性中等；当 AUC 值超过 0.9 时，则表明模型评价可靠度较高（Jiang et al.，2019）。ROC 曲线评价方法可适用的范围比传统的诊断试验方法应用更加广泛，可采用 AUC 值评判 MaxEnt

模型预测结果的可靠性和精确度。

保持和恢复野生动物景观连通性对野生物种保护极为重要。当前，生境破碎化以及气候变化改变了很多物种的分布格局，导致野生动物分裂成孤立种群，因此建立物种迁移廊道，提高生境连通性对保持物种种群间的扩散及基因交流至关重要。确立物种的核心分布区域是建立物种走廊的前提，通常可通过生态位模型模拟物种的分布区域，并选择高适宜性栖息地作为保护的核心区域（Barrows *et al.*，2011）。核心保护区域可作为廊道建设的"源"，也就是栖息地斑块。其次构建物种迁移的阻力图层，显示物种在迁移过程中受到的阻力大小，一般可通过直接转换栖息地适宜性图层或通过不同环境变量计算得到。目前最小阻力模型（LCP）及电路理论（circuit theory）模拟物种的潜在迁移途径在廊道建设研究中应用广泛（Krosby *et al.*，2015），这些模型及技术的应用可以为野生动物的廊道建设提供依据及参考。

野生动物栖息地评价可以分为栖息地质量评价和栖息地价值评价两种类型。根据评价内容，栖息地质量评价主要包括栖息地脆弱性评价和栖息地适宜性评价。栖息地脆弱性评价是针对栖息地对干扰的抵抗力而言的；而栖息地适宜性评价是针对栖息地对野生动物适合度的影响而言的。

目前，大多数栖息地质量评价都是栖息地适宜性评价。根据所选择的目标物种的数量，将栖息地质量评价又分为三种类型：①针对单个物种的栖息地质量的直接评价；②针对一个或多个物种的栖息地质量的间接评价；③针对整个野生动物群落的栖息地质量评价。

被选择的物种常常是：①分类单元的代表物种；②对环境质量的变化特别敏感的物种；③在部分或所有分布区濒危的物种；④是狩猎或有商业价值的物种；⑤人们特别关注的物种。

野生动物栖息地价值评价主要是针对栖息地的野生动物保护价值而言，一些常见的用于确定栖息地保护价值的指标有物种多样性、稀有性、自然性、灭绝危险和种群密度等。在实际的栖息地价值评价中，物种丰富度常常被作为物种多样性的指示者。

物种稀有性的含义是：①地理分布范围小；②地理分布范围小、当地种群密度低；③地理分布范围小、当地种群密度低和栖息地特化。物种稀有性一般与进化历史、空间分布和遗传结构等因素有关。

人类干扰也会增加物种稀有性。自然性意味着一个地点没有人类的影响，或一个物种是当地土著种而不是人类引入的。事实上，绝大多数物种都受到人类的影响，只是受影响的程度不一。找到一个自然性的定量指标是困难的。本地种数量常常被作为自然性指标应用于栖息地的价值评估。基于敏感的单一物种的灭绝危险评估常常会低估某一地区的野生动物灭绝危险。物种丰富度、稀有性和自然性一般以物种的存在/不存在信息作为比较栖息地保护价值的基础。

种群密度也被用于衡量栖息地保护价值。种群密度高的地区比种群密度低的地区可能更有益于物种保护；种群密度高的地区，种群的灭绝概率一般低于种群密度低的地区。虽然高的种群密度并不总是意味着栖息地的质量好，然而，如果一个特定栖息地中许多物种种群密度都较高，这块栖息地可能是高质量的，因此，这块栖息地的保护价值就高。显然，这种栖息地价值评价方法是以栖息地质量评价为基础的。

第二节　雪豹和岩羊生境适宜性分析

三江源国家公园园区内分布有多种国家重点保护野生动物，雪豹作为该区域的旗舰种，位于食物链的顶端，其生存状况可以很好地反映整个园区生态系统的健康状况（Lyngdoh *et al.*，2014b）。而岩羊在青藏高原分布广且数量多；作为雪豹的主要食物来源，岩羊种群数量及分布是决定雪豹分布最重要的影响因素之一（李娟，2012），也对维持该区域生态系统的稳定和保护物种多样性起重要作用（Aryal *et al.*，2014）。因此雪豹和岩羊在三江源国家公园生态系统中都具有极其重要的地位。

雪豹（*Panthera uncia*）隶属于食肉目（Carnivora）、猫科（Felidae）、豹亚科（Pantherinae）、豹属（*Panthera*），是我国分布的四种大型猫科动物之一，是高山生态系统的旗舰物种，也是中亚山地生态系统保护的旗舰物种，对气候变化和水资源安全具有重要的指示作用（马兵等，2021）。雪豹是国家一级保护野生动物，被世界自然保护联盟于 2021 年列为易危（VU）物种，列入 CITES 附录 I，被《中国脊椎动物红色名录》列为濒危（EN）物种。目前雪豹主要分布于中国、俄罗斯、塔吉克斯坦、哈萨克斯坦、蒙古、乌兹别克斯坦、巴基斯坦、印度、不丹、尼泊尔、阿富汗和吉尔吉斯斯坦这 12 个国家。在中国，雪豹主要分布在青海、西藏、四川、甘肃、云南、新疆和内蒙古地区，青藏高原是雪豹最主要和最连续的生存地区。

雪豹主要生活在林线以上的高山带和亚高山带，海拔在 3 000～5 800m，也会在海拔 900～1 500m 的戈壁沙漠中出现，其主要栖息地类型有高山裸岩、高山草甸、高山灌丛和山地针叶林。高山裸岩海拔一般在 4 000m 以上，其中海拔 4 500m 以上为永久冰雪覆盖层，海拔 4 100～4 500m 为堆积成片的砾石和岩屑，附近的高山植物有风毛菊、嵩草等。高山草甸海拔通常为 3 700～4 000m，优势植物为藏嵩草，莎草科和禾本科数量较多。高山灌丛海拔一般为 3 400～3 600m，主要植物有山生柳、薹草等，冬季雪豹随岩羊多在此活动。山地针叶林海拔在 3 000～3 400m，阴坡以云杉为主，阳坡多以圆柏为主。

虽然雪豹的分布范围比较广，但由于过去几十年，雪豹曾面临偷猎盗猎、生境破碎、气候变化、人为活动干扰、食物资源衰竭、食物链断裂等诸多不利影响，导致栖息地质量及种群数量急剧下降（马鸣等，2005；洪洋等，2020），因此雪豹的总数量仍然非常少，属于珍稀濒危野生动物，因此也受到了全球的关注。近年来，随着国际组织对雪豹保护力度的加强，雪豹各分布国开展了大量保护雪豹的工作，并取得了巨大的成就。作为雪豹最大的分布国，中国政府制定并实施了《中国雪豹保护行动计划》，在雪豹保护工作中起到了至关重要的作用。

1988 年的研究表明，新疆分布的雪豹约有 750 只，青海分布的雪豹约有 650只。2003 年，在第一份全球雪豹生存策略分析中，雪豹种群数量估计为 4 080～6 500 只，全球雪豹与生态系统保护计划（global snow leopard & ecosystem protection program，GSLEP）估计中国有 2 000～2 500 只雪豹。2016 年，世界自然保护联盟评估报告认为全球雪豹数量为 7 367～7 884 只，2020 年自然保护联盟统计结果显示，全球野外雪豹种群数量为 7 446～7 996 只，成熟个体的种群数量为2 710～3 386 只。基于最新的评估数量，IUCN 将雪豹的濒危等级由"濒危"（EN）调整为"易危"（VU）。在不同的区域，雪豹的种群数量呈现出不同的变化趋势。

目前全球雪豹潜在的适宜生境面积约 302 万 km^2，60%的栖息地位于中国，适宜生境面积约 182 万 km^2（Li et al.，2014）。在中国，雪豹主要分布在喜马拉雅山脉、可可西里山、天山、帕米尔高原、昆仑山、唐古拉山、阿尔泰山、祁连山、贺兰山、横断山等海拔 3 000～4 500m 的山地，其中青藏高原、帕米尔高原、天山是雪豹的主要分布区（马兵等，2021）。在我国雪豹分布省区中，青海省是我国雪豹的重要栖息地，主要包括青海北部的祁连山脉，中部的昆仑山脉，南部的三江源地区。其中，三江源国家公园和自然保护区覆盖了 3.8 万 km^2 雪豹适宜栖息地，2.5 万 km^2 雪豹重要栖息地，主要集中在索加—曲麻河、昂赛、果宗木查、当曲、白扎、阿尼玛卿雪山、年保玉则等地区，三江源地区中部横跨玉树-杂多-囊谦的区域则是三江源最大的雪豹核心栖息地，也是与其他种群连通的中心地区。

近年来，针对雪豹保护所采取的行动包括保护地的建设、保护区监测和保护区能力建设。我国在雪豹分布区已建立 138 处自然保护区，这些保护区的规模和种类各不相同，构成最基本的雪豹保护监测网络。其中，最大的保护区网络位于可可西里、羌塘和三江源地区，这些保护区连接成片，占地面积 76.6 万 km^2。青海省通过三江源国家公园、祁连山国家公园试点的建设，为雪豹等野生动物提供了约 20 万 km^2 的严格保护空间。对雪豹重点种群和栖息地进行监测评估，为区域内雪豹等濒危物种种群和生态系统提供了全面、完整、连续保护的新途径。

岩羊（Pseudois nayaur）隶属于偶蹄目（Artiodactyla）、牛科（Bovidae）、羊亚科（Caprinae）、岩羊属（Pseudois），被列为国家二级重点保护野生动物。岩羊主要分布在青藏高原及其毗邻地区，在国内主要分布于西藏、青海、云南、四川等地，是典型的高山动物，栖息于高原、丘原和高山裸岩以及山谷间的草地，营社会性群居生活（任军让和余玉群，1990；周芸芸等，2014；Watts et al.，2019）。岩羊是我国种群数量最大的有蹄类动物之一，同时也是雪豹的主要猎物（刘楚光等，2003）。

岩羊以起伏不定的地形（如悬崖）作为隐蔽物，出现在此类或接近此类的地形中。在不同分布地区，岩羊分布的海拔存在一定差异。在贺兰山，岩羊多栖息于海拔 1 800～2 000m（王小明等，1998）；在新疆，岩羊一般栖息于海拔 3 500m以上（袁国映，1991）；在青藏高原，岩羊主要栖息于林线以上，海拔 3 500～5 500m（Schaller，1977）；在尼泊尔多巴丹什克尔（Dhorpatan Shiker）保护区，岩羊主要分布在海拔 3 960～4 570m（Oli，1996）。不同季节，由于受积雪、放牧和发情等因素影响，岩羊会发生垂直迁徙（Schaller，1977）。

野生动物的生境选择在一定程度上会影响其食性，但研究发现，岩羊的大宗食物主要以针茅属（Stipa）、早熟禾属（Poa）、嵩草属（Kobresia）、薹草属（Carex）等草本植物为主，也采食委陵菜属（Potentilla）、火绒草属（Leontopodium）、锦鸡儿属（Caragana）、高山柳属（Salix orephila）等的植物（任军让和余玉群，1990）。禾本科植物是岩羊全年最主要的采食对象，占 36.72%～58.84%；其次是乔木和灌木植物；莎草占 0.73%～7.11%。针茅（Stipa spp.）在每个季节均是岩羊取食频率最高的植物，其次是灰榆（Ulmus pumila），但是对这种植物的取食在春季和秋季会下降（昶野等，2010；刘振生等，2008）。当冬季有积雪时，岩羊会选取积雪较薄的地方啃食干草和树枝（Schaller，1998）。

作为青藏高原生态系统中的一个关键物种，岩羊能影响其分布区内的植被状况；同时，岩羊还是雪豹的主要猎物之一，在一定程度上决定了雪豹食物的多寡（Schaller，1998），对于岩羊种群动态的研究可以从一个侧面反映该区域内雪豹的环境容纳量。针对区域内的野生岩羊开展研究，对于保护国际濒危物种雪豹有着重要的研究价值和意义。另外，由于种间竞争的原因，岩羊的种群动态也会影响同域分布的其他有蹄类动物的数量和分布（Wang and Schaller，1996）。因此，岩羊的生态功能对维持生态系统的平衡和稳定以及生物多样性的保护具有十分重要的意义。目前对在三江源范围内雪豹与其猎物岩羊适宜栖息地之间相互关系的研究未见报道。

三江源国家公园作为国家所有的重要自然资源资产，园区内现有野生动物的数量及生境分布状况仍缺乏科学准确且完整的数据资料。由于雪豹和岩羊的栖息地海拔高、气候恶劣，野外调查难度较大，因此模拟适宜生境的空间分布对雪豹和岩羊栖息地保护和潜在栖息地选择具有十分重要的作用和意义。最大熵模型作为运用比较广泛、操作简单且预测效果较好的生态位模型（Hill et al.，2016；

Guevara et al.，2017；贾翔等，2017），以最大熵理论为基础，通过物种实际的分布位点和多种环境变量来模拟目标物种可能的分布区域（Phillips et al.，2006；Phillips and Dudik，2008）。该模型应用于评估目标物种在给定环境下的生境适宜性以及预测潜在的生境分布（刘振生等，2008），其结果以物种出现的概率来体现，存在概率越高则表明该环境条件越适宜该物种生存。因此本节研究选用 MaxEnt 模型来模拟三江源国家公园内雪豹和岩羊的适宜栖息地，分析生境适宜性与环境变量之间的相关性，并探讨两者栖息地与主要环境变量之间的相互关系，为进一步开展三江源国家公园乃至整个青藏高原雪豹和岩羊的协同保护工作提供基础资料和理论指导依据。

一、物种分布位点数据收集与处理

2011～2016 年，在三江源区雪豹可能出现的区域内，以分层抽样的原则、等间距连续布设红外相机，共记录到 286 个雪豹位点数据和 87 个岩羊位点数据（数据来自北京大学自然保护与社会发展研究中心）。2016～2017 年，利用样线法在三江源区开展了野生动物资源调查，沿道路和山体走向布设调查样线，记录所见到的野生动物名称、数量及地理位置等信息，共记录到 132 个岩羊的空间分布位点数据。从全球生物多样性信息机构（GBIF）（https：//www.gbif.org/）中分别补充获得了 24 个雪豹和 21 个岩羊分布位点数据（图 9-1）。

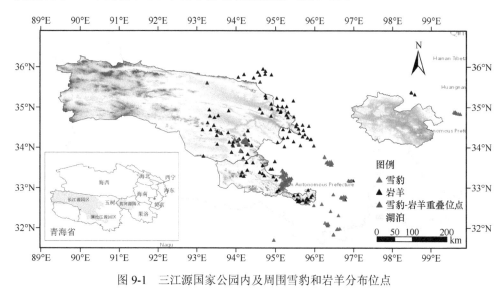

图 9-1　三江源国家公园内及周围雪豹和岩羊分布位点

对两物种的分布点均采用分辨距离进行筛选，以减少在同一栅格内出现多个重复的分布点，进而减少由样本点空间自相关对构建生态位模型所造成的负面影响,达到提高模拟结果可靠性的目的(Chamaillé *et al.*,2010;Freeman *et al.*,2013);使用 ArcGIS 10.2 软件设置分辨距离为 1km,经过筛选剔除后共得到了 204 个岩羊和 216 个雪豹位点。将分布位点按照统一的"species-longitude-latitude"格式输入到表格中,用于两个物种生态位模型的构建。

二、环境变量收集与筛选

本节研究采用的环境变量主要来源于全球气象数据库(Global Climate Date)(http://www.worldclim.org/),分别是海拔、19 个生物气候因子、月降水量、月平均最低温度、月平均最高温度和月平均温度,获得的环境因子空间分辨率为 30 arc-seconds(约 1km)。同时从美国航空航天局社会经济数据与应用中心(NASA Socioeconomic Data and Applications Center)获得人类干扰指数(human influence index,HII)数据,从地理空间数据云(http://www.gscloud.cn/)获得归一化植被指数(normalized difference vegetation index,NDVI),从中国科学院地理科学与资源研究所资源环境数据云平台(http://www.resdc.cn/)获取中国人口空间分布数据集(population)、植被类型(vegetation)、净初级生产力(net primary productivity,NPP),从地理国情监测云平台(http://www.dsac.cn/)获得 DEM 高程数据、土地覆盖数据(land cover,LC)。基于高程数据提取坡度(slop)、坡向(aspect)、地表崎岖度(ruggedness,TRI)、地形曲率(curvature)、河流方向(flow direction)等数据,并利用 ArcGIS 软件将获得的环境数据转换成".asc"格式。

由于获得的环境变量之间存在自相关及多重线性重复等问题,影响模型的预测结果(Carlos-Júnior *et al.*,2015;王茹琳等,2017),本节研究采用相关系数对环境变量进行了选择,剔除了相关性较高的环境变量(Dupin *et al.*,2011),将相关性较低的环境变量带入模型,提高模拟结果的准确性。本节研究分别提取岩羊和雪豹样本点对应的环境变量属性值,采用 SPSS 22.0 软件对雪豹和岩羊的环境属性值数据计算 Pearson 相关系数表格,剔除相关系数较高($|r| \geqslant 0.80$)的环境因子,将筛选相关性较低且具有更多生物学含义的环境变量带入最大熵模型中运算(Kumar *et al.*,2015;Johnson *et al.*,2016)。

三、MaxEnt 模型参数优化及构建

关于模拟目标物种生境适宜性的空间分布,近年来国内外学者通过归模型(Schadt *et al.*,2002)、机制模型、生态位模型进行了研究。其中生态位模型(ecological niche model,ENM)是以地理环境因子预测模拟目标物种潜在分布的模型(Phillips *et al.*,2006;Phillips and Dudik,2008;徐卫华和罗翀,2010)。目前

使用比较广泛、操作简单且预测效果较好的生态位模型是 MaxEnt 模型（Guevara et al.，2017；Hill et al.，2016；王运生等，2007）。该模型需要目标物种的空间分布位点和分布区域的环境变量这两组数据，本节研究在模型模拟岩羊和雪豹空间分布之前，对物种分布位点和环境变量都进行了筛选。

本节研究使用 MaxEnt 3.3.3k 模型，将雪豹和岩羊筛选后的分布点数据和环境变量数据输入模型中，根据物种分布数量特征，在 feature class selection 中分别组合勾选 Linear、Quadratic、Product、Threshold 和 Hinge，同时在"Regularization multiplier"中从 1～5 每间隔 0.5 设置不同的 β 值。ENMTools 计算不同参数下的 AICc 和 BIC 得分值，结合不同参数下响应曲线（response curves）的光滑程度，AICc 和 BIC 得分最低的参数可作为构建雪豹和岩羊生境适宜性模型的最优参数。

选择最优参数，设置训练集 75%用于雪豹和岩羊生境适宜性的模型构建，剩余的 25%分布点数据作为测试集，用于模型的准确性验证；选择刀切法（Jackknife）并设置 10 次重复运算次数；同时本节研究采用 ROC 曲线（受试者工作特征曲线）和 AUC 值（ROC 曲线下面积）对模型结果进行了检验，AUC 值的大小是评价模型运算结果准确性的标准之一，取值范围为 0.5～1，其值越高则表示模型模拟物种的空间分布越接近实际分布（Soucy et al.，2018）。

四、雪豹和岩羊生境适宜性分析

MaxEnt 模型模拟雪豹和岩羊生境适宜性的结果图层数据设置为".asc"格式，导入 ArcGIS 软件中，同时导入三江源国家公园边界图以及水域图层，得到国家公园内雪豹和岩羊的概率分布图，结果值为 0～1，其值越大则表明物种存在概率越高。使用 ArcGIS 的重分类功能将结果图层数据划分为 4 个等级：存在概率≥0.6 为高适宜区；存在概率 0.4～0.6 为中适宜区；存在概率 0.2～0.4 为低适宜区；存在概率<0.2 为不适宜区（Padalia et al.，2015）。采用不同的颜色表示，比较分析雪豹和岩羊适宜分布区域的重叠部分，并使用 ArcGIS 的栅格计算器分别分析计算国家公园整体及 3 个园区内的 4 个等级区域的面积及比例。

五、环境变量筛选及模型准确性检测

分别筛选得到雪豹和岩羊的 16 个和 17 个相关性小的变量进行 MaxEnt 模型运算,其中有 14 个相同的环境变量(表 9-1)。雪豹和岩羊的最优参数均为在 feature class selection 中组合选择 Linear feature、Quadratic feature 和 Product feature，在"Regularization multiplier"中设置 β 值为 4.0。模型设置最优参数，由 MaxEnt 模型生成的 ROC 曲线图（图 9-2）可知，雪豹和岩羊 10 次重复运算 AUC_{test} 的平均值分别为 0.932 和 0.903，均高于 0.9，且标准差分别为 0.014 和 0.032，这表明雪豹和岩羊的空间适宜性分布预测结果很好，具有很高的准确度。

表 9-1 雪豹和岩羊相关系数小的环境变量选择

环境变量	代码	雪豹	岩羊
海拔	Alt	Y	Y
坡度	Slop	Y	Y
坡向	Asp	Y	Y
地形曲率	Cur	Y	Y
河流方向	FD	Y	Y
人类影响指数	HII	Y	Y
土地覆盖	LC	Y	Y
植被归一化指数	NDVI	Y	Y
人口空间分布	Pop	Y	Y
植被类型	Veg	Y	Y
年平均气温	Bio1	—	Y
平均日较差	Bio2	Y	Y
等温性	Bio3	Y	Y
温度年较差	Bio7	Y	Y
年降水量	Bio12	Y	—
最干月降水量	Bio14	Y	Y
降水量季节性变动系数	Bio15	—	Y
3月降水量	Prec3	—	Y
3月最低温度	Tmin3	Y	—

注：Y 表示选择该变量，"—"表示无此项，后同。

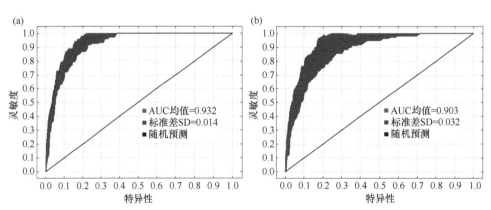

图 9-2 MaxEnt 模拟雪豹（a）和岩羊（b）空间分布的精度分析曲线

六、环境变量相对贡献率及单一环境变量分析

在选取的环境变量中，最干月降水量（17.7%）、海拔（14.8%）、温度年较差

（13.8%）和坡度（10.4%）对构建雪豹的适宜生境空间分布模型具有相对较大的贡献率，累计贡献率为 56.7%。最干月降水量（15.8%）、3 月降水量（15.3%）、海拔（13.1%）和温度年较差（10.8%）是构建岩羊适宜空间分布模型的主要环境变量，累计贡献率为 55%（表 9-2）。

表 9-2　雪豹与岩羊最大熵模型中环境变量相对贡献率

环境变量	贡献百分比/%	
	雪豹	岩羊
海拔（Alt）	14.8	13.1
坡度（Slop）	10.4	3.9
坡向 （Asp）	2	2.6
地形曲率（Cur）	7.4	7.1
河流方向（FD）	1.9	1.0
人类影响指数（HII）	4.0	1.8
土地覆盖（LC）	5.3	5.5
植被归一化指数（NDVI）	0.6	0.3
人口空间分布（Pop）	0.1	0.1
植被类型（Veg）	0.9	2.8
年平均气温（Bio1）	—	5.8
平均日较差（Bio2）	2.1	2.3
等温性（Bio3）	5.9	3.7
温度年较差（Bio7）	13.8	10.8
年降水量（Bio12）	8.4	—
最干月降水量（Bio14）	17.7	15.8
降水量季节性变动系数（Bio15）	—	8.1
3 月降水量（Prec3）	—	15.3
3 月最低温度（Tmin3）	4.7	—

海拔、最干月降水量和温度年较差在构建两者生境适宜性模型中的贡献率均高于 10%。由最大熵模型分析得到的响应曲线和环境变量统计分析可知，雪豹在 3 933～5 120m 海拔区域均有分布，分布的平均海拔为 4 628m，最适海拔区间为 4 600～4 780m，而岩羊在 3 431～5 117m 海拔区域均有分布，分布的平均海拔为 4 557m，最适海拔区间为 4 550～4 730m。两者均在海拔 2 500m 以下时，存在概率极低，随海拔升高，其存在概率不断提高，在最适海拔存在概率达到最高，之后再随海拔升高，存在概率不断下降（图 9-3、图 9-4），雪豹与岩羊宜栖息地的海拔最适区间都在 4 600m～4 730m 范围有很高的重叠。最干月降水量构建两者生境适宜性模型中的贡献率最高，在最干月降水量 0～5mm 区域均有分布，最适区间均为 2～4mm。雪豹和岩羊在温度年较差分别为 33.4～37.9℃和 33.7～40.7℃区域均有分布，最适区间分别为 33.4～37.0℃和 33.7～37.3℃，在 33.7～37.0℃温度范围重叠较大。这些均表明雪豹和岩羊的适宜生境区域具有较高的重叠部分。

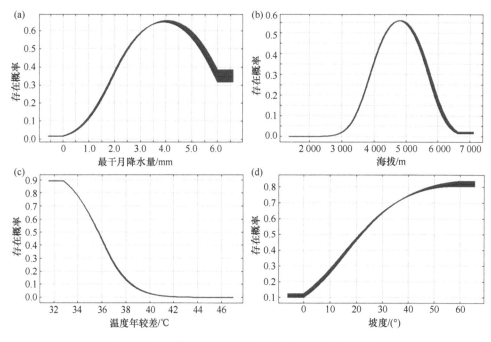

图 9-3　最大熵模型中雪豹高贡献率环境变量响应曲线

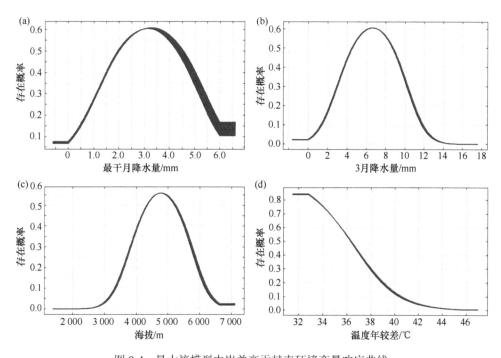

图 9-4　最大熵模型中岩羊高贡献率环境变量响应曲线

七、国家公园内雪豹和岩羊生境适宜性分布分析

根据筛选得到的主要环境变量以及雪豹和岩羊的分布位点数据构建最大熵模型模拟生境适宜性,雪豹高适宜区主要分布于长江源园区的东南部区域,以及澜沧江源园区东北部、中部和东部区域,包括治多县索加乡、扎河乡大部,曲麻莱县曲麻河乡局部,杂多县扎青乡、阿多乡和昂赛乡大部;中适宜区主要分布于长江源园区的东南部和中部局部区域,澜沧江源园区东北部、中部和东部区域,雪豹的中适宜区和高适宜区交错分布;低适宜区主要分布于长江源园区中部、澜沧江源园区西部以及黄河源园区南部;不适宜区则主要位于长江源园区的中部及西部区域以及黄河源园区的西部、中部及东部区域[图 9-5(a)]。而岩羊高适宜区主要分布于长江源园区东南区域和澜沧江源园区大部分区域,包括治多县索加乡、扎河乡大部,曲麻莱县曲麻河乡、叶格乡局部,杂多县莫云乡、查旦乡、扎青乡、阿多乡和昂赛大部;中适宜区主要分布于长江源园区中部、南部和东北部区域,包括曲麻莱县曲麻河乡、叶格乡大部和索加乡东部;低适宜区主要分布于长江源园区中北部和黄河源园区大部分区域;不适宜区则主要位于长江源园区的西部[图 9-5(b)]。

统计分析显示,三江源国家公园分别有 6 802km^2、12 444km^2、19 497km^2 和 84 357km^2 区域为雪豹的高适宜、中适宜、低适宜和不适宜的栖息地类型,分别占国家公园总面积的 5.53%、10.11%、15.84% 和 68.53%。三个园区之间的栖息地组成也有所差别,澜沧江源园区适宜雪豹生存的比例和面积较高,高适宜区和中适宜区域面积分别占该园区的 26.48% 和 26.08%;长江源园区的高适宜区域比例和面积次之,但高适宜、中适宜区域的面积之和高于其他两个园区。而对于岩羊,国家公园分别有 18 897km^2、21 080km^2、25 229km^2 和 57 893km^2 区域为其高适宜、中适宜、低适宜和不适宜区域类型,分别占国家公园总面积的 15.35%、17.12%、20.49% 和 47.03%。同样三个园区之间的栖息地组成也不相同,澜沧江源园区适宜岩羊生存的比例较高,长江源园区高适宜区域面积最大,黄河源园区适宜岩羊生存的比例最低,面积也最小。雪豹和岩羊各园区内栖息地的组成如表 9-3 所示。

对三江源国家公园雪豹和岩羊各适宜等级叠加分析可知,高适宜重叠区域主要分布于长江源园区东南部区域,澜沧江源园区东北部、中部和东部区域,包括扎河乡、索加乡、扎青乡中部、阿多乡和昂赛乡大部;中适宜重叠区与高适宜重叠区交错分布,主要分布于长江源园区东南部和中部局部,澜沧江源园区的东北部、中部和东部区域;低适宜重叠区主要分布于长江源园区中部、澜沧江源园区西部和黄河源园区西部、中部和东部区域(图 9-6)。

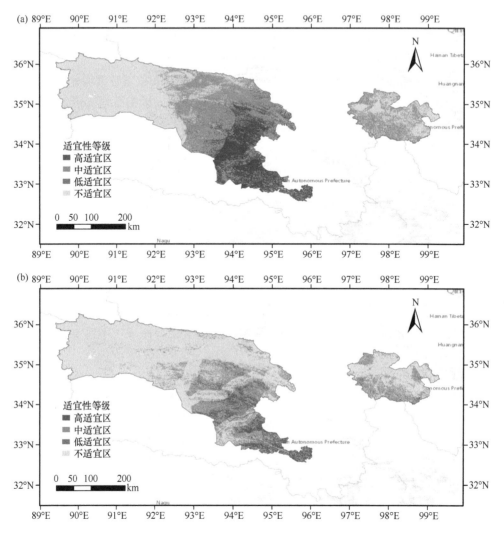

图 9-5　三江源国家公园雪豹（a）和岩羊（b）栖息地适宜性分布图

表 9-3　三江源国家公园各园区及总体雪豹和岩羊的栖息地组成

物种	等级	长江源园区		澜沧江源园区		黄河源园区		三江源国家公园	
		面积/km²	园区比例/%	面积/km²	园区比例/%	面积/km²	园区比例/%	面积/km²	园区比例/%
雪豹	高适宜区	2 959	3.28	3 628	26.48	215	1.13	6 802	5.53
	中适宜区	7 317	8.10	3 574	26.09	1 553	8.13	12 444	10.11
	低适宜区	112 36	12.44	3 410	24.89	4 851	25.40	19 497	15.84
	不适宜区	68 788	76.18	3 089	22.55	12 481	65.35	84 357	68.53
	总和	90 300		13 700		19 100		12 3100	

续表

物种	等级	长江源园区		澜沧江源园区		黄河源园区		三江源国家公园	
		面积/km²	园区比例/%	面积/km²	园区比例/%	面积/km²	园区比例/%	面积/km²	园区比例/%
岩羊	高适宜区	9 817	10.87	9 014	65.80	66	0.35	18 897	15.35
	中适宜区	16 088	17.82	3 585	26.17	1 407	7.37	21 080	17.12
	低适宜区	16 638	18.43	879	6.42	7 711	40.37	25 229	20.49
	不适宜区	47 757	52.89	221	1.61	9 916	51.92	57 893	47.03
	总和	90 300		13 700		19 100		12 3100	

注：表中数据存在修约偏差，导致加和存在末位数细微偏差。

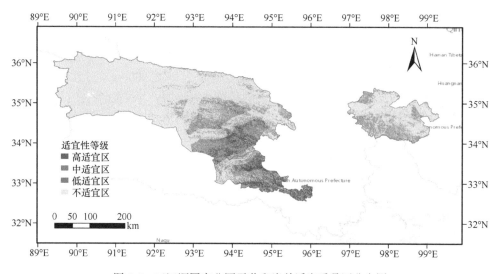

图 9-6 三江源国家公园雪豹和岩羊适宜重叠区分布图

三江源国家公园分别有 5 629km²、10 992km²、18 424km² 和 88 055km² 区域为高适宜、中适宜、低适宜和不适宜的重叠区域，分别占国家公园总面积的 4.57%、8.93%、14.97% 和 71.53%。三个园区之间的适宜重叠区域组成也有所差别，澜沧江源园区高度适宜雪豹和岩羊重叠区域生存的比例和面积较高，面积为 3279km²，占澜沧江源园区的 23.93%；长江源园区次之，但高、中适宜重叠区域的面积之和高于其他两个园区；黄河源园区高适宜重叠区域的面积之和比例最小（表 9-4）。

表 9-4 三江源国家公园各园区及总体雪豹和岩羊重叠栖息地组成

等级	长江源园区		澜沧江源园区		黄河源园区		三江源国家公园	
	面积/km²	园区比例/%	面积/km²	园区比例/%	面积/km²	园区比例/%	面积/km²	园区比例/%
高适宜重叠区	2 317	2.57	3 279	23.93	32	0.17	5 629	4.57
中适宜重叠区	6 628	7.34	3 569	26.05	795	4.16	10 992	8.93
低适宜重叠区	9 889	10.95	3 657	26.69	4 877	25.54	18 424	14.97
不适宜重叠区	71 465	79.14	3 195	23.32	13 396	70.13	88 055	71.53

八、讨论

（一）雪豹与岩羊适宜栖息地环境变量分析

本节研究分析得出最干月降水量、海拔、温度年较差均是构建雪豹和岩羊生境适宜性空间分布模型最为重要的环境变量，累计贡献率分别为46.3%和39.7%，且两个物种在三江源国家公园环境的选择上具有较大的重叠性。雪豹在三江源国家公园内适宜的海拔范围是3 933～5 120m，结合分析了雪豹存在概率与海拔之间关系所获得的响应曲线，雪豹在该区域分布的最适海拔为4 600～4 780m。同时，本节研究中最干月降水量的最适区间分别为 2～4mm，温度年较差的最适区间为33.4～37.0℃。目前已有研究指出，在局部水平上，海拔是影响雪豹栖息地利用的主要环境变量（Alexander，2015），雪豹主要栖息于海拔3 000m 以上的高海拔区域（王君，2012），很难适应低海拔地区的温度、湿度等，年平均温度也是影响雪豹生境选择的主要环境因子（乔麦菊等，2017），这与本节研究得到海拔、温度和降水量在三江源区域雪豹适宜栖息地模型构建中影响较大的结果相符合。

雪豹的主要食物包括岩羊、盘羊（*Ovis ammon*）、高原兔（*Lepus oiostolus*）等，其中岩羊作为其最主要的食物来源（刘楚光等，2003），其种群分布很大程度上会影响雪豹的分布与生存（李娟，2012；姜莹莹等，2017；李春燕和杨光友，2017；Dagleish *et al.*，2007），因此本节研究同样构建了岩羊在三江源国家公园内的生境适宜性空间分布模型，园区内岩羊适宜海拔范围是3 431～5 117m，结合响应曲线得出在最适海拔 4 550～4 730m 的分布概率最高。最干月降水量和温度年较差的最适区间分别为 2～4mm 和 33.7～37.3℃。有研究指出岩羊偏向选择海拔2 500～5 500m 且山势陡峭的高山区域（姚绪新，2018；赵宇，2018）；温度也是影响岩羊生存习性的重要因素（崔多英，2007），其主要栖息地温度较低且气候干燥（董嘉鹏，2014），这些都与本节研究结果相符合。雪豹作为岩羊的捕食者，两者在海拔3 933～5 117m 均有分布，在最适海拔4 660～4 730m、最适最干月降水量 2～4mm 以及温度年较差 33.7～37.0℃区域相重合，其他构建模型所筛选的环境变量均具有较高的重合性，这表明两者在海拔、温度、降水量等环境的选择上具有很大的相似性，在三江源国家公园区域内表现得十分明显。

（二）三江源国家公园内雪豹和岩羊的生境适宜性重叠分析

在三江源国家公园，岩羊高适宜区和中适宜区的总面积为 39 977km²，占三江源国家公园面积的32.47%；雪豹的高适宜区和中适宜区的总面积为 19 246km²，占国家公园总面积的15.64%，低于岩羊的高适宜区和中适宜区的总面积。岩羊和雪豹高适宜区可以作为两者重点保护的区域，也可以作为两者栖息地选择和保护的依据。两者高适宜和中适宜区主要在澜沧江源园区东北部、中部和东部区域（包括杂多县扎青乡、莫云乡、查旦乡、阿多乡和昂赛乡）和长江源园区东南区域（主要包括治多县扎河乡、索加乡）重叠，并在澜沧江源园区的适宜重叠区比例最高，达到 49.98%，这表明澜沧江源园区有着更加适宜岩羊和雪豹生存的栖息地或潜在栖息地。而实际监测的雪豹分布位点主要在长江源园区的索加乡、扎河乡、叶格乡和曲麻河乡，澜沧江源园区的昂赛乡和扎青乡，分析结果与实地调查和文献记载相符（刘楚光等，2003；张于光等，2009）。

（三）三江源国家公园雪豹和岩羊保护对策

基于在公园内开展的大量基础考察研究，本节研究采用最大熵模型建立了系统全面和准确可靠的物种分布数据库，对两种具有重要生态作用的野生动物的栖息地进行了适宜性评价，初步探讨了存在食物链关系的食草动物与食肉动物的空间分布模式，也研究了适宜栖息地与主要影响环境变量之间的相关性以及雪豹和岩羊适宜分布的气候特征。后期的研究将通过不同野生动物栖息地评估结果以及重要生态系统数据图层的空间叠加分析，形成园区保护重要性空间分布图，根据叠加分值高低判别园区保护重要程度，分值越高，保护重要性越高。在尚未划定为国家保护的生物多样性丰富、生态系统脆弱或者生态功能重要的区域内，分值较高的小面积区域可作为自然保护区网络优化布局保护小区建设和生态廊道建设的实施区域。为三江源国家公园野生动物潜在适宜栖息地的选择和保护提供数据支撑。

青海省是我国重要的生态功能区，也是世界第三极生物多样性优先保护区，在全球生态系统中具有不可或缺的地位。为深入贯彻落实习近平总书记生态文明思想和党的十九大精神，促进生态文明制度改革，2019 年，青海省人民政府、国家林业和草原局制定了《青海以国家公园为主体的自然保护地体系示范省建设实施方案》和《青海建立以国家公园为主体的自然保护地体系示范省建设三年行动计划（2020—2022 年）》。以科学发展的理念为统领，尊重自然、顺应自然、保护自然，按照 "全面规划、积极保护、科学管理、永续利用" 的方针，率先启动了"以国家公园为主体的自然保护地体系示范省建设"行动。青海是我国乃至全球雪豹分布最集中、种群密度最高的地区之一，也是雪豹保护优先地区，因此，针对目前雪豹种群及其栖息地所面临的现实问题，以国家相关野生动物保护政策和法律法规为依据，开展切实可行的科学保护活动，恢复雪豹栖息地的原真性和完整性，使其种群逐步恢复和发展。生态文明是人类社会进步的重要标志，在生态立省的总体战略中，野生动物尤其是珍稀野生动物的保护处于突出地位。雪豹是生态系统健康的指示物种，为了更好地保护该物种，维持整个生态系统的完整性和稳定性，青海省制定并发布了《青海雪豹保护规划》（2020—2030）。规划重点开展雪豹物种保护工程、遗传多样性保护工程、栖息地保护工程、雪豹科学研究工程和保护研究中心建设五大工程。通过这一系列重大工程的实施，期望系统掌握青海省分布的雪豹的种群数量、适宜生境和分布特征，优先保护三江源和祁连山国家公园内雪豹及其栖息地；建立完整的以国家公园和各类自然保护地为主体的雪豹就地保护网络，建成一批雪豹保护示范区；全面建成"天-空-地一体化"的雪豹监测网络体系，降低雪豹面临的主要威胁，提高雪豹种群数量和生境质量；积极开展自然教育，促进社区发展，增强公众对雪豹等野生动物的保护意识，进一步开展青海雪豹人工繁育救助和野外保护技术研究，更好地推动青海雪豹保护工作，为全球雪豹保护贡献青海力量和青海智慧。

第三节　藏原羚生境适宜性评价

城镇化快速发展、自然资源过度利用、肆意捕杀等人类活动是造成物种栖息地丧失和破碎化的主要因素之一，也是导致大量哺乳动物种群数量下降的主要原因（Bolger *et al.*，2008；Harris *et al.*，2009；Ito *et al.*，2013；Menard *et al.*，2014）。藏原羚（*Procapra picticaudata*）是中亚现存三种特有原羚类之一（Hu and Jiang，2012；Mallon and Jiang，2009），也是青藏高原特有种（Li and Jiang，2008）。在20世纪80年代前，过度捕杀是导致该物种种群数量下降的重要因素（Zhang and Jiang，2006），当前生境丧失和破碎化、家畜数量增加、基础设施快速发展等仍然是藏原羚及同域分布野生动物面临的主要威胁因素（Hu and Jiang，2012）。目前，藏原羚被 IUCN 红色名录列为近危（NT）物种，也被列为我国国家二级重点保护野生动物。

藏原羚作为青藏高原广布种，是典型的高原动物，栖息于各种类型的草原上，活动上限可达海拔 5 100m。无固定栖息地，在平缓的山坡、平地以及起伏的丘陵等均可见到其分布。一般多集小群生活，数量不等，数只或数十只群较为常见。在夏季，多见单只或小群活动。冬季往往结成数十只以上甚至数百只的大群一起游荡。雌雄、成幼终年一起生活。性机警，行动敏捷，视听觉灵敏。交配季节开始于冬末春初，每年繁殖一次。交配期，雄体之间无激烈的殴斗。产羔季节集中于 7 月下旬至 8 月中旬，期间母羊无选择特殊环境的习性。主要在晨昏取食，以各种草类为食；在食物条件较差的冬、春季节，白天的大部分时间在取食。狼、猞猁等为藏原羚的主要天敌。

藏原羚体型较小，体长不超过 1m，最大体重不超过 20kg。体态矫健，四肢纤细，行动轻捷，吻部短宽，前额高突，眼大而圆，毛形直而稍粗硬，特别是臀部的后腿两侧的被毛，硬直而富弹性，四肢下部被毛短而致密，紧贴皮肤。雄性有一对后弯的细角，雌体无角。吻端亦披毛。通体灰褐色，脸颊灰白色，臀部纯白色，尾黑色。头额、四肢下部毛色较淡呈乳灰白色。吻部、颈、体背、体侧和腿外侧灰褐色，尾下及两侧白色，胸、腹部、腿之内侧乳白色。颅全长为 160～185mm。眼眶发达，呈管状，泪骨狭长，前缘几乎呈方形，后缘凹而形成眼眶的前缘，上缘边缘凸起，但不与鼻骨相连。鼻骨后段两侧较平直，末端略尖。

三江源国家公园位于青藏高原东部，试点区域面积为 12.31 万 km^2，占三江源国家级自然保护区面积的 31.2%，共涉及玛多县、杂多、曲麻莱、治多 4 个县和可可西里国家级自然保护区管理局管辖区域。该区域蕴藏丰富的水资源和野生动物资源，为藏原羚提供了适宜生境和丰富的食物来源（Liu *et al.*，2017）。

近年来，三江源国家公园开展了大量陆生野生动物调查，并记录了包括藏原羚在内的大量野生动物分布位点信息。栖息地保护是野生动物保护的重要环节，确定优先保护区对制定动物种群管理和保护计划具有重要意义。因此，在三江源国家公园开展藏原羚生境适宜性评价的主要目的是确定藏原羚的优先保护区，为三江源国家公园内野生动物潜在适宜栖息地的选择提供理论指导。

当前，许多研究者使用最大熵（MaxEnt）模型来评估各种珍稀或濒危野生动物的生境适宜性（Li *et al.*，2014；Bai *et al.*，2018）。此外，生境适宜性指数（HSI）模型是自然资源管理者常用的预测生境适宜性和物种分布的模型，已被应用于野生动物管理和保护实践中（Brown *et al.*，2000；Rittenhouse *et al.*，2010；Zajac *et al.*，2015）。本节研究采用 MaxEnt 模型和 HSI 模型分析生物气候和地形因子与藏原羚空间分布的关系，评估三江源国家公园藏原羚的生境适宜性并确定优先保育区。本节研究成果将为藏原羚的保护及三江源国家公园藏原羚潜在适宜生境的选择和保护提供理论支持，也有利于中国第一个国家公园的规划和建设。

一、物种分布位点数据收集

MaxEnt 模型是由史蒂文·菲利普斯（Steven Phillips）等基于最大熵理论开发的密度估计和物种分布预测模型（Phillips *et al.*，2006）。该模型是生态位模型（ecological niche model，ENM）的一种，主要用于评估目标物种在给定环境条件下的适宜性，并预测研究区域内目标物种的潜在栖息地分布。MaxEnt 模型需要目标物种当前的空间分布位点和限制该物种分布的环境因子（Phillips and Dudik，2008）。熵最大时的物种的概率分布为最优分布（Phillips *et al.*，2006）。此外本节研究同时结合使用了生境适宜性指数（habitat suitability index，HSI）模型，这是用于评估多种物种的适宜性的较为经典的模型（Luan *et al.*，2011；Zhang *et al.*，2017）。HSI 模型是一种广泛使用的栖息地评估方法（McClain and Porter，2000；Zeng *et al.*，2018）。MaxEnt 模型和 HSI 模型都需要两组数据：目标物种的地理分布位置（纬度和经度）以及物种分布区域和目标区域的环境变量，包括气候、地形和其他类型数据。

2016～2017 年采用样线法在三江源地区开展野生动物本底调查，共记录到 674 个藏原羚分布位点。此外，从全球生物多样性信息机构（Global Biodiversity Information Facility，GBIF）数据库获得 16 个地理坐标位点（Wei *et al.*，2018）。因此，共获得 690 个藏原羚的分布位点（图 9-7）。为减少相近的物种位点对模型结果的负面影响，使用 ArcGIS10.2 软件设置 1km 的分辨距离，使每个 1km×1km 栅格中最多有一个分布位点。因此，剔除了 136 个分布位点，保留了 554 个分布位点用于模型构建。

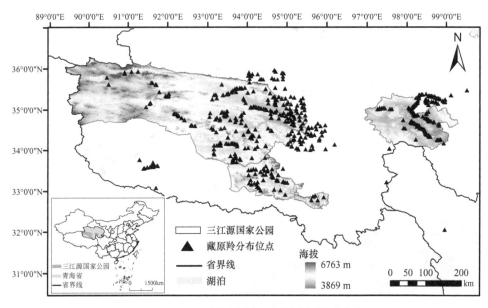

图 9-7　三江源国家公园内及周围藏原羚分布点

二、环境变量收集与处理

本节研究使用的环境变量主要从全球气象数据库（http://www.worldclim.org/）获得，空间分辨率为 30 弧秒（约 1km）（Abi-Rached *et al.*，2011），分别为全年 12 个月的月总降水量、月平均最高温度、月平均最低温度和月平均温度，以及海拔和 19 个生物气候变量。根据 MaxEnt 模型软件输入数据的格式要求，采用 ArcGIS10.2 将所有环境变量转换为 ASCII 格式，即".asc"文件（Syfert *et al.*，2013）。

若环境变量之间存在自相关或多重线性相关则会影响模型预测结果，选择不相关或相关性低的环境变量构建生态位模型有利于模拟分布的结果（Zuur *et al.*，2010；Syfert *et al.*，2013）。因此，在一组高度共线性相关的变量中（$|r| \geqslant 0.8$），选择其中一个具有更多生态学含义的环境变量用于模型的构建（Kumar *et al.*，2015；

Jiang，2018）。本节研究分别提取藏原羚样本点对应的环境变量属性值，采用 SPSS 22.0 软件对藏原羚的环境属性值数据计算 Pearson 相关系数，剔除相关系数较高（$|r| \geq 0.80$）的环境因子，将筛选的相关性较低的环境变量带入 MaxEnt 和 HSI 模型中运算（Hu and Jiang，2015；Kumar *et al.*，2016）。

三、藏原羚生态位模型参数优化及构建

选择多种不同的参数组合来获取模型的最优参数，采用 ENMTools 软件计算赤池信息量准则（akaike information criterion，AIC）值、修正的 AIC（corrected AIC）值（AICc 值）和贝叶斯信息准则（Bayesian information criterion，BIC）值。BIC 值和 AICc 值越低，模型拟合程度越优化（Nag *et al.*，2014），结合每组参数下响应曲线的光滑程度选择最优参数组合（Warren and Seifert，2011；Jueterbock *et al.*，2016）。采集藏原羚位点数据集将 75%训练集和 25%训练集随机分组，勾选 Jackknif 并设置 10 次重复运算（Poirazidis *et al.*，2019）。

MaxEnt 模型自动生成 ROC 曲线（receiver operating characteristic curves，受试者操作特征曲线）和 AUC 值（ROC 曲线下面积）来验证模型结果准确性（Padalia *et al.*，2015；Peng *et al.*，2019）。ROC 曲线分别以假阳性率和灵敏度为横纵坐标。AUC 值取值范围是 0～1，若 AUC 值高于 0.9 则表明模型模拟结果可信度较高，若 AUC 值为 0.7～0.9 则表明可信度中等，若 AUC 值为 0.5～0.7 则表明可信度较低。

根据 MaxEnt 计算环境变量的贡献百分比，分析贡献率较高的环境变量的响应曲线，并采用频率分布直方图统计分析相对较高的环境变量。使用 MaxEnt 获得藏原羚的适宜性评估分布图，叠加三江源国家公园边界线图层，并根据存在概率值将适宜图层划分为高度适宜区（≥0.6）、中度适宜区（0.4～0.6）、低度适宜区（0.2～0.4）和不适宜区（<0.2）（Zhang *et al.*，2018）。

四、藏原羚生境适宜性指数模型构建

将藏原羚的环境变量和分布点分别导入 ArcGIS 中。从环境变量中提取与点相对应的属性值。根据特征频率分布，将单个环境变量分为高适宜、中适宜、低适宜和不适宜四个等级区间。此外，使用栅格计算器将通过单因素适用性评估获得的 n 个分类层数据相乘，并将获得的乘积数据计算为第 n 个根。

分别将筛选后的环境变量和藏原羚分布点数据导入 ArcGIS 中，提取分布位点对应的 10 个环境因子属性值。根据频率分布的规律，将单一环境变量分为高度适宜、中度适宜、低度适宜、不适宜 4 个区间等级，并从 ArcGIS 的栅格计算

器中的编辑逻辑进行命令赋值，将这 4 个档次分别赋值为 1、2/3、1/3、0。这样就将各个环境变量图层转换成分类图层数据。同样利用栅格计算器，将单因素适宜性评价所得的 n 个分类图层数据相乘，所得的乘积数据计算 n 次方根。最终得到的图层文件，即为基于多因素综合评价的栖息地生境适宜性指数（habitat suitability index，HSI）栅格图层，取值范围为 0～1（Unglaub *et al.*，2015；Zajac *et al.*，2015）。

$$\mathrm{HSI}_{\mathrm{Total}} = \sqrt[n]{\mathrm{HSI}_1 \times \mathrm{HSI}_2 \times \mathrm{HSI}_3 \times \cdots \times \mathrm{HSI}_n}$$

此外，利用三江源国家公园 3 个园区的边界，将综合评价图层划为 3 部分，分别统计黄河源、长江源、澜沧江源三个园区的各类栖息地类型的比例组成，并计算各部分栖息地类型的面积。

使用 R 软件将 554 个样本点随机分为建模组（75%）和验证组（25%），分别由 415 个观察点和 139 个观察点组成，验证了此适宜性评估的有效性。根据上述描述的方法，使用 415 个观察点对藏原羚栖息地进行了综合评估，以获得多因素适宜性指数。然后，提取与剩余的 139 点相对应的属性值，并计算验证组点在四个属性值中的比例，以确定多因素适合性评估的有效性。

五、环境变量筛选与统计分析

删除相关系数大于 0.8 的环境变量，共筛选得到 8 个相关性较低的环境变量用于构建 MaxEnt 和 HSI 模型（表 9-5），这些环境变量分为以下三类：地形变量、温度相关的变量和降水相关的变量。

表 9-5　藏原羚 MaxEnt 和 HSI 模型相关性较低的环境变量统计分析

环境变量	初始环境变量属性	最小值	最大值	平均值	标准差 SD	变异系数 CV/%	最适区间
海拔/m	—	3 463	5 254	4 458.82	261.60	5.87	4 100～4 700
平均日较差/℃	T 温度	13.3	15	14.01	0.36	2.56	13.6～14.2
等温性/℃	T 温度	35	42	37.26	1.05	2.81	36～38
温度年较差/℃	T 温度	33.8	40.7	37.14	0.72	1.94	37～37.8
年降水量/mm	P 降水量	104	690	324.46	73.82	22.75	250～370
最干月降水量/mm	P 降水量	0	4	2.08	0.96	46.38	1～3
降水量季节性变异系数	P 降水量	83	147	100.79	8.80	8.73	88～108
12 月最高温度/℃	T 温度	−9.9	0	−5.94	1.15	−19.43	−7～−4

注：表中环境变量在文中与相应英文或缩写对应。其中，海拔为 Alt；平均日较差为 Bio_2；等温性为 Bio_3，其值为 $100 \times Bio_2/Bio_7$；温度年较差为 Bio_7，其值为 $Bio_5 - Bio_6$；年降水量为 Bio_{12}；最干月降水量为 Bio_{14}；降水量季节性变异系数为 Bio_{15}；12 月最高温度为 $Tmax_{12}$。后同。

对与藏原羚分布点相对应的 8 个环境变量属性值进行了统计分析，包括最大值、最小值、平均值、标准差和变异系数（表9-5）。其中环境变量最适区间由响应曲线和频率分布直方图共同分析获得。

六、MaxEnt 模型评估和环境变量贡献率分析

（一）MaxEnt 模型校准和验证

设置不同参数，根据计算所得的 AICc 和 BIC 分数以及拟合响应曲线平滑程度，综合得到最佳的参数为 L+Q+T（linear，quadratic，product），β=2.5。我们再将最佳参数带入模型中计算。

由 MaxEnt 模型生成的 ROC 曲线图可知，10 次重复运算 AUC_{test} 的平均值为 0.966，高于 0.9；标准差（SD）为 0.003，预测结果很好，具有较高可信度。

（二）环境变量贡献率和单变量分析

如表9-6所示，在选取的 8 个环境变量中海拔（Alt）、平均日较差（Bio_2）、12 月最高温度（$Tmax_{12}$）和等温性（Bio_3）对三江源国家公园藏原羚的分布贡献率最高，累计贡献率为89.7%。温度年较差（Bio_7）、降水量季节性变异系数（Bio_{15}）、年降水量（Bio_{12}）和最干月降水量（Bio_{14}）对三江源藏原羚分布的贡献率相对较小，累计贡献率为10.3%。

表 9-6　三江源国家公园藏原羚最大熵模型中环境变量相对贡献率

变量	贡献率/%	变量	贡献率/%
海拔 Alt	36.8	温度年较差 Bio_7	6.5
平均日较差 Bio_2	25.1	降水量季节性变异系数 Bio_{15}	2.5
12 月最高温度 $Tmax_{12}$	20.3	年降水量 Bio_{12}	1.2
等温性 Bio_3	7.5	最干月降水量 Bio_{14}	0.1

海拔、平均日较差和 12 月最高温度对藏原羚空间分布的贡献较高（均超过20%）。由响应曲线以及频数分布图可知，在收集样本点数据中（筛选后），藏原羚在海拔 3 464～5 254m 均有分布点出现，其最适宜的海拔区间为 4 100～4 700m [图 9-8（a）、图 9-9（a）]，约有 78.18%的样本点出现在此区间中。对于平均日较差，藏原羚在 13.3～15℃均有分布点出现，其最适宜的区间是 13.6～14.2℃，约有64.88%的样本点出现在此区间中[图 9-8（b）、图 9-9（b）]。12 月最高温度和等温性的最适区间分布为–7～–4℃和36～38，分别约有 84.25%和87.72%的藏原羚样本点出现在此区间中[图 9-8（c）、（d），图 9-9（c）、（d）]。

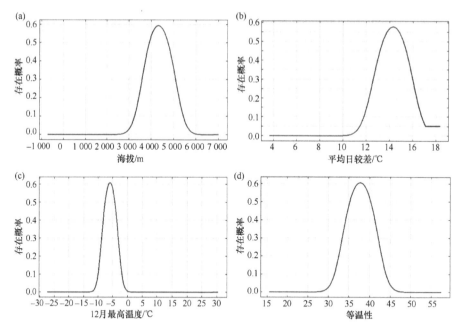

图 9-8　最大熵模型中藏原羚高贡献率环境变量响应曲线图
（a）海拔；（b）平均日较差；（c）12 月最高温度；（d）等温性

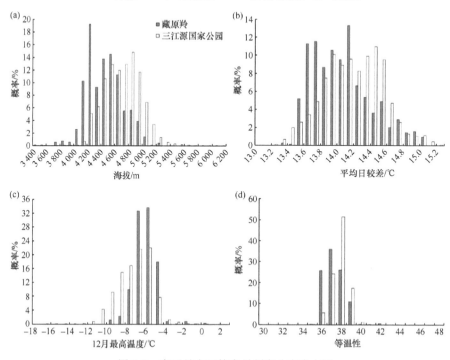

图 9-9　高贡献率环境变量频率分布直方图
（a）海拔；（b）平均日较差；（c）12 月最高温度；（d）等温性

七、三江源国家公园藏原羚的空间分布

根据 MaxEnt 模型对三江源国家公园藏原羚预测的分布图可知（图 9-10），藏原羚高度适宜的区域主要包括黄河源园区大部、澜沧江源园区中部和西南部、长江源园区东部，总面积为 59 712.26km²。藏原羚中度适宜的区域主要包括长江源园区中西部和澜沧江源园区东南部，其面积为 30 555.08km²。低度适宜的区域主要分布在长江源园区西部，其面积为 12 344.40km²。在三江源国家公园高度和中度适宜区域（优先保育区）的比例高于低度适宜和不适宜区域面积的总和。

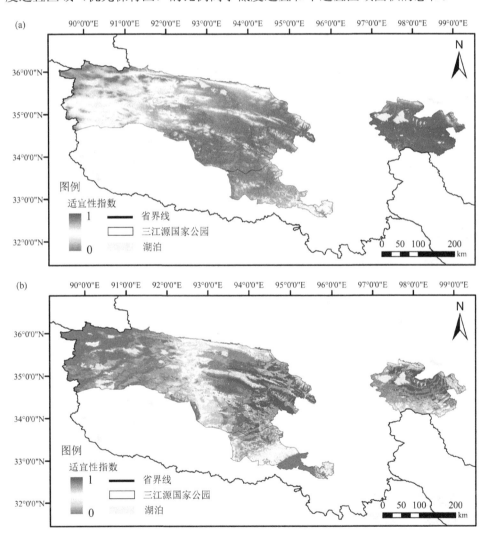

图 9-10 MaxEnt 模型（a）和 HSI 模型（b）评估三江源国家公园藏原羚的空间适宜性

在长江源园区藏原羚高度适宜和中度适宜的面积分别为 36 169.66km² 和 24 223.49km²，分别占长江源园区总面积的 40.05%和 26.83%。从西向东，长江源园区的适宜性逐渐增加。在黄河源园区，藏原羚高度适宜和中度适宜的面积分别为 16 932.54km² 和 678.46km²，分别占黄河源园区总面积的 88.65%和 3.55%。在澜沧江源园区内，藏原羚高度适宜和中度适宜区域的面积分别为 6 610.06km² 和 5 653.13km²，分别占澜沧江源园区总面积的 48.25%和 41.26%，从东南到西北，澜沧江源园区内藏原羚的适宜性逐渐增加。

八、藏原羚栖息地适宜性指数

根据 HSI 模型对藏原羚栖息地综合适宜性评价显示，三江源国家公园的高适宜区域、中适宜区域、低适宜区域、不适宜区域 4 类的面积分别是 53 417.27km²、32 890.98km²、15 652.09km² 和 16 756.21km²，分别占三江源国家公园总面积的 43.39%、26.72%、12.71%和 13.61%。三江源国家公园三个园区之间的栖息地质量组成也有所差别，黄河源园区高度适宜栖息地面积的比例（77.14%）高于长江源园区（37.69%）和澜沧江源园区（33.91%）。三个园区的栖息地组成如表 9-7 所示。

表 9-7　在 MaxEnt 模型和 HSI 模型下三江源国家公园每个园区中藏原羚的栖息地组成

模型	等级	长江源园区		澜沧江源园区		黄河源园区		三江源国家公园	
		面积/km²	比例/%	面积/km²	比例/%	面积/km²	比例/%	面积/km²	比例/%
MaxEnt	HSH	36 169.66	40.05	6 610.06	48.25	16 932.54	88.65	59 712.26	48.51
	MSH	24 223.49	26.83	5 653.13	41.26	678.46	3.55	30 555.08	24.82
	PSH	15 054.40	16.67	979.58	7.15	70.82	0.37	16 104.81	13.08
	USH	11 880.79	13.16	457.23	3.34	6.37	0.03	12 344.40	10.03
	湖泊	2 971.66	3.29	0	0	1 411.80	7.39	4 383.46	3.56
	总计	90 300.00		13 700.00		19 100.00		123 100.00	
HSI	HSH	34 037.31	37.69	4 645.69	33.91	14 734.26	77.14	53 417.27	43.39
	MSH	23 823.78	26.38	6 213.83	45.36	2 853.37	14.94	32 890.98	26.72
	PSH	15 637.92	17.32	2.12	0.02	12.04	0.06	15 652.09	12.71
	USH	13 829.32	15.31	2 838.36	20.72	88.53	0.46	16 756.21	13.61
	湖泊	2 971.66	3.29	0	0	1 411.80	7.39	4 383.46	3.56
	总计	90 300.00		13 700		19 100		123 100	

注：USH 指不适宜区域，PSH 指低适宜区域，MSH 指中适宜区域，HSH 高适宜区域。

在多因素适宜性评价的效果验证过程中，分析显示，基于 415 个观测点（约占总观测点数的 75%）数据的评价结果与基于 554 个观测点的分析结果非常相似。我们用剩下的 139 个观测点（约占总观测点数的 25%），从多因素综合评价图层中提取其对应的值。结果显示,分别有 110 个点(79.14%)和 22 个点(15.83%)出现在高适宜和中适宜栖息地内,另有 4 个点(2.88%)出现在低度适宜栖息地或不适宜区域内。如果仅按适宜/非适宜来判断,我们的模型重现性为 94.97%。

九、讨论

藏原羚最适宜海拔区间为 4 100~4 700m,约有 78.18%的记录分布位点出现在此区间中。该物种属于典型荒漠动物,主要栖息于海拔 3 000~5 750m 的高寒草甸、高寒草原等区域(Hu *et al.*,2015),具有较强的高原适应能力。无固定栖息地,在平缓的山坡、平地以及起伏的丘陵等均可见到其分布。此外,本节研究指出在 4 个贡献率较高的环境变量中,平均日较差、12 月最高温度和等温性均是与温度相关的变量。藏原羚适宜栖息地平均日较差较大,其最适区间为 13.6~14.2℃。青藏高原高海拔空气密度较低,气温日较差较大(Cao *et al.*,2017;Ma and Sun,2018)。由于白天大气对太阳辐射削弱作用较小,夜间大气对地面辐射的保温效果较差,因此该地区白天温度上升较快,而夜间气温下降也较快,从而导致该地区的平均气温变化幅度较大。藏原羚适宜栖息地 12 月最高温度最适区间分布为-7~-4℃,与该环境变量相关性较强的变量有 34 个,其中年平均温度为-7.2~1.9℃,其最适区间为-5.0~-2.0℃。已有研究指出,藏原羚生活区的平均温度相对较低,低温与高海拔密切相关(Han *et al.*,2016)。

采用相同的方法筛选藏原羚分布位点,并选择相关系数低于 0.8 的环境因子构建 HSI 模型和 MaxEnt 模型。研究指出在 3 个园区中,长江源园区和黄河源园区内藏原羚栖息地组成在两种模型模拟结果基本一致,而澜沧江源园区的藏原羚栖息地组成略有差异。在 MaxEnt 模型中,澜沧江源园区的高度适宜栖息地占比相对较高,而在 HSI 模型中该区域中度适宜栖息地占比相对较高。两种模型对高度适宜性和中度适宜性生境的定义存在差异是导致比例差异的主要原因。在构建 HSI 模型过程中,操作过程相对繁琐且定义标准过多。与 HSI 模型相比,MaxEnt 模型的数据操作过程和模型参数优化过程相对简单,且参数优化后获得了较好的模拟结果(Warren and Seifert,2011;Jueterbock *et al.*,2016)。基于目前野生动物本底调查结果,MaxEnt 模型提供的预测分布图更符合当前野生动物空间分布情况。在 HSI 模型的运行过程中,每个环境变量都以相同的贡献进行分析(Zajac *et al.*,2015;Unglaub *et al.*,2015)。实际上环境变量对藏原羚分布的贡献是不同的,而在这种情况下,MaxEnt 模型则考虑了环境变量贡献的差异。MaxEnt 模型和 HSI 模型结果显示,三江源国家公园藏原羚优先保育区面积为 86 308.25~90 267.34km^2,占三江源国家公园总面积的 70.11%~73.33%,其主要位于黄河源园区大部、长江源园区中部及东部、澜沧江源园区中部及北部。三江源国家公园三个园区之间的环境因素差异较大，因此藏原羚栖息组成也有很大的差异。黄河源园区藏原羚优先保护区占比最高，而长江源园区优先保育区占比较低。

三江源国家公园是我国第一个国家公园体制试点，是我国乃至世界上罕见的大型、珍稀、濒危野生动物的主要集中地区之一。然而，三江源国家公园的野生动物正受到牧场、超载、栖息地退化、冰川和湖泊萎缩等自然环境变化和偷猎行为的威胁（Bhatnagar et al.，2006；Pavez-Fox and Estay，2016；Miehe et al.，2019）。因此该地区应采取有效措施，特别是在藏原羚适宜分布区，通过实施保护工程，加强巡逻管理和栖息地保护，为藏原羚等野生动物营造和谐、安宁的自然环境。除了建立和完善巡逻反偷猎制度，防止野生动物非法交易活动外，还需要加强栖息地保护。需要对三江源国家公园地区藏原羚种群进行专项调查，确定各群体栖息地的具体位置，通过栖息地保护工程有针对性地开展保护工作。藏原羚适宜分布区域分散且面积较小，主要位于长江源园区的西部和澜沧江源园区的东南部。因此，建议将这些区域作为自然保护群落和生物廊道建设的实施区域。应在澜沧江源园区的中部和西南部、长江源园区的东部和黄河源园区的大部分地区建立野生藏原羚优先保育区，这将对保护该地区其他珍稀濒危野生动物以及中国首个国家公园的建设规划起到积极作用。

第四节　重点保护鸟类生境适宜性分析

栖息地是物种生存、繁衍及其种群发展的重要场所，其质量可以直接影响物种分布、数量和存活率（Block and Brennan，1993；Hall et al.，1997）。目前，栖息地丧失或破碎化是威胁物种生存的最重要因素之一（Brooks et al.，2002；Haddad et al.，2015；Sony et al.，2018）。栖息地适宜性及其生态影响因素研究对于保护濒危物种至关重要（Margules and Pressey，2000；Austin，2002）。从生态学角度来看，多类型环境因子在一定程度上可以限制物种的分布并影响其栖息地适宜性（Sexton et al.，2009；Wiens，2011）。生态位模型在预测物种栖息地的适宜性、物种潜在分布区以及环境因子重要性等方面发挥重要作用（Peterson et al.，2002；Mota-Vargas et al.，2013）。

大鵟（Buteo hemilasius）、猎隼（Falco cherrug）和高山兀鹫（Gyps himalayensis）是三江源区域典型的三种大型猛禽，它们通常需要更广阔的生存空间，如高原、山脉和草原（Tinajero et al.，2017）。大鵟隶属于鹰形目（Accipitriformes）、鹰科（Accipitridae）、鵟属（Buteo），是我国四种鵟属鸟类中体型最大的一种，被列为国家二级重点保护动物，被列入CITES公约附录Ⅱ，被世界自然保护联盟（IUCN）列为无危（LC）物种（Zheng et al.，2002）。大鵟是世界上分布较广的物种，主要分布于我国青藏高原和内蒙古高原等区域，是高寒草甸和高寒草原地区的留鸟和重要猛禽，也是重要的农林益鸟之一。大鵟主要以啮齿类动物为食，包括高原鼠兔、甘肃鼠兔、田鼠科动物等，也会捕食雀形目鸟类（崔庆虎等，2003），对维持自然的生态平衡具有重要作用。

猎隼隶属于隼形目（Falconiformes）、隼科（Falconidae）、隼属（*Falco*），是隼科鸟类中体型较大的一种，被列为国家一级重点保护野生动物，被中国脊椎动物红色名录列为濒危（EN）物种，也被列入 CITES 公约附录Ⅰ，是隼属中唯一一种被 IUCN 收录为濒危种的物种（BirdLife Internation，http：//www.birdlife.org）。该物种在从东欧到中国西部的整个古北地区广泛分布，其中大部分分布在中国、哈萨克斯坦、蒙古和俄罗斯境内。已有研究表明，1993～2012 年这 19 年间的猎隼总体种群数量下降了 47%（BirdLife Internation，http：//www.birdlife.org），主要由非法猎捕和栖息地退化引起（Chavko，2010；Levin，2011；Stretesky *et al.*，2018）。商业发展需求的增加是猎隼被诱捕和交易的主要原因，而这一交易主要发生在中东与亚洲之间（Levin，2011；Shobrak，2015；Dixon，2016）。猎隼主要以啮齿类动物为食，包括高原鼠兔、白尾松田鼠、小毛足鼠等（阿瓦古丽·玉苏甫，2016）。

高山兀鹫隶属于鹰形目（Accipitriformes）、鹰科（Accipitridae）、兀鹫属（*Gyps*），是亚洲区域现存体重最重的食腐性脊椎动物（Sherub *et al.*，2017），该物种主要分布于我国西部和中部地区，包括青藏高原、天山、昆仑山、帕米尔高原等区域，云南也有一些越冬种群。高山兀鹫多选择在海拔 2 400～4 800m 的悬崖峭壁处筑巢，且多数偏好在向阳的南坡营巢（马鸣等，2014）。在高山兀鹫繁殖期交配及筑巢行为研究中发现，其交配行为从 1 月中旬持续到了 3 月初，交配时间多集中在 13：00～16：00（徐国华等，2016）。研究表明，食物缺乏、栖息地破碎化、药物残留等是威胁高山兀鹫健康生存的主要因素（候建平等，2021）。例如，双氯芬酸的使用对牲畜尤其是南亚地区的牲畜产生了重要的影响（Das *et al.*，2011），也可能导致高山兀鹫种群数量下降 25%～29%（Paudel *et al.*，2016）。当前，该物种已被 IUCN 红色名录列为近危（NT）物种。

猛禽通常被认为是生态系统中的顶级捕食者和食腐物种，是鸟类重要的类群之一，在维持自然界的生态平衡中发挥着重要的作用（Donázar *et al.*，2016；McClure *et al.*，2018）。猛禽食性分析与研究有助于我们对环境容纳量、能量代谢、生态系统的稳定性及物种的多样性的掌握，并为濒危物种的管理与保护提供理论支持（陈化鹏和高中信，1992）。大鵟和猎隼在控制高原啮齿动物物种的数量和减少啮齿动物携带的病原体的传播方面起着重要作用（Sekercioglu，2006；Tinajero *et al.*，2017）。高山兀鹫可以为营养的重分配和生态系统的再循环提供服务（Devault *et al.*，2003）。在中国藏族传统的空中葬礼文化中，它也起着不可替代的作用（Lu *et al.*，2009）。一些研究表明，猛禽可以被视为"生物多样性指标"，表明猛禽与同一领域中其他动植物物种的丰富程度之间可以建立积极的直接关系

（Sergio *et al.*，2006；Martín and Ferrer，2013；Burgas *et al.*，2014）。由于这三种猛禽面临某些威胁或种群呈现可预测性的减少，因此有必要评估这三种猛禽的适宜栖息地分布状况，并就其保护和管理提出建议（Mateo-Tomas and Olea，2010）。此外，猛禽作为"伞"物种在受到高度重视和保护的同时也可以使其他物种受益（Oliveira *et al.*，2018）。猛禽多活动在人迹罕至的地方，一般很难被发现，且栖息地保护是珍稀猛禽保护的重要环节。因此，模型预测可以为我们了解这类物种的适宜生境分布提供便利和可能性（Bildstein and Bird，2007）。

三江源国家公园位于青藏高原腹地，是全球气候变化生态敏感和脆弱区，具有高寒、高海拔、高辐射等环境特征（Guo *et al.*，2016）。动物的栖息地适宜性通常与食物资源和躲避天敌密切相关。青藏高原上海拔梯度可以决定这三种猛禽的食物资源的丰富程度。此外，气候因子在决定物种分布方面也发挥重要作用（Newton，2003b；Virkkala *et al.*，2005；Thapa *et al.*，2018），尤其是温度和降水量，是驱动物种分布的重要因素（Grinnell，1917；Guisan and Zimmermann，2000），不仅可以直接影响生物体的行为和生理，还可以通过影响植被间接地影响动物食物资源（Delgado *et al.*，2009）。大量研究表明，全球气候变化对物种多样性产生巨大影响（Subba *et al.*，2018）。食物供应是决定野生动植物生存和繁殖的最直接因素（White，2008）。考虑到海拔和气候与高原地区野生动物的食物资源密切相关，我们认为海拔和气候是影响合适生境分布的主要预测因子。人类干扰也被认为是影响野生动植物的重要因素。目前，人类活动加快了全球生物多样性丧失的速度，导致了灭绝危机（Dirzo and Raven，2003）。因此，在这项研究中，我们使用海拔、气候和人类影响指数来预测三江源国家公园三种典型猛禽适宜栖息地的空间分布。我们的目标是：①探索环境因素如何影响物种的栖息地适应性并预测环境因素的重要性；②评估三种物种的栖息地的适宜性及其重叠区域；③为三江源国家公园猛禽保护和栖息地管理提供合理化建议。

一、物种分布位点数据收集与处理

大鵟、猎隼和高山兀鹫分布位点数据主要来源于学科组多年在三江源国家公园野生动物本底调查中获取的分布信息以及全球生物多样性信息机构（GBIF）数据库（https：//www.gbif.org/）。我们收集的大鵟、猎隼和高山兀鹫的有效的 GPS 位点分别有 642 个、162 个和 366 个。其中，实地调查中获得的大鵟、猎隼和高山兀鹫的位点分别有 426 个、157 个和 158 个，其他分布位点均从 GBIF 数据库补充获得。研究表明，物种分布位点之间的距离太近，会影响模型预测的准确性；因此，为减少相近的物种位点对生态位模型预测结果的负面影响，本节研究设置 1km 的分辨距离，使每个 $1km^2$ 栅格中最多有一个分布位点（Milchev，2009）。此外，本节研究使用三种物种的筑巢地和觅食场所的海拔来代表这三种物种的海拔梯度。最终分别筛选获得 592 个、153 个和 356 个大鵟、猎隼和高山兀鹫分布位点用于生态位模型构建（图 9-11）。

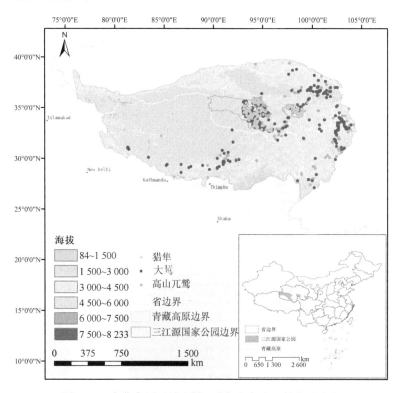

图 9-11　青藏高原区域大鵟、猎隼和高山兀鹫的分布点

二、环境变量收集与筛选

环境变量的选择主要考虑其对物种分布的限制作用以及变量之间的空间相关性（Peterson et al.，2011）。在这项研究中，从 WorldClim1.4（1950—2000）数据库（http：//www. worldclim.org/）获得了 67 个气候变量，其中包括 19 个生物气候变量（Bio1~Bio19）和 48 个描述每月总降水量和每月平均、最低和最高温度的气候变量。由于气候变量对物种分布有直接影响，因此经常被用于生境模拟中（Guisan and Zimmermann，2000）。海拔从地理空间数据云（DEM；http：//www. gscloud.cn/）中获得。人类影响指数（HII）从美国宇航局社会经济数据与应用中心（https://sedac. ciesin.columbia.edu/）获得，该指数代表了 1995~2004 年的人类影响因素，该影响通过整合与人口压力相关的数据得出，包括人类土地利用数据（建筑面积、夜间照明、土地覆盖）和人类可利用性设施数据（海岸线、道路、铁

路和可通航的河流）。上述所有环境变量对研究区域的地形、气候和人为干扰具有很高的通用性，其空间分辨率均为 1km。

使用 ArcGIS 10.5 中的空间分析工具分别提取三个物种的分布点在 69 个环境变量中的属性值。获取的环境变量图层也需要转换为 MaxEnt 软件所需的 ASCII 格式。由于冗余的环境变量会增加模型的复杂性和随机误差，并降低预测结果的准确性，因此使用 SPSS22 软件对环境变量进行主成分分析（PCA）和相关性分析。最终，分别为大鵟、猎隼和高山兀鹫筛选出了 11 个、11 个和 10 个环境变量，选择的环境变量均包括气候、海拔和人类影响因素，这些筛选后获得的环境变量将用于后续模型构建。

三、MaxEnt 模型参数优化及构建

相比较默认的参数，使用优化或调整后的模型参数可以提高结果的可靠性（Anderson and Gonzalez，2011；Warren and Seifert，2011）。特征组合（FC）参数和正则化乘数（RM）是两个重要参数。特征组合可以转换环境变量，因此 MaxEnt 可以使用复杂的数学关系来推断物种对环境因素的响应。可以随机组合五个特征参数（线性[L]、二次[Q]、铰链[H]、乘积[P]和阈值[T]）。正则化乘数是在特征参数的基础上添加到模型的新约束，它通过更改 RM 值来调整模型以模拟响应曲线。我们将此参数默认值从 1 依次增加 0.5。

此外，将三种猛禽的分布点和选定的环境因素输入至 MaxEnt 模型，并随机选择 75% 的物种分布点来构建模型，其余 25% 的物种分布点来测试模型。使用 Jackknife 检验来分析变量的贡献率和重要性，若 AUC 值为 0.9～1，则表明模型准确性极好；若 AUC 值为 0.8～0.9，则表明模型准确性较好；若 AUC 值为 0.7～0.8，则表明模型准确性一般；若 AUC 值为 0.6～0.7，则表明模型准确性较差，若 AUC 值为 0.5～0.6，则表明模型准确性失败（Swets，1988）。使用 MaxEnt 的逻辑输出计算物种的栖息地适宜性，获得的适宜性指数从最低的"0"到最高的"1"。根据专家经验法将生境适宜性图层分为四个等级：0～0.2 为不适宜；0.2～0.4 为低适宜；0.4～0.6 为中适宜；0.6～1 为高适宜（Convertino et al.，2014；Ansari and Ghoddousi，2018）。

四、研究结果

（一）模型性能

当三个猛禽的 AIC 和 BIC 值最小且响应曲线达到最佳效果时，大鵟、猎隼和高山兀鹫的特征值均选择 L、Q、P 和 RM = 2。由 MaxEnt 模型生成的 ROC 曲线

图可知，经过 10 次重复后获得的这三个物种的平均 AUC 值分别为 0.893、0.975 和 0.923，这三个值均接近 0.9 或高于 0.9（图 9-12），表明预测结果接近或高于优异水平。因此，该模型运算结果具有很高的参考价值，可用于后续研究。

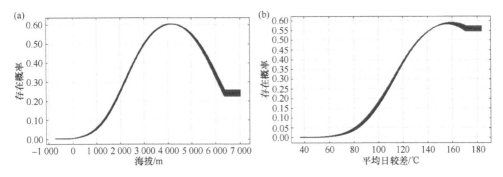

图 9-12　大鵟的环境变量的响应曲线

（二）环境变量重要性

Jackknife 试验的结果表明，对大鵟栖息地适宜性影响最大的因素是海拔（贡献率 40.3%）和平均日较差（31.4%），累计贡献率达到 71.7%；与降水相关的因素总贡献率仅占 10.5%，人类影响指数占 2.8%。影响猎隼适宜性的主要因素是海拔（25.7%）、平均日较差（21.7%）、12 月最低温度（17.0%）和 1 月最高温度（12.6%），累计贡献率为 77.0%；与降水相关因素的贡献率仅为 5.0%，人类影响指数仅占 0.6%。影响高山兀鹫栖息地适宜性的主要因素是海拔（44.7%）和平均日较差（25.1%），累计贡献率为 69.8%；与降水相关因素的总贡献率为 13.2%，人类影响指数为 5.5%。因此，海拔和温度相关因素是影响三江源国家公园三种猛禽栖息地适宜性的两个最重要因素，其贡献率高于人为影响和与降水相关的环境变量（表 9-8）。

表 9-8　三种猛禽的环境变量的贡献率

环境变量		贡献率/%		
		大鵟	猎隼	高山兀鹫
Alt	海拔	40.3	25.7	44.7
Bio_2	平均日较差	31.4	21.7	25.1
Bio_3	等温性	2.5	5.5	3.8
Bio_6	最冷月最低温	—	—	3.0
Bio_7	温度年较差	7.5	4.1	4.8
Bio_{12}	年降水	—	—	5.5
Bio_{13}	最冷月降水	4.1	0.3	—
Bio_{14}	最干月降水	—	—	0.1

续表

环境变量		贡献率/%		
		大鵟	猎隼	高山兀鹫
Bio_{15}	降水季节性变动	3.1	3.1	5.1
$Prec_1$	1 月降水量	1.0	—	2.5
$Prec_2$	2 月降水量	—	—	—
$Prec_4$	4 月降水量	0.8	—	—
$Prec_5$	5 月降水量	—	1.6	—
$Prec_7$	7 月降水量	1.5	—	—
$Tmax_1$	1 月最高温度	5.0	12.6	—
$Tmean_{10}$	10 月均温	—	7.7	—
$Tmin_{12}$	12 月最低温度	—	17.0	—
HII	人类干扰指数	2.8	0.6	5.5

注："—"表示无数据。

（三）单一环境变量分析

选择贡献率超过 10%的环境因素分析三种猛禽的单因素环境变量。

模型的预测结果表明，大鵟栖息地适宜性受海拔和日较差（Bio_2）的影响很大（图 9-12）。海拔范围是 0～5 238m，最适宜区间为海拔 3 500～5 000m。大鵟的平均日较差为 6.5～16.1℃，最适宜区间为 15～16℃。

对于猎隼而言，海拔、平均日较差（Bio_2）、1 月最高温度（$Tmax_1$）和 12 月最低温度（$Tmin_{12}$）是四个主要环境因素（图 9-13）。海拔范围为 2 189～5 040m，最适宜海拔区间为 4 200～4 800m。平均日较差范围为 11.2～14.6℃，物种分布的最佳范围为 13～14.5℃。1 月最高温度范围是–15.9～–2.2℃，最适宜区间为–10～–5.5℃。12 月最低温度范围是–25.6～–16.5℃，最适宜区间为–24～–21℃。

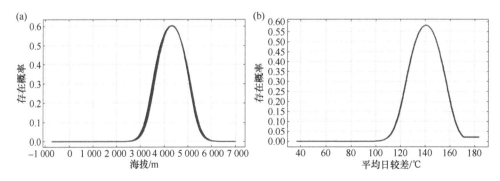

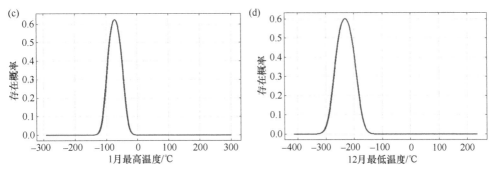

图 9-13　猎隼的环境变量的响应曲线

海拔和平均日较差（Bio_2）是影响高山兀鹫栖息地适宜性的两个最重要因素（图 9-14）。高山兀鹫栖息地海拔范围为 3 500～5 000m，其最适宜海拔区间为 3 000～4 500m。平均日较差范围为 8.6～16.1℃，最适宜区间为 15～16℃。

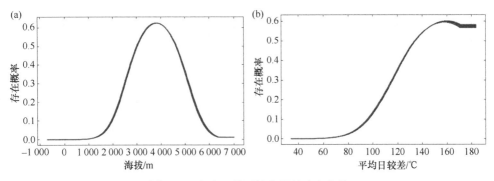

图 9-14　高山兀鹫环境变量的响应曲线

（四）生境适宜性分布图

根据适宜性分布图和三种猛禽的适宜比例，研究指出，大鵟、猎隼和高山兀鹫的高适宜栖息地面积分别为 73 017.63km²、40 732.78km² 和 61 654.33km²，分别占三江源国家公园总面积的 59.32%、33.09% 和 50.08%（表 9-9）。大鵟在澜沧江源园区和黄河源园区高适宜生境占比较高，分别为 99.77% 和 99.40%；长江源园区的高适宜面积占比为 44.81%，主要集中在该地区的东南部。高山兀鹫在澜沧江源和黄河源园区的适宜生境比例较高，分别达到 72.31% 和 99.46%；高适宜生境也主要分布在长江源园区的东南部，其面积占比达到 36.37%。猎隼的高适宜栖息地占据了整个黄河源园区。然而，在长江源和澜沧江源园区中，该物种高适宜生境的比例很低，分别仅占 20.85% 和 20.93%（图 9-15）。这三种猛禽重叠的适宜生境集中在黄河源园区、澜沧江源园区和长江源园区东南部。总重叠面积达到 74 438.57km²，占公园总面积的 60.47%。

表9-9 三种猛禽的生境适宜性面积和比例

物种	等级	总面积		长江源园区		澜沧江源园区		黄河源园区	
		面积/km²	比例/%	面积/km²	比例/%	面积/km²	比例/%	面积/km²	比例/%
大鵟	高适宜	73 017.63	59.32	40 462.07	44.81	13 668.87	99.77	18 986.33	99.40
	中适宜	45 239.54	36.75	45 004.84	49.84	31.13	0.23	113.67	0.60
	低适宜	4 750.07	3.86	4 740.53	5.25	—	—	—	—
	非适宜	92.75	0.08	92.57	0.10	—	—	—	—
猎隼	高适宜	40 732.78	33.09	18 823.88	20.85	2 867.38	20.93	19 100.00	100
	中适宜	33 849.39	27.50	25 206.63	27.91	8 651.66	63.15	—	—
	低适宜	27 542.72	22.37	25 761.98	28.53	1 746.47	12.75	—	—
	非适宜	20 975.11	17.04	20 507.51	22.71	434.49	3.17	—	—
高山兀鹫	高适宜	61 654.33	50.08	32 845.29	36.37	9 905.88	72.31	18 996.21	99.46
	中适宜	53 693.56	43.62	49 769.92	55.12	3 742.48	27.32	103.79	0.54
	低适宜	7 568.04	6.15	7 501.10	8.31	51.64	0.38	—	—
	非适宜	184.07	0.15	183.69	0.20	—	—	—	—

注："—"表示无数据。

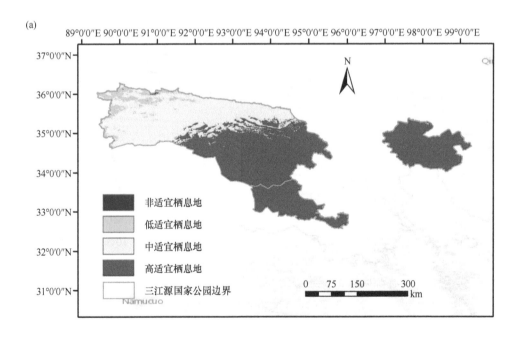

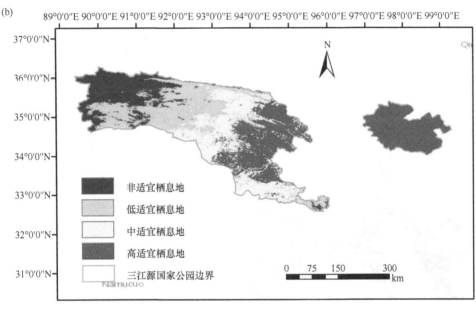

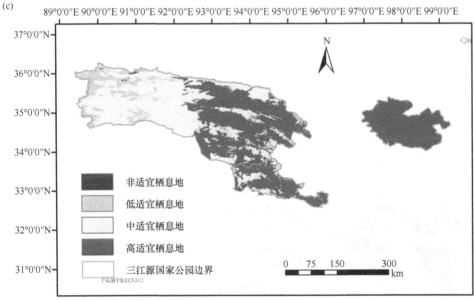

图 9-15　三种猛禽的栖息地适宜性图

（a）大𫛭；（b）猎隼；（c）高山兀鹫

五、讨论

使用生态位模型评估了三江源国家公园中三种典型猛禽的适宜生境分布，结果如下所述。①大𫛭和高山兀鹫的适宜生境（即高适宜和中适宜总面积）极高，占总面积的90%以上。相比之下，猎隼适宜栖息地占比相对较低，但也超过60%，这表明这三个物种对三江源国家公园的地形和气候具有很高的适应性。尽管存在人为影响变量，但似乎该预测变量对这三种猛禽的适宜生境分布没有显著影响。②这三种物种的适宜生境有很大的重叠，重叠面积达到总面积的60.47%。分析原因可知，这三种猛禽的生境条件非常相似，并且长期生活在相似环境中的物种对环境的适应性也相似。③海拔和与温度有关的预测因子是影响三江源国家公园三种猛禽栖息地适宜性的主要因素。特别是海拔是最重要的环境预测指标。海拔可能不会直接影响这三个物种的分布，但可以在很大程度上决定食物资源。食物供应对动物的生存、生殖成功和种群规模具有最直接的影响（Newton，2003a）。在阿拉斯加的海洋中，三趾鸥的繁殖成功取决于其食物的可获得性、数量和质量（Jodice et al.，2006）。猛禽受到其食物的限制，这已被大量的证据所证明（Southern，1970；Newton，2003a）。在主要猎物物种同时下降的时期，猛禽的生殖成功率下降（Rutz and Bijlsma，2006）。三江源国家公园位于青藏高原腹地，可以为三种猛禽提供丰富的高原食物资源。高原鼠兔、根田鼠和部分小型雀科动物是大鵟和猎隼的主要食物来源（Watson and Clarke，2000；Li et al.，2004）。高原上大量放牧的牲畜尸体和传统的天葬，可以为高山兀鹫提供丰富的食物（Ma and Xu，2015）。即使在冬天食物短缺的情况下，具有高繁殖率和非休眠特性的高原鼠兔以及大量牲畜尸体仍可以为这三种猛禽提供食物。此外，猛禽对高海拔地区的偏好可能与较低的人为干扰有关（Dixon et al.，2017）。

与温度相关的环境变量是海拔以外的另一个重要预测指标。温度可以直接影响动物的繁殖和生长，也可以通过影响食物链来间接影响动物的生存。平均日较差是影响这三个物种的主要与温度相关的环境因子。该环境变量数值可以很好地反映区域的气候特征。若平均日较差比较大，则表明昼夜温差较大，白天会有相对较高的温度和相对较强的光线；较高的总体温度可用于维持体温以促进生长和繁殖（Root，1988；Wright et al.，1993）。此外，较强的阳光有利于植物的光合作用，这会影响植物的生产，从而影响猛禽的食物供应（Hawkins et al.，2003）。猎隼还受到12月最高温度和1月最低温度的影响，这表明该物种对极端温度敏感。研究表明，极端降水通常威胁鸟类的生存（Fisher et al.，2015；Robinson et al.，2017），但是三种猛禽都位于降水少且几乎没有极端降水的地区，所以对这三个物种的影响不大。这两个环境变量的重要性也证实了研究的假设。研究结果还表明，人为影响因素并不是影响这三种物种适宜栖息地分布的重要因素，这可能与人口密度低和公园地区的游客人数少密切相关。

此外，猛禽之间的相互作用（如食物竞争）可能会影响合适栖息地的分布。大鵟和猎隼已经被证实通常以活体动物为食，它们在食物选择上也有相似之处（Smith and Foggin，1999；Cui *et al.*，2008）。当同一物种消耗或占有其生存或繁殖所必需的有限公共资源时，就会发生种间竞争（Ricklefs and Schluter，1993；Friedemann *et al.*，2016）。因此，大鵟和猎隼可能会避免可能的食物竞争并将它们的空间分布分开，从而减少适宜栖息地的重叠。相反，大鵟和高山兀鹫之间没有食物资源的相互作用，因为它们的食物资源不同（Lu *et al.*，2009），因此它们适宜的栖息地的重叠范围可能会更大。然而，这三种物种的适宜栖息地的重叠是否与其饮食有关还需要进一步验证。

根据生态位模型评估的 3 种猛禽的适宜生境分布图可以看出，猎隼的适宜面积占比低于其他两种猛禽，不适宜面积占比为 39.4%；然而，三江源地区大鵟和高山兀鹫的栖息地适宜性很高，这表明在三江源国家公园范围内大鵟和高山兀鹫比猎隼具有更强的适应性。还可以清楚地发现，这三个物种的低适宜和不适宜的栖息地主要集中在长江源园区的西北部和中部。这可能是因为长江源园区的年平均温度和月平均温度低于其他两个园区，因此可以认为这三个物种通常不喜欢低温环境，与其他两个物种相比，猎隼对低温最敏感。尽管大鵟和高山兀鹫对三江源国家公园的气候和地形因素具有广泛的适应性，且与人口密度、土地转化及可利用性和电力基础设施有关的人为干扰因素对这三种物种的影响都不大（Sanderson *et al.*，2002），但这并不完全代表这两个物种在该地区没有受到威胁。根据一些研究，为了保护三江源地区的生态系统和生物多样性，当地居民长期开展了大量灭鼠活动，其目标主要是高密度的高原鼠兔（Wu and Wang，2017）。然而，这种方法将影响高原生态系统的食物链，并危及当地的生物多样性。部分携带毒素的啮齿动物将被大鵟和猎隼捕获，进而影响这两种猛禽的生存和繁殖。相反，在高原上饲养的牲畜一般没有接触有毒物质，因此对高山兀鹫可能不会构成潜在威胁（Lu *et al.*，2009）。此外，应该指出的是，人类干扰指数仅在一段时期内对人类的生态系统产生影响，而这段时期之后的情况可能无法准确预测。因此，为了使这三个物种在该地区更好地生存，应认真考虑并尽可能避免这些直接或间接威胁。

本研究使用最大熵模型和多类型环境变量评估了大鵟、猎隼和高山兀鹫的适宜生境分布。尽管这三种物种的适宜生境比例占公园总面积的 60% 以上，但仍有一些不利因素威胁着生境的适宜性。因此，建议通过消除不利因素来保护公园中的三种猛禽，并优先保护它们的适宜区域。同时，对这三种猛禽的关注和保护，也将有利于该地区其他物种更好地生存和发展。

此外，尽管在本研究中三种猛禽的适宜栖息地评估中使用的环境变量仅限于气候、地形和人类影响，但在所选模式的高精度基础上，它们在限定物种分布和评估生境适宜性方面发挥了重要作用。研究评估结果对于该地区三种物种的保护措施和管理机制仍具有参考意义。根据预测结果和分析，提出以下两点建议。

1）更加注重保护这三种物种的适宜分布区域，尤其是这三种物种适宜分布区域的重叠区，这应该是最重要的保护区域。

2）避免在保护物种的适宜分布区域投放和使用有毒物质，不要在公园中建设大规模的电力基础设施。

第十章 三江源国家公园人兽冲突

人类活动已影响到地球各个圈层，人口数量的持续增长迫使野生动植物的生存空间需求不断加大。人类对自然资源的过度开发导致野生动物栖息地质量下降、种间基因交流受阻、遗传多样性降低。野生动物在生存压力胁迫下其行为发生变化，如觅食行为和节律行为，潜在增加人兽冲突。人兽冲突导致人与野生动物之间的关系恶化，报复性猎杀威胁野生动物生存。在保护地管理中，兼顾社区发展和生物多样性保护颇具挑战，正确处理人与野生动物之间的关系、建立人与野生动物之间的共存机制已成为全球生物多样性保护的首要任务。

我国地理环境和气候特征独特，使其成为了世界上生物多样性最为丰富的国家之一，然而由于近几十年来人口膨胀，人类活动对自然环境的影响加剧，导致我国本土物种资源急剧萎缩（Liu et al.，2003）。为了扭转这一局面，我国于2019年开始倡导建立以国家公园为主体的自然保护地体系，以推进生物多样性保护进程。自1956年我国建立第一个自然保护区以来，截至2019年底已建立了国家公园、自然保护区、湿地公园、森林公园、水上公园、地质公园、沙漠公园、风景名胜区等近1.2万个保护地，约占国土面积的18%（中华人民共和国生态环境部；http://www.mee.gov.cn/）。随着保护地范围的扩大和野生动物种群数量的恢复，人与野生动物之间难免会产生一些消极互动（Treves et al.，2004；Miller，2015）。近年来人兽冲突事件不断增多，在保护地内及其周边表现得更为突出（韩徐芳等，2018；Matseketsa et al.，2019；Xu et al.，2019；闫京艳等，2019）。

第一节 人兽冲突研究现状

人兽冲突指的是人与野生动物之间的直接或间接的相互作用给人或野生动物带来的负面影响（Li et al.，2013a；Redpath et al.，2013）。人兽冲突涉及的主要动物有哺乳动物、爬行动物以及鸟类，其中哺乳动物对人类生命和财产安全造成的损失最大，尤其是哺乳动物中的猫科、犬科、熊科以及猪科动物（Herrero et al.，2006；Torres et al.，2018；Xu et al.，2019）。导致人兽冲突增加的主要因素包括人口数量增加（Siex and Struhsaker，1999）、人类活动范围扩大（Torres et al.，2018）、家畜数量增加（Mishra et al.，2003）、土地利用类型转变（Vijayan and Pati，2002）、野生动物栖息地丧失（Nyhus and Tilson，2004）、野生动物种群数量恢复（Butler，

2000）以及气候变化（Patterson *et al.*，2004）等。人兽冲突的主要类型包括野生动物损害庄稼（Xu *et al.*，2019）、捕食家畜（Peterson *et al.*，2010；Meinecke *et al.*，2018）、入室破坏（吴岚，2014）、传播疾病（DeCandia *et al.*，2018）以及人身伤害（White and Ward，2010；Pozsgai，2017），其中最为典型的冲突类型是损害庄稼、捕食家畜以及伤人（表 10-1）。当前全球范围内人兽冲突最严重的地区为非洲和亚洲，其次为北美洲、欧洲以及南美洲，大洋洲发生的人兽冲突事件相对较少（Torres *et al.*，2018）。野生动物损害庄稼在乌干达、美国和日本等国家较为突出，野生动物捕食家畜在印度、坦桑尼亚以及肯尼亚等国家较为普遍，而野生动物伤人在印度、尼泊尔以及坦桑尼亚等国家最为严重（Torres *et al.*，2018）。

表 10-1　人兽冲突主要类型

代表物种	主要冲突类型			代表国家	参考文献
	庄稼	家畜	人		
犬科 Canidae					
豺 *Cuon alpinus*		×		印度	Lyngdoh *et al.*，2014a
非洲野犬 *Lycaon pictus*		×	×	肯尼亚	Woodroffe *et al.*，2005
狼 *Canis lupus*		×	×	意大利	Dalmasso *et al.*，2012
象科 Elephantidae					
亚洲象 *Elephas maximus*	×		×	中国	Zhang and Wang，2003
非洲象 *Loxodonta africana*	×	×	×	肯尼亚	Evans and Adams，2018
猫科 Felidae					
猎豹 *Acinonyx jubatus*		×	×	博茨瓦纳	Boast *et al.*，2015
非洲狮 *Panthera leo*		×	×	肯尼亚	Hazzah *et al.*，2009
美洲豹 *Panthera onca*		×	×	巴西	Zimmermann *et al.*，2005
虎 *Panthera tigris*		×	×	尼泊尔	Bhattarai and Fischer，2014
雪豹 *Panthera uncia*		×		中国	Li *et al.*，2013b
人科 Hominidae					
黑猩猩 *Pan troglodytes*	×			塞拉利昂	Garriga *et al.*，2017
苏门答腊猩猩 *Pongo abelii*	×			印度尼西亚	Marchal and Hill，2009
猴科 Cercopithecidae					
斯里兰卡猕猴 *Macaca sinica*	×			斯里兰卡	Dittus *et al.*，2019
红尾猴 *Cercopithecus ascanius*	×			乌干达	Baranga *et al.*，2012
鬣狗科 Hyaenidae					
斑鬣狗 *Crocuta crocuta*		×		埃塞俄比亚	Yirga and Bauer，2010
棕鬣狗 *Parahyaena brunnea*		×		南非	Page *et al.*，2015
条纹鬣狗 *Hyaena hyaena*		×	×	尼泊尔	Bhandari and Bhusal，2017
河马科 Hippopotamidae					
河马 *Hippopotamus amphibius*	×		×	坦桑尼亚	Kendall，2011

续表

代表物种	主要冲突类型			代表国家	参考文献
	庄稼	家畜	人		
鹿科 Cervidae					
梅花鹿 *Cervus nippon*	×		×	日本	Honda and Takeshi，2009
白尾鹿 *Odocoileus virginianus*	×			美国	Gorham and Porter，2011
马鹿 *Cervus elaphus*	×			英国	Macmillan and Phillip，2010
猪科 Suidae					
欧亚野猪 *Sus scrofa*	×			西班牙	Herrero *et al.*，2006

注："×"表示存在冲突。

三江源国家公园内以牧民与西藏棕熊（*Ursus arctos pruinosus*）之间的冲突最为典型。然而，在世界范围内人类与熊科动物之间的冲突并没有像与猫科和犬科动物之间的冲突那么受到关注（Macdonald and Sillero-Zubiri，2004；Li *et al.*，2013b）。近年来，由于人熊冲突频次及造成的经济损失均呈上升趋势（Can *et al.*，2014；Xu *et al.*，2019），严重威胁到人类生活生产、生物多样性以及生态系统的完整性，进而逐渐受到各个国家的关注和重视。人熊冲突类型包括伤人、捕食家畜、入室破坏、损害庄稼、袭击蜂箱以及翻食垃圾，不同地区人熊冲突类型各有差异（表 10-2）。

表 10-2　人熊冲突典型类型

冲突类型	代表物种	代表区域	已有研究
伤人	懒熊、西藏棕熊、马来熊	印度、中国、印度尼西亚、斯里兰卡	Fredriksson，2005；Worthy and Foggin，2008；Ratnayeke *et al.*，2014；Dhamorikar *et al.*，2017；吴岚，2014
捕食家畜	眼镜熊、欧洲棕熊、西藏棕熊	玻利维亚、挪威、瑞典、斯洛文尼亚、中国	Peyton，1994；Jerina *et al.*，2010；Zukowski and Ormsby，2016；Widman and Elofsson，2018
入室破坏	西藏棕熊、北美棕熊、美洲黑熊	中国、加拿大、美国	Gunther *et al.*，2004；Worthy and Foggin，2008；Wilton *et al.*，2014；吴岚，2014；韩徐芳等，2018
损害庄稼	马来熊、亚洲黑熊、懒熊	马来西亚、中国、印度、巴基斯坦	Chauhan，2003；Liu *et al.*，2011；Ali *et al.*，2018；Xu *et al.*，2019
袭击蜂箱	欧洲棕熊、美洲黑熊、亚洲黑熊	土耳其、加拿大、中国	Can and Togan，2004；Liu *et al.*，2011
翻食垃圾	北美棕熊、美洲黑熊、欧洲棕熊	美国、加拿大、罗马尼亚	Gunther *et al.*，2004；Peirce and Van Daele，2006；Wilton *et al.*，2014

近年来由于生物多样性保护成效显著，欧洲大部分地区棕熊数量逐渐恢复，棕熊破坏庄稼和捕食家畜事件增多，导致人熊关系变得紧张（Karamanlidis *et al.*，2011；Rigg *et al.*，2011；Can and Togan，2014）；由于东欧地区的欧洲棕熊（*U. a.*

arctos）频繁袭击蜂箱和捕食家畜，导致公众对棕熊的容忍度下降，报复性猎杀威胁棕熊生存（Can and Togan，2004；Karamanlidis *et al.*，2011；Rigg *et al.*，2011）。

在北美洲，棕熊（*U. a. horribilis*）向国家公园附近的私人领地扩张，对家畜和人身安全构成威胁，人熊冲突事件逐年增加；美国黑熊（*U. americanus*）与人类之间的冲突与黑熊种群数量增加有关（Garshelis and Hristienko，2006；Spencer *et al.*，2007），同时人类食物（厨余垃圾、蜂蜜、水果、农作物、家畜）易获得性也是引发人熊冲突的重要原因之一（Jerina *et al.*，2010），野生动物管理机构试图通过改变人的行为（Gore *et al.* 2006；Baruch-Mordo *et al.*，2011）和熊的行为（Spencer *et al.*，2007）来改变这一现状，并试图通过提高熊的合法捕杀率来缓解人熊冲突（Hristienko and McDonald，2007；Treves *et al.*，2010）。在亚洲，西藏棕熊不仅捕食家畜、入室破坏，还伤人（吴岚，2014）；亚洲黑熊（*U. thibetanus*）和马来熊（*Helarctos malayanus*）对农作物和家畜造成损害（Chauhan，2003；Fredriksson，2005；Liu *et al.*，2011），亚洲黑熊和懒熊也有攻击人的行为（Chauhan，2003；Bargali *et al.*，2005）。在南美洲，眼镜熊（*Tremarctos ornatus*）极少伤人，但造成大量家畜损失（Peyton，1994；Zukowski and Ormsby，2016）。在北极圈附近，北极熊（*U. maritimus*）易受到人类食物的吸引，在食物短缺时会因掠夺人类食物而伤人（Towns *et al.*，2009）。

第二节　人兽冲突研究目的和意义

野生动物造成人身伤害和财产损失导致人与野生动物之间的关系恶化，报复性猎杀严重威胁到野生动物的生存。棕熊作为青藏高原生物多样性保护的伞护种（umbrella species），对于维持生态系统健康和稳定具有重要意义。近年来三江源地区人熊冲突加剧，不断突破当地牧民的容忍度，严重影响当地社区对棕熊及其他野生动物保护的积极性，报复性猎杀对棕熊生存构成威胁。及时了解人熊冲突特征、驱动因素以及当地社区对棕熊的容忍度对于制定有效的人熊冲突缓解措施和棕熊保护对策至关重要，人熊冲突问题的缓解或解决既利于促进民生发展，又利于西藏棕熊的保护。

第三节　人兽冲突特征与牧民态度认知研究

在生物多样性丰富的青海省，人兽冲突问题普遍存在，涉事动物主要为狼、雪豹以及西藏棕熊（Li *et al.*，2013b；Alexander *et al.*，2015；Li *et al.*，2015b；程一凡等，2019）。西藏棕熊伤人给当地牧民造成了极大的心理阴影，不断降低牧民对棕熊的容忍度，严重影响牧民对棕熊及其他野生动物保护的积极性（Worthy and Foggin，2008；吴岚，2014）。为了减轻牧民财产损失、加强对野生动物的保护，青海省政府联合青海省林业和草原局于 2012 年开展了野生动物致害补偿试点工作的部署，同时颁布了《青海省重点保护陆生野生动物造成人身财产损失补偿办法》（以下简称《补偿办法》）。《补偿办法》首先在德令哈市、乌兰县、天峻县、祁连县、曲麻莱县、杂多县进行试点，到 2013 年，试点地区覆盖德令哈市、乌兰县、天峻县、祁连县、称多县、曲麻莱县；到 2014 年补偿区域覆盖青海省辖区内所有县（市）。

治多县是三江源地区的重要组成部分，是棕熊、雪豹、金钱豹、藏羚以及藏野驴等珍稀濒危野生动物的重要栖息地和生态走廊带（Harris，2000）。治多县以传统畜牧业为主，产业结构单一，经济较为落后，棕熊致害给当地牧民造成了巨大损失（吴岚，2014）。本章节结合入户访谈数据和青海省历年野生动物致害补偿数据对人熊冲突类型、空间分布差异、季节差异以及牧民对棕熊的态度展开研究。

一、数据来源与研究方法

（一）补偿数据库

2014 年 1 月至 2017 年 12 月期间由野生动物造成人身伤害和财产损失的补偿数据来源于青海省林业和草原局野生动物致害补偿数据库。受害者向当地野生动物主管部门上报财产损失情况并提出补偿申请，然后由专人前往现场调查、取证以及评估。地方政府部门向上级主管部门提交年度野生动物造成人身伤害和财产损失的案件材料（包括现场口供、记录、照片以及评估报告等），上级主管部门对案件再次核实，然后按照《补偿办法》标准向受害者发放补偿金。补偿金由青海省政府、地级市政府和县级政府三方共同承担，省政府承担补偿总额的 50%，地级市政府和县级政府各承担 25%。

（二）问卷设计

问卷调查是快速获取一手数据的重要工具，在野生动物调查中得到了广泛运用，包括了解物种分布变化、野生动物行为变化以及社区对野生动物的容忍度等（禹洋，2018）。由于问卷调查能在较短时间内获取到大量信息，近年来也被广泛运用到人与野生动物关系研究中（Liu *et al.*，2011；Li *et al.*，2013b；Alexander *et al.*，2015）。本节研究设计了半结构型人熊关系调查问卷，问卷分为 5 个模块，包括模块 1：受访者基本信息，包括性别、年龄、收入来源、受教育程度、放牧方式以及近 10 年来畜种结构和家畜数量变化等；模块 2：房屋信息，包括定居点修建时间、房屋结构、居住季节、居住时长、季节性转场时间（冬季草场和夏季草场之间的往返转移）、有无围栏、食物储存方式等；模块 3：野生动物情况，包括常见野生动物、棕熊觅食行为、不同时期遇见棕熊频次以及近 10 年来棕熊数量变化及其可能原因等；模块 4：人与野生动物冲突情况及牧民认知，包括涉事物种、财产损失时间、财产损失类型、牧民反映、是否上报、补偿金额、补偿满意度、已有防熊措施及其效果、潜在缓解措施选择以及对棕熊的态度等；模块 5：草场状况，包括近 10 年来草场质量变化情况、近 10 年来野生动物数量变化及其可能原因、灭鼠效果等。

（三）调查对象选择

通过分析青海省历年野生动物致害补偿数据，初步确定治多县为青海省人熊冲突最为严重的地区，因此选择治多县为研究区域。入户访谈区域涉及索加乡、扎河乡、多彩乡、治渠乡、立新乡以及加吉博洛镇下辖的 20 个棕熊活动频繁的牧委会，分别为牙曲牧委会、君曲牧委会、当曲牧委会、莫曲牧委会、智赛牧委会、口前牧委会、达旺牧委会、达生牧委会、玛赛牧委会、拉日牧委会、当江荣牧委会、聂恰牧委会、同卡牧委会、治加牧委会、江庆牧委会、叶青牧委会、岗察牧委会、扎西牧委会、日青牧委会以及改查牧委会。每个牧委会随机选择 10 户左右牧民进行访谈，每户选择一名年龄在 18 周岁以上的受访者。

（四）半结构化访谈

不同研究对象、研究内容以及研究目的可选择不同的访谈方式，包括结构化访谈、半结构化访谈和无结构化访谈。由于半结构化访谈兼顾了信息质量和问卷效率，同时涉及结构化问题和开放式问题（禹洋，2018），因此本节研究采取半结构化访谈对人熊冲突展开调查。2018 年 7 月对治多县 71 户牧民进行了预调查，初步了解了人熊冲突特点，同时根据预调查期间的入户访谈情况对问卷内容做了修改，以确保受访者能够理解问卷所涉及的问题，所有访谈均采取"采访者口头提问—受访者口头回答—采访者记录"的形式进行。由于存在语言沟通障碍，两名三江源国家公园巡护员承担汉藏互译工作。

在访谈开始之前，访谈内容、目的及匿名声明均向受访者做出说明。受访者可以选择拒绝回答问题，并且可以随时停止回答。采用滚雪球抽样策略，尽可能完成较多的且有效的访谈（Goodman，1961；Sadler et al.，2010）。2019 年 7 月和 8 月，正式对治多县五乡一镇的 20 个牧委会进行访谈，访谈中同时涉及结构化问题和开放式问题，以便受访者阐述更多的人熊冲突特点及其冲突背后的原因。由于受访者回忆能力有限，访谈时仅询问上一年度由野生动物造成人身伤害和财产损失的情况。研究累计完成 312 户有效访谈，每个牧委会访谈家庭为 10～20 户（图 10-1）。

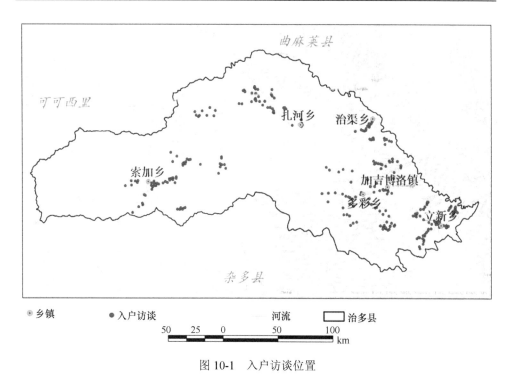

图 10-1　入户访谈位置

（五）数据处理

利用 ArcGIS 10.1（ESRI Inc.，Redlands，CA，USA）对人兽冲突补偿数据进行空间分析，以渐变色带表示人兽冲突频次高低。使用 Office 2010 中的 Excel 软件对人熊冲突特征进行定性和定量分析。将问卷数据中受访者对棕熊态度的"喜欢"和"不在乎"的记录合并为一组，命名为"积极态度"，赋值"1"（刘芳，2012）；将"不喜欢"的一组命名为"消极态度"，赋值"0"，然后在 SPSS 软件中使用 χ^2 检验不同变量（性别、年龄、教育程度、职业、家畜损失经历、房屋受损经历、是否上报案件、是否见过棕熊、补偿满意度）对牧民态度的影响，置信区间为 95%，显著性水平为 $P<0.05$。

二、研究结果

（一）人兽冲突空间格局

2014 年 1 月至 2017 年 12 月，青海省共上报人兽冲突案件 7 494 起，其中包括 6 477 起家畜掠夺、1 003 起入室破坏以及 14 起人身伤害，共向受害者支付补偿金约 2 620.04 万元。人兽冲突补偿金额逐年递增，从 2014 年的 94.23 万元增加到 2017 年的 1 471.1 万元，2017 年补偿金额相比 2014 年增长了约 15 倍（表 10-3）。

表 10-3　青海省历年人兽冲突案件上报情况

年份	上报案件数量			案件上报区域		补偿金额/万元
	家畜掠夺	入室破坏	伤人	县/市	县数量	
2014	469	167	0	德令哈、都兰、刚察、海晏、乐都、门源、曲麻莱、祁连、天峻、乌兰、玉树、杂多、泽库、治多	14	94.23
2015	781	229	4	称多、德令哈、都兰、刚察、共和、海晏、化隆、乐都、玛沁、门源、囊谦、曲麻莱、祁连、兴海、泽库、治多	16	282.6
2016	1 877	272	9	德令哈、刚察、共和、海晏、门源、玛沁、囊谦、祁连、曲麻莱、天峻、乌兰、兴海、泽库、治多、杂多	15	772.11
2017	3 350	335	1	德令哈、大通、祁连、刚察、共和、贵南、贵德、海晏、湟源、久治、门源、玛多、玛沁、囊谦、曲麻莱、天峻、乌兰、循化、玉树、泽库、治多、杂多	22	1471.1

2014～2017 年，青海省共有 27 个县（市）上报了人兽冲突案件，约 57.33%（n=4 296）的上报案件来源于治多县；除此之外，曲麻莱（n=860，11.48%）、祁连（n=796，10.62%）以及囊谦（n=740，9.87%）三县的人兽冲突案件上报率也相对较高（表 10-4、图 10-2）。治多、曲麻莱、祁连以及囊谦四县的地理位置均与国家公园毗邻，治多县和曲麻莱县部分区域位于三江源国家公园长江源园区内，囊谦县与三江源国家公园澜沧江源园区接壤，而祁连县大部分区域位于祁连山国家公园内。

表 10-4　青海省各地区人兽冲突案件上报情况

县市	上报案件数量			总上报案件数量	上报案件百分比/%
	家畜掠夺	入室破坏	伤人		
称多	0	0	1	1	0.01
德令哈	61	17	0	78	1.04
都兰	4	0	0	4	0.05
大通	6	0	0	6	0.08
刚察	18	0	0	18	0.24
共和	52	0	0	52	0.69
贵南	1	0	0	1	0.01
贵德	1	0	0	1	0.01
海晏	92	0	0	92	1.23
化隆	1	0	0	1	0.01
湟源	0	0	1	1	0.01
久治	6	0	0	6	0.08
乐都	11	1	0	12	0.16
门源	32	0	0	32	0.43

续表

县市	上报案件数量			总上报案件数量	上报案件百分比/ %
	家畜掠夺	入室破坏	伤人		
玛多	0	13	0	13	0.17
玛沁	69	0	0	69	0.92
囊谦	570	165	5	740	9.87
曲麻莱	795	63	2	860	11.48
祁连	790	6	0	796	10.62
天峻	47	30	0	77	1.03
乌兰	80	11	0	91	1.21
循化	1	0	0	1	0.01
兴海	2	0	0	2	0.03
玉树	16	2	0	18	0.24
泽库	171	0	0	171	2.28
治多	3606	685	5	4 296	57.33
杂多	45	10	0	55	0.73

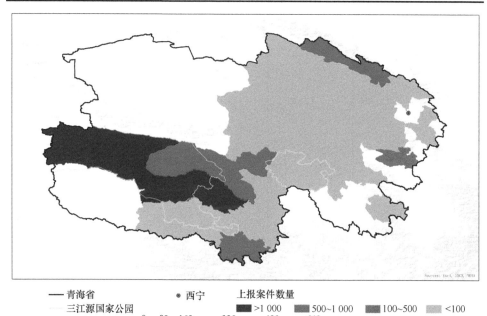

图 10-2 青海省各地区人兽冲突上报案件空间分布图

（二）人熊冲突经历

1. 受访者基本情况

受访者均为藏族，其中男性占 73.72%（n=230），女性占 26.28%（n=82）；年龄以 50 岁以下为主，其中年龄在 50 岁以上的占 19.87%（$n=62$），31～50 岁的占 48.72%（$n=152$），30 岁以下的占 31.41%（$n=98$），最小受访者年龄为 22 岁，最大受访者年龄为 67 岁；55.77%（$n=174$）的受访者受教育程度为小学及以下，初中和高中教育程度的受访者所占比例分别为 24.68%（$n=77$）、14.42%（$n=45$），仅 5.13%（$n=16$）的受访者接受过大学及以上教育；95.19%（$n=297$）的受访者为牧民，3.21%（$n=10$）的受访者为国家公园生态巡护员和三江源国家公园管理局长江源管委会的政府官员。家庭人口数量为 5.04～5.32 人；家庭持有牦牛、羊和马数量分别为 45.24～140.41 头、4.35～8.53 头及 1.2～2.33 头（表 10-5）。

表 10-5　受访者基本信息统计

特征		三江源国家公园内		三江源国家公园外				总计/%
		索加	扎河	多彩	治渠	立新	加吉博洛	
数量		75	50	60	43	46	38	312（100）
性别	男	49	38	51	37	29	26	230（73.72）
	女	26	12	9	6	17	12	82（26.28）
年龄	≤30	14	23	21	12	16	12	98（31.41）
	31～50	38	15	34	21	24	20	152（48.72）
	≥51	23	12	5	10	6	6	62（19.87）
教育程度	≤小学	48	35	40	22	19	10	174（55.77）
	初中	21	8	11	14	16	7	77（24.68）
	高中	4	4	6	5	9	17	45（14.42）
	≥大学	2	3	3	2	2	4	16（5.13）
职业	牧民	73	49	58	41	43	33	297（95.19）
	公务员	0	0	0	0	1	4	5（1.60）
	生态巡护员	2	1	2	2	2	1	10（3.21）
家庭人口数量		5.32	5.04	5.15	5.09	5.22	5.08	
每户家畜数量	牦牛	140.41	110.20	105.40	60.87	68.11	45.24	
	羊	8.53	6.80	7.33	5.81	4.35	7.37	
	马	2.33	1.20	1.87	2.11	1.96	1.24	

2. 受访者熊害经历

2018 年，高达 92.31%（$n=288$）的受访者经历过不同程度的人熊冲突（表 10-6）。位于三江源国家公园内（索加乡、扎河乡）的受访者经历人熊冲突的频率高于国家公园外（多彩乡、治渠乡、立新乡、加吉博洛镇）。在三江源国家公园长江源园区内，经历人熊冲突的受访者比例占国家公园内受访者总数的 96.8%（$n=121$）；在国家公园外，经历人熊冲突的受访者比例占国家公园外受访者总数的 89.3%

（*n*=167）。在所有乡镇中，索加乡遭遇人熊冲突比例最大（98.67%，*n*=74），其次为多彩乡（96.67%，*n*=58）、扎河乡（94%，*n*=47）、治渠乡（90.7%，*n*=39）、立新乡（89.13%，*n*=41）以及加吉博洛镇（76.32%，*n*=29）（表10-6）。

表10-6　三江源国家公园内外受访者经历熊害情况

是否经历熊害	三江源国家公园内		三江源国家公园外				总计
	索加	扎河	多彩	治渠	立新	加吉博洛	
是	74	47	58	39	41	29	288
否	1	3	2	4	5	9	24

3. 人熊冲突主要类型

入室破坏：治多县的人熊冲突案件上报率高于青海省其他县（市），因此结合2014～2017年治多县人兽冲突补偿数据和入户访谈数据对人熊冲突特征进行分析。2014年1月至2017年12月，治多县总定损棕熊入室破坏案件685起，主要损失类型为门窗（*n*=243）、家具（*n*=144）以及生活用品（*n*=141），房屋墙体（*n*=93）和食物（*n*=64）的损失程度相对较低（表10-7）。

表10-7　棕熊入室破坏上报案件

上报案件	损害类型				
	门窗	生活用品	家具	食物	墙体
上报案件数量	243	141	144	64	93
比例/%	35.47	20.58	21.02	9.34	13.58

入户访谈结果显示，三江源地区人熊冲突最典型的类型为棕熊入室破坏（图10-3）。88.46%（*n*=276）的受访者经历过不同程度的棕熊入室破坏，位于三江源国家公园长江源园区内的索加乡遭遇棕熊入室破坏最为频繁（*n*=73，97.33%），其次为多彩乡（*n*=57，95%）、扎河乡（*n*=45，90%）、立新乡（*n*=39，84.78%）、治渠乡（*n*=36，83.72%）以及加吉博洛镇（*n*=26，68.42%）。棕熊入侵房屋主要损坏财产类型为门窗（*n*=993）、家具（*n*=884）以及生活用品（*n*=717）。

捕食家畜：2014～2017年，治多县总定损家畜损失案件3 606起，家畜损失总数4 948只（头、匹），其中包括2 917只羊、1 988头牦牛以及43匹马。羊相比其他家畜损失更大，约占家畜损失总量的58.95%，牦牛和马的损失分别占40.18%和0.87%[图10-4（a）]。案件定损发现，由狼造成的家畜损失占98%，由雪豹造成的家畜损失占1.62%，由棕熊造成的家畜损失仅占0.38%[图10-4（b）]。

图 10-3 棕熊入室破坏

（a）铁丝网保护房屋；（b）GEF 提供的防熊围栏；（c）棕熊通过破坏门窗入室；（d）棕熊脚掌被玻璃划伤留下的血迹

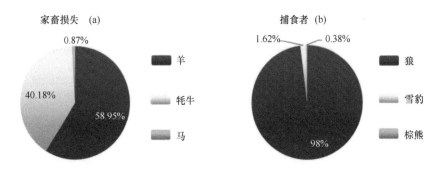

图 10-4 上报案件中家畜损失比例和捕食者贡献率

访谈结果显示，95.51%（n=298）的受访者在 2018 年经历了野生动物捕食家畜的事件，家畜损失总数 1 921，其中包括 1 044 头牦牛、861 只羊以及 16 匹马（表 10-8）。牦牛相比其他家畜损失更大，约占家畜损失总数的 54.35%，羊和马的损失分别占家畜损失总数的 44.82% 和 0.83%[图 10-5（a）]。在所有捕食者中，由狼造成的家畜损失最为严重，占家畜损失总数的 80.27%；由棕熊造成的家畜损失仅占 6.61%[图 10-5（b）]。虽然棕熊捕食家畜频率远低于狼，但索加乡仍有 18 位受访者经历过棕熊捕食家畜的事件，其他乡镇也有类似事件发生，分别为扎河乡（*n*=11）、多彩乡（*n*=7）、治渠乡（*n*=5）、立新乡（*n*=4）以及加吉博洛镇（*n*=3）（图 10-6）。

表 10-8　受访者家畜损失情况

捕食者	牦牛数量		羊数量		马数量		总计
	成体	幼体	成体	幼体	成体	幼体	
狼	931	52	429	114	12	4	1 542
雪豹	31	12	96	82	0	0	221
棕熊	2	16	81	28	0	0	127
狐狸	0	0	6	19	0	0	25
猞猁	0	0	1	5	0	0	6

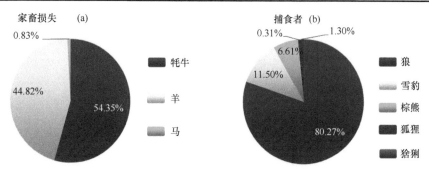

图 10-5　受访者家畜损失比例和捕食者贡献率

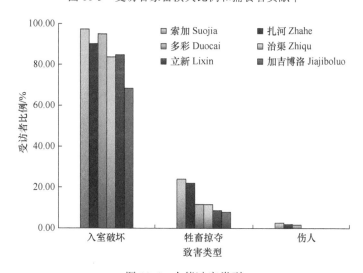

图 10-6　人熊冲突类型

人身伤害：2014～2017 年，治多县共收到棕熊伤人案件 5 起，其中 3 起发生在定居点附近，2 起发生在野外。访谈结果显示，2018 年棕熊伤人事件发生过 4 起，其中索加乡 2 起，均为牧民从夏季草场回到定居点内与棕熊正面相遇造成，扎河乡和多彩乡各 1 起，均为牧民在山里采摘蘑菇与棕熊近距离相遇造成（图 10-6）。受访者表示，当人与棕熊保持一定距离时棕熊通常不会向人靠近，但如果与棕熊近距离正面相撞棕熊会出于本能反应向人发起攻击。

（三）人熊冲突季节差异

1. 入室破坏季节差异

2014～2017 年，棕熊入室破坏上报案件以秋季居多（9～11 月；$n=294$，42.92%），9 月出现峰值（$n=182$），夏季（6～8 月；$n=229$，33.43%）、春季（3～5 月；$n=137$；20%）以及冬季（12 月、1 月、2 月；$n=25$，3.65%）的上报率相对较低。入户访谈结果显示，夏季（$n=340$，49.85%）为入室破坏高发季，7 月出现峰值（$n=142$），秋季（$n=289$，42.38%）、春季（$n=39$，5.72%）、冬季（$n=14$，2.05%）的发生率相对较低（图 10-7）。

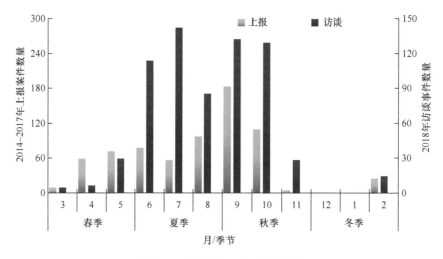

图 10-7　棕熊入室破坏季节差异

虽然棕熊冬季处于冬眠，但 2018 年 2 月仍发生过 14 起棕熊破坏牧民畜圈的事件。棕熊冬眠时处于半睡眠状态，如遇危险或外部环境的干扰（如修路队使用打桩机、压路机以及碎石机时产生的噪声）会从冬眠中苏醒，苏醒后不再冬眠，四处游荡觅食。由于此时三江源地区气温较低，棕熊自然食物缺乏，因此棕熊会前往牧民生活区寻找食物。受访者表示，冬季期间大部分牧民生活在定居点内，棕熊通常不会闯入有人的屋内，取而代之的则是在深夜进入牧民畜圈寻找食物。

2. 家畜损失季节差异

上报案件卷宗显示，2014～2017 年由棕熊造成的家畜损失较少，相对而言秋季损失数量较多（n-10，52.63%），夏季（n=7，36.84%）和春季（n=2，10.53%）次之，冬季无棕熊捕食家畜的上报案件。访谈结果同样表明棕熊在秋季造成的家畜损失数量最多（n=51，40.16%），春季（n=42，33.07%）、夏季（n=24，18.9%）和冬季（n=10，7.87%）相对较少（图 10-8）。受访者表示，冬季家畜易受到低温和营养不良的影响导致掉膘、虚弱，提前出蛰的棕熊会捕食体质虚弱的牛、羊。

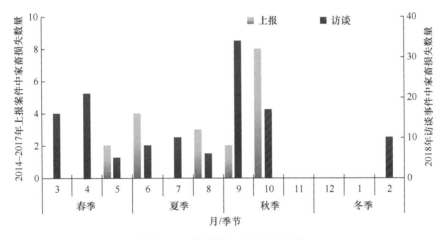

图 10-8　棕熊捕食家畜季节差异

3. 人身伤害季节差异

上报案件卷宗显示，2014～2017 年夏季为棕熊伤人案件上报高峰期（n=4，80%），秋季伤人案件较少（n=1，20%），春季和冬季尚未收到棕熊伤人上报案件。入户访谈结果显示，棕熊伤人事件在夏季发生过 3 次，秋季发生过 1 次，暂无受访者或其家属在春季或冬季遭受棕熊伤害。

（四）牧民对棕熊的态度

58.01%（n=181）的受访者对棕熊持负面态度，18.59%（n=58）的受访者对棕熊持有好感，23.4%（n=73）的受访者表示不在乎，即态度中立。受访者对棕熊持负面态度的理由是棕熊不仅入室破坏，还威胁人身安全（n=146，46.79%），另外棕熊性情凶猛，长相十分吓人（n=35，11.22%）。受访者对棕熊持有好感的原因是棕熊属于国家保护动物（n=23，7.37%），同时也受藏传佛教的影响（n=35，11.22%）。利用 χ^2 检验各变量不同组别间对受访者态度差异的影响，结果显示受访者年龄（χ^2=10.089，P=0.001）、房屋受损经历（χ^2=12.596，P<0.001）以及补

偿满意度（χ^2=14.521，$P<0.001$）是影响受访者对棕熊容忍度的关键因素，年纪较小的受访者对棕熊的态度较年长者更为消极，经历过棕熊入室破坏的受访者对棕熊的容忍度更低，对补偿方案不满意的受访者对棕熊的容忍度更低。受访者对棕熊的态度在性别、教育程度、职业、家畜损失、是否上报人熊冲突案件以及是否见过棕熊的不同组别间的差异无统计学意义（表10-9）。

表10-9　不同变量与受访者对棕熊态度的卡方检验

变量	组别	χ^2	P
性别	男	1.333	0.054
	女		
年龄	≤30 岁	10.089	0.001
	>30 岁		
教育程度	≤小学	0.047	0.090
	>小学		
职业	牧民	0.142	0.194
	其他		
家畜损失经历	有	0.469	0.101
	无		
房屋受损经历	有	12.596	<0.001
	无		
是否上报人熊冲突案件	有	0.018	0.092
	无		
补偿满意度	满意	14.521	<0.001
	不满意		
是否见过棕熊	是	0.297	0.141

第四节　人兽冲突驱动因素研究

一、研究方法

（一）人熊冲突驱动因素筛选

为了深入了解近年来三江源地区人熊冲突的潜在驱动因素，研究团队于2018～2019 年访谈了三江源国家公园管理局和青海省林业和草原局相关部门的工作人员，与三江源国家公园管理局长江源管委会和治多县五乡一镇分管部门的工作人员召开了多次座谈会，同时在索加乡乡政府召开了三江源国家公园生态巡护员座谈会,主要探讨内容包括 20 世纪 80 年代以来牧民生产和生活方式的改变、近 10 年来棕熊数量及其可利用食物资源的变化以及近 10 年来草场质量的变化等。

基于关键人物访谈和实地调研,研究提出了导致人熊冲突增加的主要驱动因素,即牧民定居方式改变:定居点修建后牧民生产和生活区域相对固定,房屋周边的生活垃圾和家畜尸体对棕熊具有吸引作用,增加了棕熊前往牧民生活区觅食的频率;牧民食物储存方式改变:定居点修建后,牧民在转场期间将过冬给养储存于屋内,棕熊逐渐学会了利用定居点内的食物;放牧方式改变:传统放牧方式(整体看守家畜)逐渐变为半传统放牧方式(一早放出家畜,白天无人看守,天黑前赶回圈里或临时集中点),半传统放牧方式导致家畜看守力度削弱;畜种结构调整:相比体型较大的牦牛而言,棕熊更倾向于捕食体型较小的绵羊或山羊,减少羊群数量可能会降低棕熊捕食家畜的成功率,刺激棕熊寻找其他可替代性食物;棕熊种群数量增加:严格的生物多样性保护政策执行后棕熊种群数量逐渐恢复;棕熊可利用食物资源减少:旱獭、鼠兔以及岩羊是棕熊的主要天然食物,灭鼠导致旱獭和鼠兔种群数量减少,过度放牧导致岩羊种群数量减少。

(二)半结构化访谈

入户访谈主要包括定居点使用季节、定居点每年居住时长、食物储存方式、转场月份、放牧方式、畜种结构调整、历年遇见棕熊频次、近 10 年来棕熊种群数量变化、历年草场质量变化、啮齿类动物数量变化、灭鼠效果以及人熊冲突原因认知等内容。

(三)旱獭密度调查

采用样线法调查旱獭种群密度,样线宽度设为 100m,单条样线长度设为 1～5km,样线的长度和方向根据研究区地形和典型生境类型进行调整,所有样线均在海拔 4 000～4 500m 的高寒草甸上进行(图 10-9)。由于旱獭出入洞的时间通常依太阳而定,因此样线调查选取晴朗天气,在上午 7 点至下午 7 点期间进行(Baseer et al., 2015)。调查人员沿样线匀速前进,用测距仪记录旱獭距观测点的垂直距离。为了降低因调查人员的差异而造成的结果偏差,所有样线均由 2 名人员对样线宽度内的目标物种进行观察和计数(陈道剑等,2019)。本节研究样线调查时间为 2019 年 7 月至 2019 年 8 月。

使用 Distance(http://distancesampling.org/)软件计算旱獭种群密度。Distance 作为一个分析物种种群密度的软件,它集成了样线法中的各种模型(Thomas et al., 2010),本节研究使用的是基于 Windows 系统的 Distance 7.3 版本。Distance 通过对旱獭距离样线的垂直距离数据进行分组,对不同组分的距离数据构建关键函数(key function)进行分布拟合以获取探测函数(detection function),然后利用级数

图 10-9　样线轨迹和样品采集点

展开（series expansion）对探测函数进行筛选，最后基于赤池信息量准则（Akaike information criterion，AIC）挑选最优模型。本节研究选取了 3 个函数组合模型：均匀分布+余弦（uniform+cosine）、半正态分布+厄米多项式（half-normal+Hermite polynomial）、风险率分布+简单多项式（hazard-rate+simple polynomial），然后基于 ΔAIC（delta AIC）值选取最优化模型。当 ΔAIC=0 时，表明探测函数模型的拟合度高，即为最优模型；当 ΔAIC<2 时，各个模型的可信度相同；ΔAIC>10 时，模型不可信（Thomas et al.，2010）。研究基于样线的空间位置，分别对索加乡、立新乡、多彩乡、治渠乡以及加吉博洛镇的旱獭种群密度进行计算。

$$\Delta AIC_i = AIC_i - AIC_{min} \tag{10.1}$$

式中，ΔAIC_i 为第 i 种模型的 ΔAIC 值；AIC_i 为第 i 种模型自身的 AIC 值；AIC_{min} 为所有模型中 AIC 值最小的模型中的 AIC 值。

（四）基于粪便 DNA 技术的棕熊食性分析

1. 粪便样品采集和保存

用于本节研究的粪便样品于 2019 年 7～8 月在青海省治多县境内采集（图 10-9）。沿着样线进行搜索，当发现食肉动物的新鲜粪便时首先在样品采集表中记录样品采集日期、GPS 点位、新鲜程度、预判所属物种以及小生境类型等信息，然后用一次性 PE 手套把样品装入塑封袋中，并在塑封袋上标注与样品采集表相匹配的编号，放入到−20℃的车载冰箱中短暂保存，返回实验室后将样品转入到−80℃超低温冰箱中保存。此次调查共采集到食肉动物粪便样品 48 份（图 10-9）。

2. 粪便 DNA 提取和测序分析

（1）DNA 提取和测序

本节研究使用宏基因组（metagenome）测序开展棕熊夏季食性研究。利用 DNA 提取试剂盒（Qiagen）提取粪便 DNA，具体提取方法按照试剂盒产品说明进行，对 DNA 进行纯化和质量、浓度检测。利用 DNA 条形码对粪便的宿主进行识别，将确定为棕熊粪便的样品用于后续分析。在检测合格的 DNA 样品中加入破碎缓冲液（fragmentation buffer），采用超声破碎仪进行随机打断，将打断后得到的短片段 DNA 用于构建文库，然后对文库进行质量检验，使用 Illumina NovaSeq 6000 高通量测序平台对质量检验合格的文库进行 PE150 测序，测序得到的原始图像数据通过碱基识别（base calling）转化为原始测序序列（raw reads），结果以 FASTQ 文件格式存储。结果中包括测序序列（reads）的序列信息和相对应的测序质量信息。

（2）测序数据分析

质控：在获得每个样品基因组测序数据之后，首先对数据质量进行评估并去除低质量的数据，以保证后续分析结果的可信度。质量控制获取的高质量序列则用于下游数据分析。质控流程采用 Trimmomactic 软件，参数为 LEADING：3（切除首端碱基质量小于 3 的碱基）；TRAILING：3（切除尾端碱基质量小于 3 的碱基）；SLIDING-WINDOW：5：20（从 5′端开始滑动，当滑动位点周围一段序列的平均碱基低于阈值时则从该处切除，序列大小为 5 个碱基，切除平均质量小于 20 的碱基）；MINLEN：50（最小的序列长度），然后去除接头序列（adpater）。最后将序列和宿主基因组进行比对，去除比对到基因组的序列来进行宿主过滤，过滤后保留的数据称为干净数据，使用软件 FastQC（http://www.bioinformatics.babraham.ac.uk/projects/fastqc/）对干净数据进行基本信息统计。

序列组装及物种鉴定：基于质控后的干净数据对各样品进行宏基因组组装，利用 MEGAHIT（https：//github.com/voutcn/megahit）对质量控制之后的干净数据进行新的基因组拼接（denovo）拼接（K-mer 选取 k-min 35、k-max 95、k-step 20），并将各样品未被利用上的序列放在一起进行混合组装，进而识别样品中丰度较低的物种信息。拼接完成后将组装得到的序列（Scaffolds）从 N 连接处打断，得到不含 N 的序列片段，称为过滤物（Scaftig），筛选出拼接长度在 500bp 以上的 Scaftigs 进行后续分析。将拼接结果和 NT 数据库比对，比对的软件及参数为 BLASTN。挑出真核生物的注释结果，并将其干净数据与重叠群（contigs）比对以定量计算其丰度，选取丰度最高的 20 种注释到种的物种用于食性分析，分析各样品中的主要物种组成和丰度。通过剔除非棕熊宿主和 DNA 质检不合格的样品，最终保留了来自不同棕熊个体的 21 个有效样品进行食性分析。

（五）棕熊食物选择与环境因素的关系

使用 SPSS 中多元线性回归模型（multivariable linear regression model）分析不同环境变量与棕熊取食人类食物之间的关系，用于建模的环境变量见表 10-10。

表 10-10　影响棕熊取食人类食物的可能因素

环境变量	编码
海拔	ELE
坡度	SLO
坡向	ASP
到河流距离	DSR
到定居点距离	DSW
到石山距离	DRO
归一化植被指数	NDVI
旱獭种群密度	MPD

二、研究结果

（一）牧民生活习惯变化

1. 定居方式

20 世纪 80 年代起，青海省为了防灾抗灾、提高牧民的生活水平和人畜的生存条件，率先在海北藏族自治州推广"四配套"（牧民定居、牲畜暖棚、人工种草、围栏草场）基地建设，直到 90 年代"四配套"推广至治多县（表 10-11）。定居点建立后，牧民基本结束了传统的游牧生活。由于不同定居点和牧场所处的海拔梯度不同，加之受局部气候的影响，牧民转场时间略有差异。71.47%（n=223）的受访者习惯在 9 月下旬从夏季草场转至冬季草场，17.31%（n=54）的受访者习惯在 10 月转至冬季草场，仅 11.22%（n=35）的受访者不转场，全年生活在定居点内，这部分受访者的房屋质量较好且家畜数量较少。对于转场牧民来讲，每年居住在定居点内的季节为秋末、冬季以及春初，居住时长为 6~9 个月，开春后则转至夏季草场，集中转场时间在 4 月（n=191，61.22%），少数牧民会在 3 月底转场（n=32，10.26%），也有部分牧民在 4 月后转场（n=54，17.31%）。

表 10-11　治多县棕熊入室破坏相关大事年表

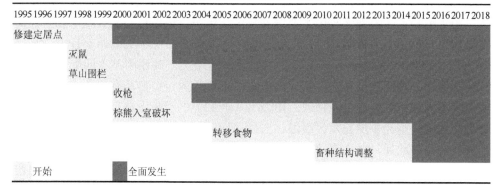

2. 食物储存方式

20 世纪 90 年代前，牧民携带所有生活物资进行转场，定居点建立后牧民转场时则习惯将牛肉干、面粉、白糖、色拉油以及家畜饲料等过冬给养储存于定居点内。2000 年前后治多县开始发生棕熊入室破坏事件，随后牧民逐渐改变食物储存方式（表 10-11）。2.24%（$n=7$）的受访者在 2005 年开始改变食物储存方式，他们携带食物进行转场，并锁紧房屋门窗；6.73%（$n=21$）的受访者在 2006～2010 年期间开始转移定居点内食物及其部分生活用品；31.41%（$n=98$）的受访者在 2011～2014 年期间改变食物储存方式；59.62%（$n=186$）的受访者从 2015 年开始转移定居点内的食物及其生活用品，并保持门窗敞开，以免棕熊破坏房屋。虽然当前大部分牧民不在无人照看的定居点内储存食物，但也有少数牧民仍将部分食物储存于定居点内，尤其是大袋的粮食和家畜饲料。

3. 放牧方式

"四配套"防灾抗灾基地建设之前，三江源地区牧民并无固定放牧区域；此外，由于当时没有草场铁丝围栏的限制，放牧范围较大，家畜觅食趋于分散。当前，三江源地区的牧场主要分为冬季牧场和夏季牧场，每家每户都有约定俗成的放牧范围，牧民会在自家牧场安装铁丝网围栏以便于家畜管理，同时阻止野生动物和其他牧户的家畜进入。由于大部分定居点坐落在冬季牧场，因此冬季牧场的每年放牧范围相对固定，而夏季放牧范围会根据当年草场质量略有调整。访谈中有 12 户牧民曾因当年自家夏季草场质量不好而租赁其他牧户的高质量草场，以提升当年家畜的出栏率。定居点建立后，牧民放牧方式逐渐改变，高达 89.1%（$n=278$）的受访者倾向于半传统放牧，家里固定放牧人数通常只有 1 人，仅 10.9%（$n=34$）的受访者采用传统放牧，家里固定轮流放牧人数有 2～3 人。

4. 畜种结构调整

历史上，三江源地区牧民主要饲养牦牛、绵羊、山羊以及马，牦牛和羊在家畜比例中占比最大。在过去 10 年里当地牧民的畜群、畜种结构调整较大，高达 71.79%（n=224）的受访者持有牦牛的数量有所增加，其原因是"四配套"防灾抗灾基地建设后牦牛生存条件变好，放牧范围较为固定；自从有了草山围栏，牛群更容易大规模集群养殖和管理。10.26%（n=32）的受访者持有牦牛的数量有所减少，其原因是牦牛生长发育缓慢、出栏周期较长、商品率较低且自然死亡率高于其他家畜；此外，牦牛养殖风险较大，不可预估性的自然灾害、疾病以及野生动物捕食将造成巨大经济损失，因此牧民逐年降低牦牛数量，进而通过其他渠道增加收入，如国家公园生态巡护员、草山围栏安装工以及倒卖虫草和黄蘑菇等。14.42%（n=45）的受访者持有牦牛的数量变化不大，而 3.53%（n=11）的受访者已放弃饲养牦牛[图 10-10（a）]。

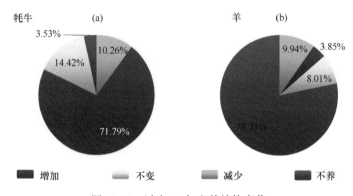

图 10-10 过去 10 年畜种结构变化

高达 78.21%（n=244）的受访者已放弃养羊，其原因是养羊需要耗费大量人力和时间，且羊更容易被野生动物捕食。9.94%（n=31）的受访者持有羊的数量有所减少，6.73%（n=21）的牧户已把羊群托管给当地牧委会合作社。从时间节点上来看，57.37%的受访者（n=179）从 2015 年开始放弃养羊，13.78%（n=43）的受访者在 2011~2014 年期间放弃养羊，7.05%（n=22）的受访者在 2010 年左右放弃养羊（表 10-11）。仅 3.85%（n=12）的受访者持有羊的数量有所增加，其原因是羊的出栏周期相对牦牛较短；8.01%（n=25）的受访者持有羊的数量无明显变化[图 10-10（b）]。

（二）棕熊种群数量变化

69.55%（n=217）的受访者表示棕熊种群数量在过去 10 年里有所增加，14.74%（n=46）的受访者认为无明显变化，仅 5.45%（n=17）的受访者表示棕熊种群数量有所减少。在认为棕熊数量增加的受访群体中，58.53%的牧民以棕熊入室破坏事件增多为由来判定棕熊种群数量增加，30.41%的牧民以放牧时发现棕熊痕迹（实体、毛发、脚印、卧迹以及食痕）的频率增加为由来判定棕熊种群数量增加，另外 11.06%的牧民以棕熊捕食家畜的事件增多为由来判定棕熊种群数量增加；35.94%的牧民认为棕熊种群数量增加与近年来生物多样性保护强度加大有关，29.03%的牧民认为棕熊数量增加与偷猎减少有关，20.74%的牧民认为棕熊数量恢复与枪支管控政策执行密切相关，10.14%的受访者认为与"草原生态奖补"为代表的生态保护项目实施后棕熊天然食物增加有关（图 10-11）。

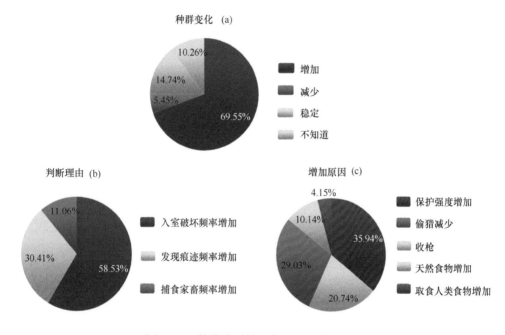

图 10-11　棕熊种群数量变化及其判断理由

为了进一步评估棕熊种群数量的变化，以受访者历年见到棕熊的次数为依据再次对棕熊种群数量变化进行评估。由于该项评估会受到受访者的性别、年龄以及职业等因素的影响，因此首先对受访者进行筛选。研究从 312 名受访者中筛选出大于 30 岁的男性 149 人，去掉非传统牧人和非家庭放牧主力的 21 人，剩下的 128 名受访者均为家庭中的放牧主力，且在过去 10 年里生活在当地牧区，因此仅提取这部分受访者的回答信息来评估棕熊种群数量的变化。结果显示，随着时间推移受访者见到棕熊的频次逐年递增。10 年前，65.63%的受访者每年见到棕熊的平均次数为 0～2 次；5～10 年前,53.13%的受访者每年见到棕熊的平均次数为 3～4 次；最近 5 年里，高达 69.53%的受访者每年见到的棕熊平均次数为 3～4 次，另外 21.88%的受访者每年见到棕熊的平均次数超过 4 次（表 10-12）。

表 10-12　受访者历年见到棕熊的平均次数

时间段	0～2 次/a		3～4 次/a		>4 次/a	
	受访者数量	百分比	受访者数量	百分比	受访者数量	百分比
10 年前	84	65.63	32	25	12	9.38
5～10 年前	43	33.59	68	53.13	17	13.28
最近 5 年	11	8.59	89	69.53	28	21.88

（三）棕熊自然食物变化

46.47%（$n=145$）的受访者表示旱獭种群数量在过去 10 年里有所增加，17.95%（$n=56$）的受访者认为旱獭种群数量有所减少。大部分受访者（$n=112$，35.9%）难以判定鼠兔种群数量变化，但 25%（$n=78$）的受访者认为鼠兔种群数量有所增加，虽然附近草场有过灭鼠，但鼠兔种群数量恢复较快，灭鼠效果并不理想。高达 74.68%（$n=233$）的受访者表示岩羊种群数量增加明显，当地有牧民抱怨岩羊及其他有蹄类动物种群数量的增加导致家畜利用草地资源的竞争变大；受访者认为岩羊数量增加与生物多样性保护强度增加和新枪支政策执行有关（$n=121$，38.78%）（图 10-12）。

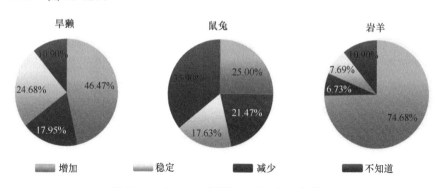

图 10-12　近 10 年来棕熊主要自然食物变化

虽然 46.47% 的受访者表示近 10 年来旱獭种群数量有所增加，但为了进一步验证和掌握 2019 年研究区旱獭种群密度以便同历年数据进行纵向比较，研究采用样线法对旱獭密度进行了调查和计算。研究共完成有效旱獭密度调查样线 56 条，样线总长度为 128km，平均每条样线长度为 2.29km（表 10-13）。Distance 软件中的 3 个函数组合模型（均匀分布+余弦、半正态分布+厄米多项式以及风险率分布+简单多项式）运算结果均显示 ΔAIC<2，表明探测函数模型的拟合度高，3 个组合模型结果可靠（表 10-14）。由于各组合模型精度均达到研究要求，研究选取了 3 个组合模型的均值用于分析旱獭种群密度和样线有效宽度（effective strip width，

表 10-13　旱獭密度调查样线数量及长度

区域	样线数量	样线总长度	平均每条样线长度
索加	11	45	4.09
扎河	8	22	2.75
多彩	12	17.5	1.46
治渠	10	14	1.40
立新	8	17	2.13
加吉博洛	7	12.5	1.79
总计	56	128	

表 10-14　不同函数组合模型计算出的旱獭种群密度

区域	函数组合	参数	ΔAIC	AIC	有效宽度/m	密度/km²	95%置信界限	
							下限	上限
索加	均匀分布+余弦	1	0.00	300.99	38.35	17.55	11.29	27.29
	半正态分布+厄米多项式	1	0.00	301.62	38.54	17.43	10.98	27.69
	风险率分布+简单多项式	2	0.00	302.13	39.62	16.86	10.19	27.90
扎河	均匀分布+余弦	1	0.00	334.49	42.98	13.46	8.77	20.67
	半正态分布+厄米多项式	1	0.00	335.68	42.08	13.83	8.70	21.98
	风险率分布+简单多项式	2	0.00	332.59	43.26	12.88	7.90	21.00
多彩	均匀分布+余弦	2	0.01	312.10	37.43	16.01	10.57	24.25
	半正态分布+厄米多项式	1	0.00	313.29	40.80	14.11	9.65	20.61
	风险率分布+简单多项式	2	0.00	311.39	39.32	15.15	9.48	24.22
治渠	均匀分布+余弦	1	0.00	293.38	35.89	11.99	8.51	16.88
	半正态分布+厄米多项式	1	0.00	294.00	35.44	12.20	8.41	17.71
	风险率分布+简单多项式	2	0.00	293.91	35.99	11.97	7.77	18.46
立新	均匀分布+余弦	1	0.00	336.43	43.62	9.89	6.55	14.93
	半正态分布+厄米多项式	1	0.00	337.48	43.61	9.92	6.34	15.53
	风险率分布+简单多项式	2	0.00	335.39	44.99	9.25	5.76	14.87
加吉博洛	均匀分布+余弦	2	0.01	334.70	52.63	6.49	2.74	15.36
	半正态分布+厄米多项式	2	0.00	335.73	47.19	7.263	3.01	17.55
	风险率分布+简单多项式	2	0.00	333.61	45.37	7.48	3.94	14.22

ESW）。由于受地形、坡度和生境质量因素的影响，不同区域的旱獭探测率（detection probability）有所不同（图 10-13）。旱獭种群密度在空间上表现出一定差异，索加乡的旱獭种群密度最高[D=(17.28±0.37)只/km²，ESW=(38.84±0.69)m]，其次为多彩乡[D=(15.09±0.95)只/km²，ESW=(39.18±1.69)m]、扎河乡[D=(13.39±0.48)只/km²，ESW=(42.77±0.62)m]、治渠乡[D=(12.05±0.13)只/km²，ESW=(35.77±0.29)m]、立新乡[D=(9.69±0.38)只/km²，ESW=(44.07±0.79)m]以及加吉博洛镇[D=(7.08±0.52)只/km²，ESW=(48.40±3.78)m]。

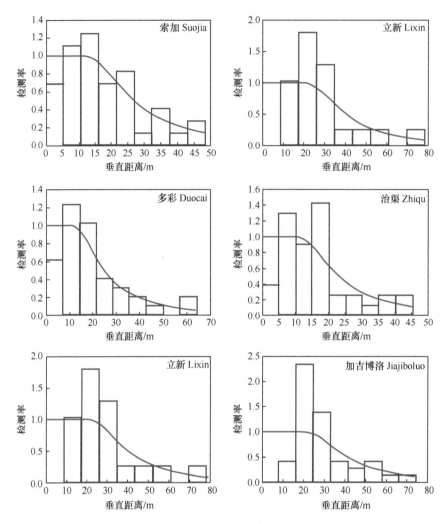

图 10-13　探测函数拟合图

均匀分布+余弦

（四）棕熊食物资源利用

1. 测序数据质量控制和序列拼接

各样品宏基因组测序数据的 Clean_Q20（质控后碱基质量值大于 20 的碱基所占百分比）和 Clean_Q30（质控后碱基质量值大于 30 的碱基所占百分比）均大于 99%，表明高通量测序质量高（表 10-15）；各样品的序列拼接结果显示 N50 均大于 1 000bp，表明组装质量精度满足研究要求（表 10-16）。

表 10-15　测序数据质量

样品号	原始序列数目	原始数据的总碱基数	过滤后的序列数目	质控后的总碱基数	大于 20 的碱基百分比	大于 30 的碱基百分比	G+C 碱基数百分比	质控后数据所占原始序列数目百分比
ursus01	97 683 398	14 652 509 700	80 132 618	11 773 897 354	100	99.6	45	80.35
ursus02	122 899 332	18 434 899 800	92 326 826	13 668 535 266	100	99.82	52	74.14
ursus03	117 970 104	17 695 515 600	101 935 830	15 065 017 979	100	99.82	43	85.13
ursus04	91 805 740	13 770 861 000	76 232 128	11 354 165 788	100	99.8	46	82.45
ursus05	91 550 454	13 732 568 100	77 323 226	11 507 932 466	100	99.78	53	83.8
ursus06	95 220 666	14 283 099 900	79 461 798	11 830 711 474	100	99.8	58	82.83
ursus07	89 286 780	13 393 017 000	74 891 644	11 153 953 736	100	99.8	52	83.28
ursus08	102 468 574	15 370 286 100	88 285 758	13 079 715 761	100	99.66	51	85.1
ursus09	93 027 592	13 954 138 800	79 317 650	11 768 135 826	100	99.7	55	84.33
ursus10	96 106 174	14 415 926 100	81 204 206	12 031 846 184	100	99.69	44	83.46
ursus11	111 568 990	16 735 348 500	93 497 798	13 920 381 949	100	99.8	59	83.18
ursus12	91 243 964	13 686 594 600	78 141 438	11 598 269 436	100	99.72	56	84.74
ursus13	75 846 404	11 376 960 600	65 843 912	9 780 660 998	100	99.73	46	85.97
ursus14	92 256 570	13 838 485 500	77 165 588	11 496 851 530	100	99.81	58	83.08
ursus15	77 010 298	11 551 544 700	65 551 578	9 765 939 826	100	99.8	45	84.54
ursus16	89 951 238	13 492 685 700	73 679 588	10 952 474 870	100	99.78	51	81.17
ursus17	71 100 564	10 665 084 600	60 915 582	9 065 934 546	100	99.8	45	85.01
ursus18	92 416 340	13 862 451 000	78 678 790	11 703 765 030	100	99.79	46	84.43
ursus19	88 502 566	13 275 384 900	69 899 660	10 384 868 555	100	99.79	45	78.23
ursus20	72 309 536	10 846 430 400	62 292 346	9 246 478 970	100	99.7	47	85.25
ursus21	97 683 398	14 652 509 700	80 132 618	11 773 897 354	100	99.6	45	80.35

表 10-16　序列拼接结果

样品号	总条数	总长度	平均长度	最大长度	覆盖 50%核苷酸的最大序列重叠群长度	覆盖 90%核苷酸的最大序列重叠群长度	G+C 碱基百分比
ursus01	51 667	61 273 575	1 185.93	140 915	1 339	560	52.28
ursus02	198 009	261 159 912	1 318.93	337 920	1 597	593	49.78
ursus03	204 498	293 185 409	1 433.68	135 229	2 029	595	41.96
ursus04	155 153	196 633 232	1 267.35	125 878	1 487	590	50.16
ursus05	422 671	532 106 178	1 258.91	135 041	1 458	599	55.03
ursus06	613 723	686 595 000	1 118.74	196 261	1 209	575	58.82
ursus07	253 039	353 248 098	1 396.02	231 120	1 726	611	52.47
ursus08	223 356	299 777 148	1 342.15	312 057	1 590	600	50.67
ursus09	195 006	257 686 698	1 321.43	306 487	1 585	605	56.1
ursus10	133 067	185 781 330	1 396.15	455 466	1 765	606	44.17
ursus11	631 837	635 165 997	1 005.27	305 043	1 996	558	59.21

续表

样品号	总条数	总长度	平均长度	最大长度	覆盖50%核苷酸的最大序列重叠群长度	覆盖90%核苷酸的最大序列重叠群长度	G+C碱基百分比
ursus12	560 780	683 987 451	1 219.71	520 938	1 374	586	55.14
ursus13	186 271	296 802 569	1 593.39	223 728	2 298	635	43.07
ursus14	568 446	619 413 556	1 089.66	547 632	1 119	563	57.30
ursus15	77 769	141 272 643	1 816.57	394 647	2 997	672	41.76
ursus16	235 163	397 839 010	1 691.76	148 748	2 672	652	51.04
ursus17	145 721	203 637 405	1 397.45	268 922	1 747	607	44.93
ursus18	110 854	195 574 770	1 764.26	409 528	3 001	650	44.47
ursus19	113 716	122 822 012	1 080.08	184 128	1 043	550	39.67
ursus20	103 004	225 407 886	2 188.34	184 364	4 154	766	43.35
ursus21	51 667	61 273 575	1 185.93	140 915	1 339	560	52.28

2. 物种注释及其丰度

通过分析棕熊粪便中丰度前20的物种，结果显示棕熊食性较杂，取食各种野生动物、植物、家畜以及牧民定居点内的食物，其中包括8种野生动物（旱獭、岩羊、鼠兔、盘羊、藏羚、高原兔、蜜蜂、藏野驴）、5种野生植物（蒙古韭、珠芽蓼、五脉绿绒蒿、欧荨麻、黄粉牛肝菌）、4种家畜（牦牛、绵羊、山羊、狗）以及3种粮食（青稞、大豆、小麦）（表10-17，图10-14）。单个物种的最大丰度值排在首位的是旱獭（$a=0.60$），其次为绵羊（$a=0.49$）、牦牛（$a=0.44$）、青稞（$a=0.41$）、鼠兔（$a=0.25$）、岩羊（$a=0.22$）、狗（$a=0.22$）、大豆（$a=0.22$）以及小麦（$a=0.21$），其余物种的最大丰度值均低于0.2（表10-17）。

表10-17　基于基因组测序的棕熊食性分析

食性组成	出现频次	占比	最大丰度值
动物			
旱獭 *Marmota himalayana*	13	61.9	0.60
岩羊 *Pseudois nayaur*	4	19.05	0.22
鼠兔 *Ochotona curzoniae*	3	14.29	0.25
盘羊 *Ovis ammon*	3	14.29	0.13
藏羚 *Pantholops hodgsonii*	17	80.95	0.06
高原兔 *Lepus oiostolus*	4	19.05	0.03
蜜蜂 *Apis cerana*	1	4.76	0.18
藏野驴 *Equus kiang*	1	4.76	0.07
植物			
蒙古韭 *Allium mongolicum*	8	38.1	0.14
珠芽蓼 *Polygonum viviparum*	1	4.76	0.14
五脉绿绒蒿 *Meconopsis quintuplinervia*	1	4.76	0.08

续表

食性组成	出现频次	占比	最大丰度值
欧荨麻 *Urtica urens*	1	4.76	0.07
黄粉牛肝菌 *Pulveroboletus ravenelii*	7	33.33	0.07
家畜			
狗 *Canis lupus*	7	33.33	0.22
牦牛 *Bos grunniens*	4	19.05	0.44
绵羊 *Ovis aries*	7	33.33	0.49
山羊 *Capra aegagrus hircus*	1	4.76	0.15
粮食			
青稞 *Hordeum vulgare*	3	14.29	0.41
大豆 *Glycine max*	3	14.29	0.22
小麦 *Triticum aestivum*	1	4.76	0.21

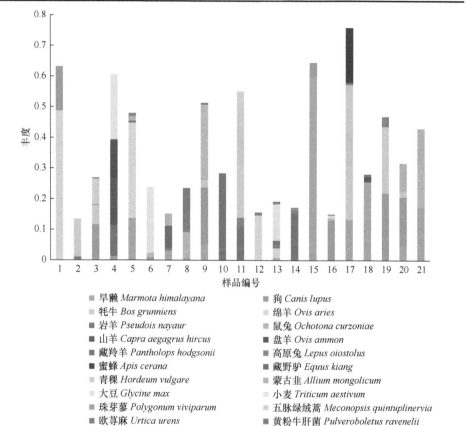

旱獭 *Marmota himalayana* ／ 狗 *Canis lupus*
牦牛 *Bos grunniens* ／ 绵羊 *Ovis aries*
岩羊 *Pseudois nayaur* ／ 鼠兔 *Ochotona curzoniae*
山羊 *Capra aegagrus hircus* ／ 盘羊 *Ovis ammon*
藏羚羊 *Pantholops hodgsonii* ／ 高原兔 *Lepus oiostolus*
蜜蜂 *Apis cerana* ／ 藏野驴 *Equus kiang*
青稞 *Hordeum vulgare* ／ 蒙古韭 *Allium mongolicum*
大豆 *Glycine max* ／ 小麦 *Triticum aestivum*
珠芽蓼 *Polygonum viviparum* ／ 五脉绿绒蒿 *Meconopsis quintuplinervia*
欧荨麻 *Urtica urens* ／ 黄粉牛肝菌 *Pulveroboletus ravenelii*

图 10-14 棕熊食物组成中丰度前 20 的物种

3. 物种出现频次

在丰度前 20 物种出现的总频次中野生动物占比最大（51.11%），其次为家畜

（21.11%）、植物（20%）以及牧民定居点内的食物（7.78%）（图 10-15）。在棕熊摄入的野生动物中藏羚出现的频次最高（$n=17$，80.95%），其次为旱獭（$n=13$，61.09%）、岩羊（$n=4$，19.05%）、高原兔（$n=4$，19.05%）、鼠兔（$n=3$，14.29%）、盘羊（$n=3$，14.29%）、藏野驴（$n=1$，4.76%）以及蜜蜂（$n=1$，4.76%）；在棕熊摄入的家畜中绵羊（$n=7$，33.33%）和狗（$n=7$，33.33%）出现的频次最高，牦牛（$n=4$，19.05%）和山羊（$n=1$，4.76%）出现的频次相对较低；在棕熊摄入的植物中蒙古韭（$n=8$，38.1%）和黄粉牛肝菌（$n=7$，33.33%）出现的频次较高，珠芽蓼（$n=1$，4.76%）、五脉绿绒蒿（$n=1$，4.76%）以及欧荨麻（$n=1$，4.76%）出现的频次相对较低；在棕熊摄入定居点内的食物中青稞（$n=3$，14.29%）和大豆（$n=3$，14.29%）出现的频次相对高于小麦（$n=1$，4.76%）（表 10-17）。

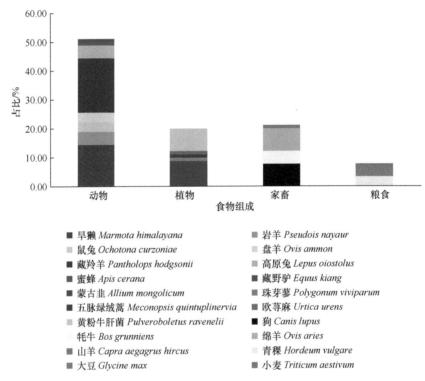

图 10-15 棕熊粪便中物种出现总频次占比

4. 棕熊食物选择与环境之间的关系

基于宏基因组测序的棕熊食性分析结果显示，21 份棕熊粪便中有 17 份样品含有与人类相关的食物，通过多元线性回归模型分析棕熊取食人类食物与环境变量之间的关系。回归分析结果显示旱獭种群密度（$P=0.329$）、归一化植被指数（$P=0.735$）、到河流距离（$P=0.507$）、坡向（$P=0.473$）、坡度（$P=0.476$）以及海拔（$P=0.140$）

对棕熊取食人类食物无显著影响，到定居点距离和到石山距离为棕熊取食人类食物的关键影响因素（$P<0.05$）（表10-18），表明棕熊倾向于前往距石山较近的定居点附近寻找人类食物。

表10-18 不同环境因素对棕熊取食人类食物的影响

环境变量	回归系数 B	标准误 SE	t 值	P 值
海拔	0.000	0.000	−1.580	0.140
坡度	−0.005	0.007	−0.735	0.476
坡向	0.000	0.000	0.740	0.473
到河流距离	0.003	0.005	0.684	0.507
到定居点距离	−0.021	0.009	−2.307	0.040
到石山距离	−0.029	0.011	−2.619	0.022
归一化植被指数	−0.058	0.167	−0.346	0.735
旱獭种群密度	0.014	0.013	1.018	0.329

（五）人熊冲突原因认知

为了获取更多的人熊冲突驱动因素的信息，问卷设计了与人熊冲突驱动因素相关的问题供牧民多选。高达 87.18%（$n=272$）的受访者表示人熊冲突增加与新枪支政策执行后棕熊种群数量增加有关；56.41%（$n=176$）的受访者认为棕熊学会了利用人类食物，色拉油、面粉、酥油、风干牛肉以及家畜饲料等高能量食物对棕熊极具诱惑力；约 53.85%（$n=168$）的受访者认为人熊冲突增加与生态保护和生态修复有关，如为了恢复草场质量，三江源地区实施了草原生态奖补政策，鼓励牧民控制家畜数量、减小放牧强度、缩减放牧范围、拆除草山围栏，进而棕熊活动范围扩大；24.36%（$n=76$）的受访者认为人熊冲突与定居点的修建有关，定居点内的食物容易被棕熊攫取，尤其是在无人看管的夏季；仅 17.63%（$n=55$）的受访者认为近年来草场质量下降，棕熊自然食物源减少；9.29%（$n=29$）的受访者选择了其他，如受藏传佛教影响，牧民不会对死去的家畜进行填埋，而是将家畜尸体搁在定居点周边供其他动物食用，家畜尸体极易招引棕熊，增加棕熊入室破坏的概率（表10-19）。

表10-19 人熊冲突可能性原因

原因	索加	扎河	多彩	治渠	立新	加吉博洛	总计
枪支管控政策执行后棕熊数量增加	69	45	48	33	41	36	272
动态修复，棕熊活动范围扩大	56	34	29	22	15	12	168
草场质量下降，棕熊自然资源减少	12	5	11	8	10	9	55
棕熊学会了获取人类食物	45	26	28	24	29	24	176
定居点的修建	32	11	12	7	6	8	76
其他	6	2	4	8	3	6	29

第五节　人兽冲突风险区识别

当人类活动区域与野生动物活动范围在空间上发生重叠时，两者之间的冲突就在所难免（蔡静和蒋志刚，2006）。人类活动范围扩大导致野生动物栖息地缩减、自然食物减少以及生存竞争变大（Strum，2010；Samojlik et al.，2018）。野生动物为了生存将寻找一切可利用的食物资源，从而导致人兽冲突发生（Strum，2010；Samojlik et al.，2018；Soofi et al.，2018）。人兽冲突对人类及其资源、野生动物及其栖息地均造成负面影响（Lamichhane et al.，2018；Van et al.，2018）。对人类而言，野生动物伤人（White and Ward，2010；Pozsgai，2017）、捕食家畜（Peterson et al.，2010；Meinecke et al.，2018）、损害庄稼（Liu et al.，2011）、传播疾病（DeCandia et al.，2018）等严重影响人类生活生产，而冲突对野生动物造成的负面影响为降低公众对野生动物保护的积极性（Proctor et al.，2012；Van et al.，2018）。当野生动物受到法律保护时，人兽冲突变得更具争议（Prasad et al.，2016）。由于受文化、生活习俗以及野生动物身体部位的特殊文化和经济价值等因素的影响，冲突缓解变得极为复杂（Dickman，2010；Li et al.，2013b；Aryal et al.，2018）。

近年来，人兽冲突风险评估引起了保护生物学家的重视，逐渐成为了保护生物学研究的热点之一（Miller，2015）。目前，较为常用的人兽冲突风险评估模型包括生态位因子分析（ecological niche factor analysis）模型、多元逻辑斯蒂回归（multivariate Logistic regression）模型、最大熵（MaxEnt）模型以及电路理论（circuit theory）模型（Miller，2015；Li et al.，2018）。人兽冲突风险评估的主要目的是识别冲突热点区，进而为缓解措施的空间差异化布局提供依据（Miller，2015；Li et al.，2018）。为了促进三江源地区人熊共存，亟须开展人熊冲突风险区空间分布差异的研究，为实施空间差异化管控措施提供科学依据。本章节使用最大熵模型模拟人熊冲突风险区，同时利用电路理论模型预测风险扩散路径，研究主要目标包括识别人熊冲突风险区和风险扩散路径，分析风险区和风险扩散路径的空间分布特点，探讨风险区与周边环境之间的关系，最后根据不同等级的风险区域和不同强度的风险扩散路径提出了相应的人熊冲突缓解对策。

一、研究方法

（一）数据来源

2018～2019 年，研究团队多次前往三江源地区治多县各牧委会进行实地调研，收集人熊冲突信息，包括人熊冲突发生点位、人熊冲突类型以及人熊冲突发生时间等，人熊冲突点位和冲突类型为重点调查类别。由于实地调研中无法通过牧民获取到棕熊捕食散养家畜的准确位置，因此访谈中只记录棕熊入室破坏和捕食圈养家畜的发生地点。研究共收集到 239 个人熊冲突发生点位，其中 228 个点位为棕熊入室破坏，另 11 个点位同时包括棕熊入室破坏和捕食家畜（图 10-16）。为了避免人熊冲突点位数据的空间自相关而影响模型精度，随机选取每 1km² 网格中的一个点位（Phillips *et al.*，2006；Aryal *et al.*，2016；Li *et al.*，2017）。

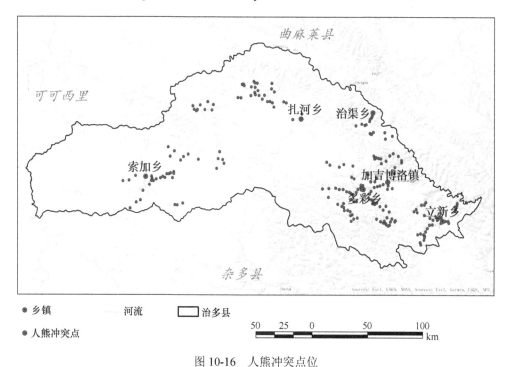

图 10-16   人熊冲突点位

（二）环境变量

结合地理环境因子、人为干扰因子、棕熊生态学因子以及以往学者的研究成果，综合选取了具有生态学意义的环境变量用于人熊冲突风险模拟（吴岚，2014；Miller，2015）。环境变量可划分为如下三类。①地理环境因子：海拔、坡度、坡向、到河流距离、河流分布密度、到湖泊距离、湖泊分布密度。②人类干扰因子：人口密度、人类影响指数（human influence index，HII）。③与棕熊相关生态因子：到三江源国家公园的距离、土地利用与土地覆被变化（land-use and land-cover change，LUCC）、归一化植被指数（normalized difference vegetation index，NDVI）。人熊冲突风险模拟变量选取时不仅考虑了人为干扰对棕熊的影响，同时也考虑了与棕熊分布相关的环境变量。例如，三江源国家公园及其周边分布着大面积棕熊的适宜栖息地，到三江源国家公园的距离是评估棕熊分布密度的一个重要环境变量（Dai *et al.*，2020）；LUCC 和 NDVI 是评估棕熊自然食物丰度的重要指标。各环境变量数据处理见表 10-20，变量描述及数据类型见表 10-21。

表 10-20 环境变量及其处理方式

变量类别	环境变量	获取和处理方式
地理环境因子	海拔	DEM 从 ASTER GDEM V2 数字高程模型当中提取（30m 分辨率；地理空间数据云；http://www.gscloud.cn/）；利用 ArcGIS 10.1 中自带的 Resample 工具对其重采样
	坡度	利用 ArcGIS 10.1 中自带的空间分析工具 Slope 模块，从 DEM 数据中提取
	坡向	利用 ArcGIS 10.1 中自带的空间分析工具 Aspect 模块，从 DEM 数据中提取
	到河流距离	对 1∶50 000 的地形图进行数字化处理，获取河流和湖泊的矢量数据；利用 ArcGIS 10.1 中自带的空间分析工具 Distance 模块，将河流转化为距离图层
	河流分布密度	利用 ArcGIS 10.1 中自带的空间分析工具 Density 模块，将河流转化为密度图层
	到湖泊距离	利用 ArcGIS 10.1 中自带的空间分析工具 Distance 模块，将湖泊转化为距离图层
	湖泊分布密度	利用 ArcGIS 10.1 中自带的空间分析工具 Density 模块，将湖泊转化为密度图层
人类干扰因子	人口密度	从中国科学院资源环境数据中心的资源环境数据云平台下载（2015 年；1km 分辨率；http://www.resdc.cn/）；利用 ArcGIS 10.1 中自带的 Resample 工具对其重采样
	人类影响指数	人类影响指数（human influence index，HII）来自美国国家航空航天局（National Aeronautics and Space Administration，NASA）的社会经济数据和应用中心（1km 分辨率；1995～2004 年；http://sedac.ciesin.columbia.edu/），HII 是通过人类可达性、土地利用类型和人口压力综合计算得出的集成数据，代表人类活动对地球生物圈的影响程度；利用 ArcGIS 10.1 中的 Resample 工具对其重采样
棕熊相关生态因子	到三江源国家公园的距离	利用 ArcGIS 10.1 中自带的空间分析工具 Distance 模块，将三江源国家公园矢量图转化为距离图层
	土地利用与土地覆被变化	通过解译美国地质调查局（U.S. Geological Survey，USGS）2017 年 Landsat 8 OLI 遥感影像（30m 分辨率；https://www.usgs.gov/）获得土地利用类型，采用 1∶50 000 数字高程图（digital elevation model，DEM）作为参考控制图像，使用 ENVI 5.1（ESRI Inc.，Redlands，CA，USA）对图像进行几何偏差校正，均方根误差（root mean squared error）<1，数据精度满足研究要求；利用 ArcGIS 10.1 中自带的 Resample 工具对其重采样
	归一化植被指数	从中国科学院资源环境数据中心的资源环境数据云平台下载（2018 年；1km 分辨率；http://www.resdc.cn/）；利用 ArcGIS 10.1 中自带的 Resample 工具对其重采样

表 10-21 环境变量描述及数据类型

变量代码	描述	单位	数据类型
ELE	海拔	m	连续变量
SLO	坡度	°	连续变量

续表

变量代码	描述	单位	数据类型
ASP	坡向	—	连续变量
DSR	到河流距离	m	连续变量
DRD	河流分布密度	—	连续变量
DSL	到湖泊距离	m	连续变量
DLD	湖泊分布密度	—	连续变量
HPD	人口密度	—	连续变量
HII	人类影响指数	—	连续变量
DSS	到三江源国家公园的距离	m	连续变量
LUCC	土地利用与覆被变化	—	分类变量
NDVI	归一化植被指数	—	连续变量

在 ArcGIS 10.1（ESRI Inc.，Redlands，CA，USA）中对所有环境变量进行重采样，统一分辨率（500m）、地理坐标（WGS 84）、投影坐标（Clarke_1866_Albers）以及栅格格式（ASCII）。利用 ArcGIS 10.1 中的波段集统计工具（band collection statistics，BCS）计算各个变量之间的相关系数。为了确定影响人熊冲突风险预测模型的关键变量，本节研究对变量进行了三次筛选。首先，为了降低变量的多重共线性，随机剔除两个变量间 Pearson 相关系数$|r|>0.6$的其中一个变量（图 10-17）；其次，将剩余的变量载入 MaxEnt 模型，剔除无贡献率（contribution rate）的变量；最后，根据第一次模型输出结果，选取对模型结果有贡献率的环境变量再次载入模型运算。

（三）风险预测模型

最大熵（maximum entropy，MaxEnt）模型利用环境变量和目标物种出现点位来计算目标物种出现的概率，识别在环境变量限制条件下的最大熵可能分布区域（Phillips et al.，2006）。MaxEnt 模型是目前备受推崇的生态位模型，其原因是该模型只需要目标物种的出现点数据（presence data），即使样本量小也可计算出较为准确的结果（Phillips et al.，2006）。在菲利普斯（Phillips）的研究中发现，MaxEnt 模型的稳定性和预测精度均优于其他生态位模型（Phillips et al.，2006）。为此，本节研究使用 MaxEnt 模型识别人熊冲突风险区。模型运行参数设置为：①随机选取 75%的物种出现点作为训练数据集（training data）构建模型，剩下 25%的点位作为模型检验数据集（testing data）；②使用刀切法（Jackknife）检验各环境变量对模型结果的贡献率；③使用重采样法评估模型结果，重复次数设置为 15 次，最后绘制环境变量响应曲线（response curve）（Phillips et al.，2006；Vedel-Sørensen et al.，2013；Su et al.，2018）；④其他模型参数选择默认（Phillips et al.，2006）。

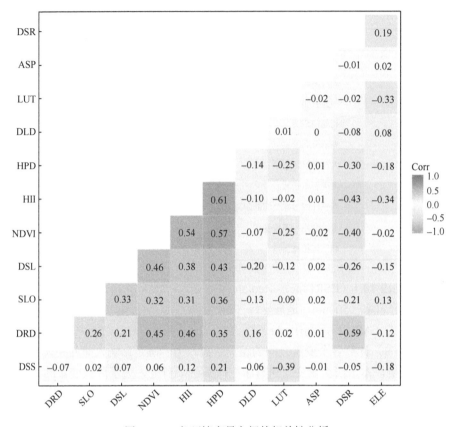

图 10-17　各环境变量之间的相关性分析

使用受试者操作特征（receiver operating characteristic，ROC）曲线下面积（area under curve，AUC）对模型结果精度进行检验。AUC 是验证模型精度的独立阈值，取值范围为 0～1。当 AUC 值为 0.9～1.0 时，表示模型预测结果优越（excellent）；0.8～0.9 表示良好（good）；0.7～0.8 表示一般（fair）；0.6～0.7 表示较差（poor）；0.5～0.6 表示失败（fail）（Araujo et al.，2005；Phillips et al.，2006）。使用重要性排列法（permutation importance method，PIM）对模型各个环境变量的重要性进行评估（Searcy and Shaffer，2016）。MaxEnt 模型输出的结果为人熊冲突风险发生的概率，这里称为风险指数（risk index，RI），RI 为 0 到 1 之间的连续值，在模型输出的栅格数据上有所体现。RI 越接近 1，表示该栅格发生人熊冲突风险的可能性更大。本节研究将模型输出的风险指数栅格图层划分为四类，即"高风险区"（RI≥0.6）、"中风险区"（0.4≤RI<0.6）、"低风险区"（0.2≤RI<0.4）以及"非风险区"（RI<0.2）（Yang et al.，2013；Convertino et al.，2014；Ansari and Ghoddousi，2018）。

（四）风险扩散路径识别

基于 MaxEnt 模型输出的人熊冲突风险指数图，使用电路理论（circuit theory）模型模拟人熊冲突风险扩散路径。电路理论模型以电路为基础，基于随机漫步理论（random walk theory）将电路（circuit）与运动生态学（movement ecology）相结合，景观（landscape）作为一个阻力图层，然后通过电流模式来模拟随机漫步者在景观源像元（source cell）与目标像元（target cell）之间的运动模式（Mcrae and Beier，2007；Walpole et al.，2012）。电路理论模型通常用于野生动物迁移和基因流动的模拟，识别出具有重要生态学意义的连接区域并对其进行重点保护和管理，如人兽冲突风险扩散路径识别（Li et al.，2018）、野生动物廊道设计（Dickson et al.，2013；Brodie et al.，2015）以及基因流模拟（Adams and Burg，2015）等。电路理论模型根据图论（graph theory）法数据结构对能促进生态过程（如物种的迁移和扩散）的斑块赋予低阻力值，阻碍生态过程的斑块赋予高阻力值（Mcrae and Beier，2007）。

电路理论将景观异质图层（栅格）转换为由一系列节点（node）组成的电路网络图（graph），连接各栅格之间节点的电阻（resistance）值和电导率（conductance）大小不同，电阻值与电导率互为倒数，即电阻值越大越阻碍生态过程，电导率越大越促进生态过程，相关概念和生态学解释见表 10-22（Mcrae et al.，2008）。图 10-18 为电路理论模型中栅格图层转为电路网络的示意图，白色栅格表示短路（short circuit）区域，即该栅格的电阻值几乎为 0，电流（current）和电压（voltage）达到最大值，表示目标物种最有可能利用这些区域；黑色栅格表示无穷大的电阻值（零电导率），表示目标物种无法利用这些区域，在模型运行前需要将黑色栅格从电路网络图层中剔除，不纳入模型运算；灰色栅格的电阻值为 1Ω（Mcrae et al.，2008）。在电路网络构建中每个栅格被转化为一个节点（零电导率的栅格除外），用黑色圆点表示，两个相邻的短路栅格共享一个节点；各栅格之间通过电阻与相邻的 4 个或 8 个栅格相连，电阻（resistance）用锯齿形表示。

表 10-22　电路理论中术语的概念和生态学解释

术语	概念和生态学解释
电流	电路中通过节点或电阻的电荷，可用来预测目标物种通过相应节点或边缘的概率，如较高的电流密度区可表示两个斑块之间存在重要的动物迁徙路径
电压	电路中两个节点间电荷的电位差，可以用来预测目标物种由图中任意一点到达另一个指定点的概率，即扩散概率（dispersal probability）
电阻	导体对电流的阻碍作用，指的是某种阻碍物种迁徙和扩散的生境类型，与生态学中的景观阻力（landscape resistance）概念类似
电阻器	传导电流的电子元件
电路	由电阻器连接的节点网络，用来呈现和分析景观图层（栅格）

术语	概念和生态学解释
短路	电阻值几乎为 0,电流值达到最大。从生态学角度讲,如果两个栅格短路,则目标物种在这两个栅格之间的通达性最强
节点	连接栖息地斑块、种群和栅格的点
边缘	表示节点之间连接性强度,反映物种在节点之间的扩散能力
图	生境栅格图层转换为由一系列节点组成的电路网络
电导率	电阻的倒数,即电阻传导电流能力的强度,与生态学中生境渗透性(habitat permeability)概念类似。栅格电导率的大小决定了该栅格是否可以被目标物种所利用;在种群遗传学中,电导率是评价相邻种群之间基因交流概率大小的关键指标
有效电阻	由电阻网络隔开的两个节点之间的电阻值,也称为电阻距离(resistance distance),是成对节点或栅格之间的隔离度,类似于生态学概念中的有效距离(effective distance),但它包含了多条路径;在种群遗传学中,有效电阻与平衡的遗传分化呈线性关系
有效电导	有效电阻的倒数,衡量两个节点在网络中传输电流的能力

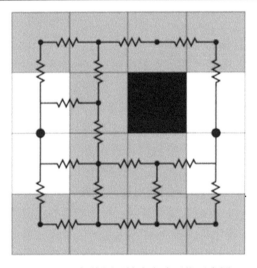

图 10-18　栅格图层转为电路网络示意图

Circuitscape 软件是一款基于电路理论来构建异质景观连通性的开源程序。本节研究根据 MaxEnt 模型运算出的人熊冲突风险图层,运用 Circuitscape 4.0 软件(https: //circuits- cape.org/docs/)识别人熊冲突风险扩散路径。Circuitscape 4.0 软件运行参数设置如下所述。①模型模式:成对模式(pairwise mode)。②计算模式:使用平均电导率来替代电阻将各个栅格相连(use average conductance instead of resistance for connections between cells)、低内存模式运行(run in low-memory mode)。③出图选项:累计和最大电流图(cumulative and max current maps)、设置焦节点电流为零(set focal node currents to zero)。④其他模型参数选择默认。有效电阻(effective resistance)将对所有的配对节点进行迭代计算。为了将人熊冲突风险指数与低运动阻力联系起来，本节研究取风险指数的倒数，利用负指数变换函数将风险指数转化为电阻值，其计算公式如下（Keeley *et al.*，2016）

$$If\ RI > threshold \rightarrow risk\ region \rightarrow resistance = 1 \qquad (9.2)$$

$$If\ RI < threshold \rightarrow non\text{-}risk\ region \rightarrow resistance = e^{\frac{\ln(0.001)}{threshold} \times RI} \times 1000 \qquad (9.3)$$

式中，RI 为风险指数，当 RI≥0.2 时，即为人熊冲突风险区（risk region），当 RI<0.2 时，即为为非风险区（non-risk region）；threshold 是判定风险区与非风险区的阈值，取值 0.2；resistance 为电阻值，单位欧姆（Ω）。

二、研究结果

（一）模型精度验证

MaxEnt 模型最终选取了 218 个人熊冲突点位和 11 个环境变量进行人熊冲突风险区预测。在模型预测结果的交叉验证中，平均测试数据集的 AUC 值为 0.983±0.004 2，平均训练数据集的 AUC 值为 0.986±0.000 1，模型预测结果优越，精度极高（图 10-19）。通过 Jackknife 检验预测结果，得到各环境变量的重要性（图 10-20），各环境变量对模型的贡献率从高到底依次为土地利用类型与土地覆被（34.1%）、人口密度（31.4%）、归一化植被指数（10.4%）、到河流距离（10.1%）、到湖泊距离（4.8%）、到三江源国家公园的距离（3.9%）、湖泊分布密度（2.7%）、海拔（2%）、坡度（0.4%）、河流分布密度（0.2%）以及坡向（0.1%）。土地利用类型、人口密度和归一化植被指数对人熊冲突风险区的空间分布影响最大。

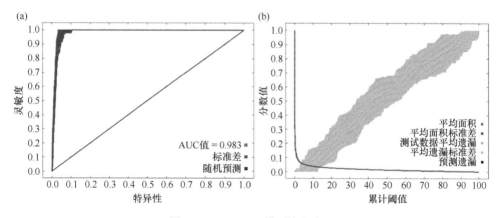

图 10-19　MaxEnt 模型输出结果

（a）风险预测精度性分析的受试者操作特征曲线和平均检验曲线下面积；（b）漏检率和预测面积分析

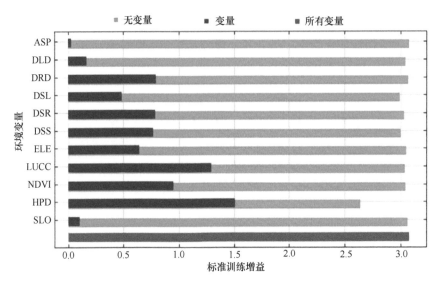

图 10-20　刀切法获取各环境变量的重要性

（二）风险区分布

人熊冲突风险区面积为 11 577.91km²，占研究区总面积的 29.85%（表 10-23）。其中高风险、中风险、低风险区面积分别为 1 133.24km²、4 811.66km²、5 633.01km²，各占研究区总面积的 9.79%、41.56%、48.65%（表 10-23）。各乡镇的风险区空间分布差异较大（图 10-21），其中索加乡风险区所占比例最大，面积为 3 950.94km²，占风险区域总面积的 34.12%，其次是扎河乡（2 800.43km²，24.19%）、多彩乡（2 471.10km²，21.34%）、治渠乡（1 174.09km²，10.14%）、加吉博洛镇（884.42km²，7.64%）以及立新乡（296.93km²，2.56%）（表 10-23）。

表 10-23　人熊冲突风险区面积

乡镇	非风险区	低风险区		中风险区		高风险区		总风险区	
		面积/km²	比例/%	面积/km²	比例/%	面积/km²	比例/%	面积/km²	比例/%
索加	12 095.38	2 075.3	52.53	1 734.12	43.89	141.52	3.58	3 950.94	34.12
扎河	3 548.08	1 307.41	46.69	1 206.68	43.09	286.34	10.22	2 800.43	24.19
多彩	7 300.32	899.03	36.38	1 059.22	42.86	512.85	20.75	2 471.10	21.34
治渠	1 937.47	771.23	65.69	372.93	31.76	29.93	2.55	1 174.09	10.14
立新	850.28	87.29	29.4	153.00	51.53	56.64	19.08	296.93	2.56
加吉博洛	1 483.96	492.75	55.71	285.71	32.3	105.96	11.98	884.42	7.64
总计	27 215.49	5 633.01	48.65	4 811.66	41.56	1 133.24	9.79	11 577.91	100

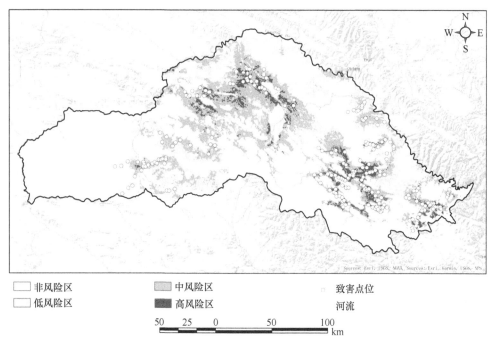

图 10-21　人熊冲突风险区分布

　　人熊冲突风险区呈东南—西北方向分布。58.31%的风险区分布在三江源国家公园长江源园区内的索加乡和扎河乡，面积为 6 751.37km²，高风险区主要分布在与国家公园毗邻的多彩乡，面积约为 512.85km²，占高风险区总面积的 45.26%（表 10-24）。人熊冲突风险区与土地利用类图和 DEM 图叠加分析得到，高寒草甸是风险区内所占比例最大的一种土地利用类型，约为 11 060.34km²，占风险区总面积的 95.53%（图 10-22，表 10-24）；人熊冲突风险区分布的海拔区间值为 3 868～5 376m，其中 50.43%的风险区分布在海拔 4 600～4 800m（图 10-23）。

表 10-24　不同土地利用类型风险区面积统计

土地利用类型	索加/km²	扎河/km²	多彩/km²	治渠/km²	立新/km²	加吉博洛/km²	比例/%
针叶林	—	—	—	—	0.86	0.21	0.01
灌丛	—	—	1.17	—	2.88	0.45	0.04
高寒草甸	3 797.90	2 721.69	2 386.32	1 119.57	257.18	777.68	95.53
高寒草原	3.49	5.69	3.10	0.12	0.36	0.16	0.11
沼泽	35.94	2.33	1.86	7.39	0.53	2.09	0.43
水体	1.76	1.63	—	14.73	0.95	1.47	0.18
河床	10.66	26.33	1.87	1.80	1.00	2.34	0.38
裸岩	25.61	31.22	73.22	29.17	33.17	94.26	2.48
沙漠	75.58	11.54	3.56	1.31	—	5.76	0.84

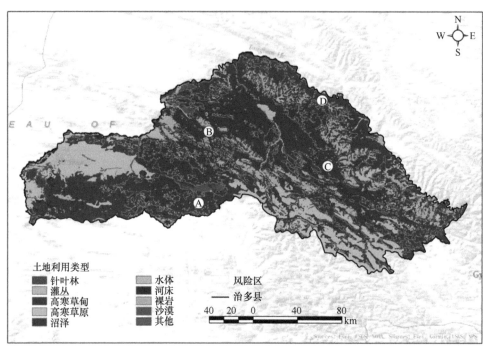

图 10-22　风险区土地利用类型特征

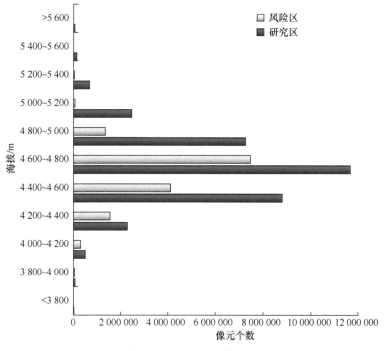

图 10-23　风险区海拔特征

（三）风险扩散路径

风险扩散路径呈东南—西北走向，连通三江源国家公园长江源园区内外，其中索加乡东部和南部、扎河乡南部、多彩乡东部和东南部以及加吉博洛镇北部和中南部的电流强度较其他区域高，人熊冲突风险更大（图10-24）。索加乡东部（图10-24A）和多彩乡东南部（图10-24B）的风险扩散电流达到最大值，多条风险扩散路径在多彩乡东南部汇合。强电流的风险扩散路径主要分布在高风险区和中风险区内，低电流的风险扩散路径则集中分布于低风险区内（图10-24）。

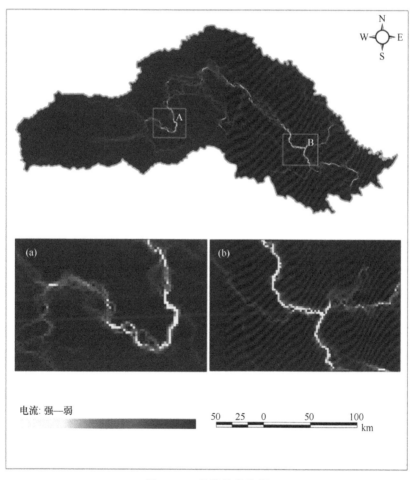

图10-24　风险扩散路径

第六节　人熊冲突缓解措施实施成效及其潜在缓解策略

近年来，以美国和加拿大为代表的国家开展了诸多人熊冲突管控措施研究，其中代表性成果之一就是人熊冲突管理计划（human-bear conflict management plan，HBCMP），HBCMP 包含了一系列配套措施，如电围栏、防熊铁皮箱、防熊喷雾以及转移"问题熊"等（Paquet and Maia，2009）。美国农业部联合自然资源保护委员会在诺布尔果园设置了 2.4m 高的电围栏，成功阻拦了美洲黑熊入侵；除此之外，电围栏的高压脉冲一定程度上纠正了熊的入侵行为（Rigg et al.，2011；Miller et al.，2019）。2009 年加拿大将防熊铁皮箱列入到惠斯勒人熊冲突管理计划中，并在加拿大温哥华和其他人熊冲突热点区推广（Schirokauer and Boyd，1998；Paquet and Maia，2009）。美国环境保护局极为推崇防熊喷雾，倡导野生动物管理工作人员在野外巡护时需配备防熊喷雾。防熊喷雾对熊有很大的震慑作用，也能纠正熊伤人的行为（Smith et al.，2008；Miller et al.，2019）。美国华盛顿鱼类和野生动物部通过强制转移"问题熊"来缓解局部地区的人熊冲突，他们将频繁游荡在社区垃圾站附近的黑熊进行转移（Hopkins and Kalinowski，2013）。

欧洲国家常使用补饲和高架平台来缓解人熊冲突（Can and Togan，2004；Kubasiewicz et al.，2016）。补饲会转移熊的注意力，并训练它们习惯于食用补饲器内的食物（Kubasiewicz et al.，2016）；高架平台是由金属或木材等材料搭建而成，在顶部搁物平台边缘处安装金属倒钩或倒刺防止棕熊攀爬，进而有效保护搁物平台上的财产（Can and Togan，2004）。高架平台技术含量和实施成本较低，东欧国家普遍使用高架平台来保护蜂箱（Can et al.，2014）。在土耳其北部，传统养蜂人常倾向于把蜂箱搁置在悬崖的石缝中，但经常遭受棕熊的"光顾"，高架平台出现后明显改变了这一现象，土耳其计划将在全境部署高架平台（Can et al.，2014）。

合法狩猎是西方国家控制熊科动物数量和缓解人熊冲突的重要方法，野生动物管理机构会在特定季节捕杀一定比例的成年雌熊来缓解冲突（Mazur，2010）。然而，由于成年雄熊会在繁殖季节伤害无母熊保护的幼熊，成年雄性的比例也会影响到种群的数量，因此野生动物管理局对熊的分布区域、自然食源、种群动态、雌雄比例以及繁殖率进行综合监测，然后计算出合理的捕杀率。熊是国际上受欢迎的狩猎战利品，狩猎的合法化可能增加公众对熊的接受度，从而有利于种群的长远保护（Swenson，2000）。在欧盟成员国中，只有在没有其他可替代性人熊冲突缓解方案的情况下才准许捕杀棕熊，出于其他原因的捕杀均被视为非法（Swenson，2000）。在美国和加拿大，公众可持狩猎许可证在开放季（非繁殖季节）对黑熊进行合法捕杀，每年被合法捕杀的黑熊高达 5 万只，成功控制住了黑熊的种群数量，降低了人熊冲突频率。

国际上已有的防熊措施一定程度上缓解了局部地区的人熊冲突，然而这些措施的制定仍停留在措施本身的技术层面上，缺乏对地方实际情况的分析（代云川等，2019）。由于电围栏需要持续稳定的电源供应和定期的专业维护，在未通电和太阳能资源匮乏的地区难以推广。狩猎是缓解人熊冲突最迅速的方法，但捕杀很难被公众接受，尤其是在信奉佛教的地区（申小莉，2008；吴岚，2014）。防熊喷雾虽对熊有很大的震慑作用，但一些国家禁止使用含有带攻击性的辣椒素喷雾（代云川等，2019）。本章节对三江源地区牧民当前使用的人熊冲突缓解措施的有效性进行评价，了解牧民对潜在防熊措施的认知，同时结合国内外已有的人熊冲突管控实践和三江源地区独特的地理环境、法律法规、民俗文化以及宗教信仰提出有针对性的人熊冲突缓解对策。该研究虽然局限于三江源地区的单一物种，但研究结果对于起草国家级的野生动物保护政策、野生动物致害补偿方案以及自然资源保护法规有一定的参考意义。

一、研究方法

第一，通过实地走访对当前三江源地区牧民使用的人熊冲突缓解措施进行调查，并询问受访者当前使用的防熊措施在实践中发挥的效果，措施有效性评估分为三等，即有效、一般和无效；第二，通过询问受访者是否上报人熊冲突案件、案件定损成功率、案件赔付率以及对补偿满意度等来了解当前野生动物致害补偿方案存在的问题；第三，研究选取了国际上已有的人熊冲突管控措施供受访者选择，包括电围栏、屏障围栏（铁丝围栏和木制围栏）、水泥墙、牧羊犬、防熊喷雾以及防熊铁皮箱，了解受访群体对潜在缓解措施的认知和接受程度；第四，研究确定了目前世界各国普遍使用的野生动物致害补偿类型，包括现金补偿、粮食补偿以及保险，询问受访者期望的人熊冲突补偿方式，并要求按优先级排序。

二、研究结果

（一）防熊措施及其效果

1. 防熊措施

高达 96.47%（$n=301$）的受访者同时使用多种防熊措施，3.53%（$n=11$）的受访者没有采取任何措施，其原因是持有家畜数量较少，并居住在人口分布较为密集的区域。在已有的 16 项防熊措施中（图 10-25），藏狗最受欢迎（$n=301$，96.47%），也有 69.23%（$n=216$）的受访者饲养中华田园犬。为了防止棕熊破坏房屋及其屋内生活用品，91.35%（$n=285$）的受访者在转场时转移屋内所有过冬给养，并保持门窗敞开；为了保护散养家畜，10.9%（$n=34$）的受访者采用传统放牧方式代替半传统放牧方式；为了保护房屋，10.26%（$n=32$）的受访者自己出资修建铁丝网围栏，4.81%（$n=15$）的受访者让人照看定居点，4.17%（$n=13$）的受访者使用铁钉板，4.17%（*n*=13）的受访者使用镜子的反射成像原理来驱赶棕熊。在夏季放牧期间，3.53%（*n*=11）的受访者在无人照看的定居点里播放 24h 太阳能收音机，制造屋内有人的假象；少数受访者使用地窖（*n*=9，2.88%）、稻草人（*n*=9，2.88%）、在家畜身上捆绑太阳能音箱（*n*=8，2.56%）、电围栏（*n*=7，2.24%）以及燃放鞭炮（*n*=6，1.92%）来缓解人熊冲突。

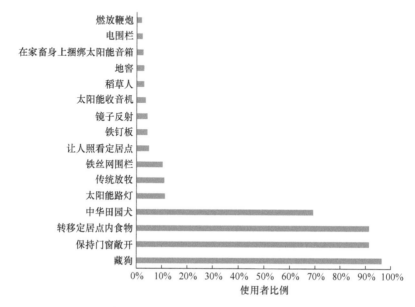

图 10-25　不同防熊措施的使用者比例

2. 防熊效果评价

受访者表示，保护散养家畜的有效措施是在家畜身上捆绑太阳能音箱（*n*=8，100%）和使用传统放牧方式替代半传统放牧方式（*n*=30，88.24%）；保护食物的最有效措施是转移（*n*=249，87.37%）；保护定居点最有效的措施则是让人照看（*n*=13，86.67%）。实地走访中发现，35 户牧民定居点附近安装了太阳能路灯，受访者表示太阳能路灯的安装是为了便于夜晚出行和家畜管理，但后来发现太阳能路灯对狼、雪豹和棕熊有一定震慑作用（*n*=28，80%），对于保护家畜、房屋以及人的效果明显。受访者认为藏狗（*n*=107，35.55%）和中华田园犬（*n*=101，46.76%）的防熊效果一般，部分牧民同时饲养藏狗和中华田园犬，其原因是藏狗的耐受力（尤其是适应高寒、缺氧的环境）强于中华田园犬，而中华田园犬的敏锐性和警惕性高于藏狗，两者在保护家畜时能起到互补作用。在实际运用中，稻草人、地窖、保持门窗敞开、太阳能收音机以及铁丝网围栏基本无效（表 10-25）。

表 10-25 防熊措施有效性评估

防熊措施	使用者数量	有效性评估		
		有效（比例）	一般（比例）	无效（比例）
铁钉板	13	8（61.54%）	3（23.08%）	2（15.38%）
保持门窗敞开	285	31（10.88%）	38（13.33%）	216（75.79%）
让人照看定居点	15	13（86.67%）	2（13.33%）	0（0）
镜子反射	13	9（69.23%）	0（0）	4（30.77%）
太阳能收音机	11	2（18.18%）	1（9.09%）	8（72.73%）
稻草人	9	1（11.11%）	0（0）	8（88.89%）
电围栏	7	3（42.86%）	2（28.57%）	2（28.57%）
铁丝网围栏	32	5（15.62%）	4（12.50%）	23（71.88%）
地窖	9	2（22.22%）	0（0）	7（77.78%）
转移定居点内食物	285	249（87.37%）	22（7.72%）	14（4.91%）
藏狗	301	102（33.89%）	107（35.55%）	92（30.56%）
中华田园犬	216	65（30.09%）	101（46.76%）	50（23.15%）
太阳能路灯	35	28（80.00%）	4（11.43%）	3（8.57%）
燃放鞭炮	6	3（50.00%）	1（16.67%）	2（33.33%）
传统放牧	34	30（88.24%）	3（8.82%）	1（2.94%）
在家畜身上捆绑太阳能音箱	8	8（100%）	0（0）	0（0）

（二）人熊冲突补偿方案

2018 年，高达 95.51%（n=298）的受访者经历过家畜损失的事件，其中 81.41%（n=254）的受访者向当地野生动物主管部门上报了野生动物致害案件，上报者中有 192 户牧民获得了补偿，而另外 62 户牧民因案件定损失败没能获得补偿，家畜损失案件定损成功率约为 75.59%。虽然 2018 年有 88.46%（n=276）的受访者经历过棕熊入室破坏，但仅有 84 户牧民向当地野生动物主管部门上报了该类案件，最终 21 户牧民获得补偿，入室破坏案件定损成功率约为 25%。受访者表示，野生动物致害案件按照相应流程上报给野生动物管理机构后由专人前往现场取证，如果定损成功会获得一定补偿，如一头牦牛的补偿金额为 1 000～1 800 元，一只羊的补偿金额为 600～800 元，如果定损失败就无法获得补偿。

高达 71.79%（n=224）的受访者对当前的野生动物致害补偿方案不满，其主要原因是棕熊入室破坏补偿方案不详，房屋及其屋内生活用品遭到棕熊破坏后其损失价值难以评估，定损人员判定的补偿额度相对较低，导致双方无法对补偿金额达成一致（n=97，43.3%）；其他受访者对补偿方案不满的原因为补偿金额较少（n=56，25%）、案件定损较为复杂（n=38，16.96%）以及赔付延误（n=21，9.38%）

（图 10-26）。受访者期望简化定损、赔付手续，提高补偿额度，同时完善棕熊入室破坏补偿方案。目前，商业保险已在治多县部分地区试点，主要针对家畜。6.73%（*n*=21）的受访者表示，虽然保险需要自费投保（一头羊的保费约为 12 元，一头牦牛保费约为 18 元），但家畜更有保障，一方面，保险赔偿范围不仅涵盖了由野生动物造成的家畜损失，还涵盖了由自然灾害和疾病造成的家畜损失，而政府补偿只针对野生动物造成的家畜损失；另一方面，保险公司赔付的金额相比政府补偿金额更高。

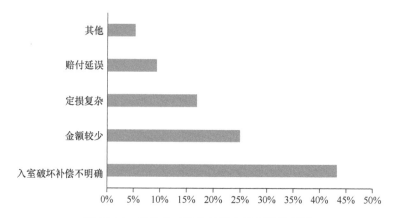

图 10-26 受访者对当前补偿方案不满的原因

（三）潜在防熊措施选择

人熊冲突潜在缓解措施包括电围栏、屏障栅栏（铁丝围栏和木制围栏）、水泥墙、牧羊犬、防熊喷雾以及防熊铁皮箱（表 10-26）。82.37%（*n*=257）的受访者认可电围栏，并期望后期能提升电围栏防控技术，而 14.74%（*n*=46）的受访者否定电围栏，其原因是电围栏可能对人或家畜构成安全隐患，尤其对小孩和患有心脏病的人群；另外，三江源大部分地区暂未通电，不稳定的太阳能供电可能导致电围栏防控失败。

42.31%（*n*=132）的受访者支持屏障围栏，而 56.73%（*n*=177）的人否定这项措施，其原因是屏障围栏不够坚固，不足以阻挡棕熊入侵。相比之下，更多的受访者支持修筑水泥墙（*n*=295，94.55%），但是少部分人不同意这一措施（*n*=16，5.13%），因为水泥墙成本过高，没有政府资金的支持很难实现。

就人身安全而言，58.33%（*n*=182）的受访者支持使用防熊喷雾，特别是考虑到新枪支政策执行后棕熊行为变得更加大胆，防熊喷雾可能是重建棕熊对人产生恐惧的重要方法；33.65%（*n*=105）的受访者否定了防熊喷雾，因为担心防熊喷雾被不法分子利用。

表 10-26 受访者对潜在缓解措施的接受程度

潜在措施		位于国家公园内的乡镇		位于国家公园外的乡镇		总计	
		次数	百分比	次数	百分比	次数	百分比
电围栏	同意	112	89.60	145	77.54	257	82.37
	不同意	7	5.60	39	20.86	46	14.74
	无意见	6	4.80	3	1.60	9	2.88
屏障围栏	同意	45	360	87	46.52	132	42.31
	不同意	78	62.40	99	52.94	177	56.73
	无意见	2	1.60	1	0.53	3	0.96
水泥墙	同意	117	93.60	178	95.19	295	94.55
	不同意	7	5.60	9	4.81	16	5.13
	无意见	1	0.80	0	0	1	0.32
牧羊犬	同意	78	62.40	123	65.78	201	64.42
	不同意	45	36.00	55	29.41	100	32.05
	无意见	2	1.60	9	4.81	11	3.53
防熊喷雾	同意	77	61.60	105	56.15	182	58.33
	不同意	35	28.00	70	37.43	105	33.65
	无意见	13	10.40	12	6.42	25	8.01
防熊铁皮箱	同意	120	96	177	94.65	297	95.19
	不同意	3	2.4	6	3.21	9	2.88
	无意见	2	1.6	4	2.14	6	1.92

64.42%（n=201）的受访者认为牧羊犬可以用来保护财产，而 32.05%（n=100）的受访者表示牧羊犬不能起到保护财产的作用，顶多起到警示作用。在各项潜在缓解措施中，防熊铁皮箱最受欢迎（n=297，95.19%），牧民对铁皮箱寄予很高的期望。

（四）潜在补偿方案认知

在野生动物致害的首选补偿方案中，78.85%（n=246）的受访者倾向于现金补偿；12.5%（n=39）的受访者期望政府能为家畜和房屋购买商业保险；5.45%（n=17）的受访者选择粮食补偿，包括面粉、青稞、色拉油以及肉制品等；仅 3.21%（n=10）的受访者选择其他补偿方案，如政府应当为受害者家庭修建水泥墙房屋、畜圈，派维修人员定期加固房屋等（图 10-27）。

三、人熊冲突缓解对策

建议结合三江源地区实际情况和人熊冲突风险空间分布差异采取多管齐下的

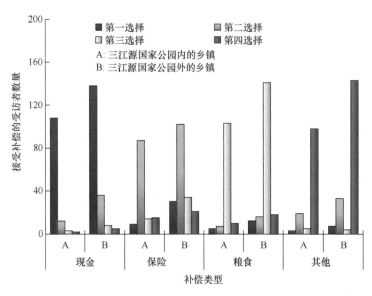

图 10-27 受访者对不同补偿类型的接受程度

措施来缓解人熊冲突，包括实施旨在防止棕熊入室破坏的措施、训练和转移"问题熊"、完善野生动物致害补偿方案以及改善牧民生计等；另外，需要对防熊措施进行同步监测，了解不同措施对于缓解人熊冲突的有效性；最后，加大人熊冲突综合研究力度，深入了解引发人熊冲突的原因，进而指导人熊冲突缓解措施的制定。

（一）防止棕熊入室破坏

棕熊入室破坏是当地牧民关注的首要问题，为了保障牧民生命财产安全，建议采用以下方案防止棕熊入侵。

1）提升电围栏防控技术。电围栏是目前防止熊科动物入室破坏的最佳解决方案，电围栏的高压脉冲同时能训练试图破坏围栏的熊远离围栏。当前三江源地区的电围栏没能发挥应有的效果，其原因是电围栏地线安装不当，并非电围栏本身防控技术的失败。在后期电围栏安装中，建议增加电围栏地桩入地深度、地桩数量以及地线数量来扩大地面导电区域，提高脉冲阀灵敏度，同时用 8 根交替的零线火线代替传统的 5 根，这样既可扩大电围栏触电区域，又可阻挡棕熊穿越和翻越围栏。与此同时，电围栏试点区域有待扩大，首先应当考虑距石山较近的定居点和生活在高风险区内的牧民。

2）定期维护电围栏。电围栏会因地表植被接触电线而引起短路，或因充电故障导致高压脉冲失效。北美防熊经验表明，缺少专业队伍的安装和维护电围栏难以发挥理想的防控效果，从而导致人们对电围栏失去信心。建议三江源地区雇用专业人员安装电围栏，同时培训一支由当地牧民或三江源国家公园生态巡护员组成的电围栏检修队伍，定期对电围栏进行维护，同时增强牧民的参与感。

3）硬化围栏固定桩入地区域。由于棕熊擅长挖洞，加之三江源地区土质松软，因此棕熊很容易从围栏底部以掘洞的方式进入房屋和畜圈内。在后期的铁丝网围栏安装中，建议硬化铁丝网围栏固定桩的入地区域。

4）使用防熊铁皮箱。虽然防熊铁皮箱不能阻挡棕熊入室破坏，但防熊铁皮箱可有效保护食物及其他贵重财产，几个家庭共用的步入式的大型防熊铁皮箱防护效果最佳；与此同时，小型防熊铁皮箱可放置在定居点内，防止棕熊入室后对屋内财产进行二次破坏，小型防熊铁皮箱也便于牧民转场时携带。

（二）减少棕熊捕食家畜

秋季是棕熊捕食家畜的高发季，其原因是家畜在转场过程中看守力度削弱，容易脱群。为了减少棕熊捕食散养家畜，建议当地牧民在转场时加大对家畜的看守力度，同时建议牧民在转场过程中为家畜捆绑反光丝带（reflective ribbon），反光丝带在视觉上对棕熊和其他捕食者有一定的震慑作用。研究发现保护散养家畜的有效措施除了传统放牧外还有在牦牛身上捆绑太阳能音响，因此建议在三江源地区推广该措施。

实地调查中发现太阳能路灯对棕熊有一定的震慑作用，因此建议当地政府扩大太阳能路灯覆盖区域，在没有条件安装太阳能路灯的情况下为牧民的畜圈安装太阳能狐灯（foxlights）（图10-28）。狐灯在澳大利亚运用较广，它具备360°高强度 LED 变光闪烁功能，可视距离达 1.5km，对棕熊、狼以及雪豹等捕食者有一定的震慑作用。

图 10-28 治多县多彩乡牧民畜圈旁的狐灯

（三）训练和转移"问题熊"

1. 建立补饲站

研究发现棕熊入室破坏与棕熊习惯性前往牧民生活区觅食的行为有关，因此可通过建立棕熊补饲站（diversionary feeding）（图 10-29）来训练和纠正棕熊的这一觅食行为，进而降低棕熊前往牧民生活区觅食和入室破坏的频率。补饲是欧洲国家缓解人熊冲突的一项重要措施，其设计概念是为熊提供一种易于获得的食物，从而减少掠夺与人类相关的食物。补饲会转移熊的注意力，并训练它们习惯于食用补饲器内的食物。由于改变熊的觅食行为需要一个长期过程，因此补饲器内的食物必须持续供应，并且与定居点内的食物具有相当或更高的能量。补饲是改变棕熊行为的短期策略，也是训练棕熊与人类保持安全距离的长期策略，建议基于人熊冲突风险区和棕熊最小活动家域面积选择与牧民定居点保持至少 10km 距离的区域建立一定数量的补饲站，以改变棕熊前往牧民生活区觅食的行为。

图 10-29　三江源国家公园长江源园区内的棕熊自动补饲器

2. 合法使用防熊喷雾

防熊喷雾已被证实可有效防御棕熊的攻击。防熊喷雾尚不能在中国合法使用，但建议在人熊冲突高风险区内进行试点，准许生活在高风险区里的牧民在特定季节里合法使用。防熊喷雾是保障牧民生命安全的最后一道防线，同时它也是继收枪之后重建棕熊对人类产生恐惧的重要工具，对于训练和纠正棕熊的行为有一定作用。

3. 改变牧民生活习惯

大多数牧民已不再将过冬给养储存于无人照看的定居点内，但棕熊仍习惯性前往定居点周围寻找家畜尸体和厨余垃圾，为了降低棕熊前往牧民生活区觅食的频率、改变棕熊觅食行为，建议当地牧民把死去的家畜转移至远离房屋的地方，如因疾病导致的大量家畜死亡，建议当地政府协同兽医站对家畜尸体进行特殊处理。除此之外，当地政府应当组织专人对牧民生活垃圾进行及时、集中处理。

4. 转移"问题熊"

捕杀棕熊在我国尚属非法，在藏传佛教文化中也不能接受，因此一些棕熊将继续寻找与人类相关的食物，即使采取了有效的防熊措施，但由于棕熊记忆能力较强，仍可能成功获取到人类食物，这又将激励棕熊继续寻找类似食物。因此建议通过DNA个体识别技术来识别"问题熊"，然后对"问题熊"实施特殊干预，如转移、圈养、训练以及物理震慑，同时采用感应式电击项圈或其他震慑工具对圈养的"问题熊"进行训练，训练成功后的棕熊可为其佩戴GPS项圈并放归野外。

（四）完善补偿方案

三江源地区野生动物致害案件定损较为复杂、补偿金额较少、赔付延误且棕熊入室破坏定损成功率低。首先，棕熊入室破坏造成的财产损失，牧民难以获得补偿，而家畜损失仅补偿约市场价值的一半，导致牧民对棕熊的容忍度低。为此，野生动物管理机构应当提升案件定损效率、简化理赔手续、提高补偿额度以及缩短补偿周期；其次，建议地方政府与商业保险公司合作，为牧民普及相关保险知识，逐渐由政府直接补偿转变为商业保险以提升定损和赔付效率；最后，根据三江源地区人熊冲突实际情况，结合保险精算理论知识厘定出合理的棕熊入室破坏保费及其补偿额度，制定切实可行的棕熊入室破坏的保险方案，为生活在高、中、低人熊冲突风险区的牧民购买相对应的高、中、低等级的商业保险，以提升牧民对棕熊的容忍度，最终减少对棕熊的报复性猎杀。

（五）改善牧民生计

首先应当完善草原生态奖补机制，保障牧民切身利益；其次，改变牧民收入方式，将牧民生计重心转移到更好的经济实践上，如鼓励牧民加入生态公益岗位、开展以棕熊为基础的生态旅游，以缩减有限的放牧收入和高昂的防熊费用之间的差距；最后，鼓励牧民参与到野生动物管理当中，建立管理者、生物多样性保护工作者以及利益相关者之间的友好关系，提升牧民及其社区对野生动物保护工作的积极性。

（六）开展综合研究

三江源地区地广人稀，传统手段不能及时处理野生动物致害案件，需结合人工巡护和监测平台将野生动物活动、人类活动、野生动物致害进行实时监测和管理,因此有必要开发基于三江源国家公园生态巡护员为主的数字化监测巡护系统。通过基于社区的监测巡护实时掌握野生动物致害情况,并及时向当地野生动物主管部门上报野生动物致害案件,为野生动物保护、野生动物致害补偿提供信息支撑;此外,制定针对性的巡护路线和重点监测区域,根据野生动物活动情况及时调整牧民生产生活区域,实现有效避让。目前为止,仍然没有哪一种措施能做到万无一失,为了从根本上降低人熊冲突的强度和频次以促进三江源地区牧民与棕熊之间的共存,建议我国科研人员和管理决策者在以后的研究中进一步深入研究人熊冲突的驱动因素,包括加强人类社会发展与熊科动物生存之间的关系研究,探索人们生产生活方式的改变与棕熊行为变化之间的关系;加强棕熊生态学方面的研究,从棕熊生境质量、种群动态、自然食源以及生态系统完整性等方面去深入挖掘人熊冲突的驱动因素,进而从根本上制定防熊措施和棕熊保护对策。

第十一章　黄河源园区玛多县草地承载力评估

　　三江源区拥有独特的高原高山气候，是我国重要的生态安全屏障，也是气候格局调节的稳定器。草地畜牧业是三江源国家公园内牧民赖以生存的传统产业。玛多县位于三江源黄河源头地区，是我国重要的畜牧业基地，也是藏野驴等大型野生食草动物重要的分布区。长期以来，由于自然因素和不合理人类活动的双重作用，生态环境十分脆弱，该地区同时也面临着过度放牧、草地退化等生态问题。随着保护力度的加强，野生动物种群数量不断增长，野生动物和家畜争食牧草的现象也日渐突出，并造成当地部分牧民对野生动物保护的担忧。为客观评估野生动物，特别是大型食草野生动物对草地生态系统和畜牧业生产的影响，该章节对玛多县大型食草动物（藏野驴和藏原羚）的种群数量进行估算，并进行了其栖息地评估，比较分析了野生动物和家畜对草地生态系统的压力指数，以期为三江源国家公园野生动物保护和管理决策提供有效支撑。研究认为，数量不断增长的野生动物对草地压力依然维持在较低水平，过度放牧还是草地退化的主要原因，控制家畜数量是草地保护及三江源国家公园野生动物管理的首要措施。通过加大生态保护力度，维持生物多样性，平衡野生动物与家畜数量，保障生态安全，促进民生改善，实现人与自然和谐相处。

第一节　玛多县草地利用现状

　　玛多县位于三江源的核心区域，包括黄河乡、扎陵湖乡、玛查理镇和花石峡镇，是三江源自然保护区的重点区域，也是黄河的发源地（安如等，2013）。玛多县作为江河源区的核心区域之一，高寒湿地、草地生态系统形态独特，是果洛州畜产品的重要基地之一，也是当地牧民生活的物质基础。由于人为因素和气候变化的共同影响，黄河源区生态系统持续退化，水源涵养功能严重下降，该地区传统草地畜牧业面临过度放牧、草地退化和沙化等问题（Zhang *et al.*，2002）。其中，过度放牧是威胁草地生态系统的主要因素（Liu *et al.*，2008；Shao *et al.*，2017）。2005 年后，生态治理工程和减畜措施全面实施，黄河源区生态系统持续退化的趋势总体上得到遏制，局部有所好转（刘树超等，2021）。

　　玛多县草原面积 23 050km²，占全县面积的 86.8%，具有典型性，对保护并恢复草地生态环境意义重大。玛查理镇总面积为 6 586km²，草场面积 5 973km²，可利用草场面积 5 146km²。黄河乡总面积 5 019km²，可利用草场面积 3 392km²，占总面积的 71.9%。扎陵湖乡总面积 6 307km²，可利用草场面积 3 720km²。玛多县农牧林业科技局提供的数据显示，2010～2018 年，玛多县总的草场承包面积为 22 525.6km²，分为禁牧区和草畜平衡区两部分，禁牧区的面积为 16 740km²，占整个承包草场面积的 74.32%，草畜平衡区的面积为 5 785.6km²，占整个承包草场面积的 25.68%，一年中，牧场可分为夏季牧场、冬季牧场和过渡牧场。

随着对生态环境保护力度的加强，2010～2018 年，草畜平衡区草场的面积没有发生变化，但是草场的盖度和产草量逐渐上升，可利用草地容纳量和草畜平衡区容纳量总体也呈现上升趋势。2010 年草地盖度仅为 40%，可利用草地容纳量为 919 996 个羊单位，草畜平衡区容纳量为 230 003 个羊单位。截至 2018 年，草地盖度高达 55.7%，产草量 116kg，可利用草地容纳量为 1 778 660 个羊单位，草畜平衡区容纳量为 444 672 个羊单位，草地容纳量增长近一倍，草畜平衡区产草量与理论载畜量如表 11-1 所示。

表 11-1　玛多县 2010～2018 年产草量与现实载畜量

年份	盖度/%	产草量/kg	可利用草地面积/km²	草畜平衡区/km²	可利用草地容纳量/羊单位	草畜平衡区容纳量/羊单位
2010	40	60	22 536.86	5 788.23	919 996	230 003
2011	40	87	22 536.86	5 788.23	1 333 995	333 504
2012	50	85	22 536.86	5 788.23	1 303 328	325 837
2013	60	95	22 536.86	5 788.23	1 456 661	364 171
2014	50	80	22 536.86	5 788.23	1 226 662	306 670
2015	55	90	22 536.86	5 788.23	1 379 995	345 004
2016	55.5	100	22 536.86	5 788.23	1 533 327	383 338
2017	55.7	110	22 536.86	5 788.23	1 686 660	421 672
2018	55.7	116	22 536.86	5 788.23	1 778 660	444 672

玛多县是我国重要的畜牧业基地，随着经济的发展，人口迅速的扩张，占用草场，畜牧养殖量也越来越大，该地区传统草地畜牧业目前面临着过度放牧、草地退化、季节失衡等诸多问题。20 世纪 70 年代以来，玛多县草甸草场持续退化，土地荒漠化持续发展，湖泊水域不断萎缩，这些变化在 80 年代中期以后的发展速度要显著高于 80 年代以前，其增长幅度高达数倍。据玛多县 1987 年与 1997 年两次调查结果显示，90 年代以来草地退化的程度明显加剧，尽管轻度退化面积有所减少，但中度和重度退化草地分别比 80 年代增加了 5 059km² 和 6 236km²，总退化面积增加了 5 380km²，增加比例为 50.29%。玛多县草场退化沙化调查办公室 1998 年的实地调查显示，东北部地区冬春草场退化尤为严重，草场成为毒杂草草地，平均盖度为 50%，牲畜基本无草可食，牧民每年转场达 4～5 次，已危及牧民

的生存；扎陵湖乡、原黑河乡和黄河乡的草场退化和沙化也极为严重。而草场退化就意味着野生动物可利用的生存空间和食物资源的破坏和短缺，也是其面临的主要威胁之一。由"黑土滩"型退化草地演变为裸土与沙漠化土地是退化草地的最终形式，在更大范围内，最普遍的草地退化表现为产草量与植被盖度下降，优良牧草减少和毒杂草大量滋生，鼠害泛滥，草畜矛盾突出，草地载畜水平明显下降，可利用面积减少。

随着野生动物保护力度的加强，野生草食动物种群的逐渐恢复，再加上网围栏的使用，野生动物能利用的栖息地面积逐渐缩小，这种现象加剧了野生草食动物与家畜之间争夺牧草的矛盾，甚至影响当地的草原生态系统和畜牧业。

玛多县农牧林业科技局提供的数据显示，玛多县主要的家畜为绵羊和牦牛，其次是马和山羊。换算羊单位后，牦牛的羊单位总数最高，高达 23 万羊单位。2013～2017 年玛多县家畜载畜量整体呈现较为平稳的趋势，现实载畜量为 30.5万～31.6 万羊单位（表 11-2）。

表 11-2　玛多县 2013～2017 年家畜载畜量

项目	家畜	2013 年	2014 年	2015 年	2016 年	2017 年
实际数量	马	1 443	1 469	1 504	1 476	1 435
	牦牛	58 306	58 057	58 765	59 235	59 502
	绵羊	68 639	67 849	70 667	72 278	73 617
	山羊	905	902	906	855	832
羊单位	马	4 329	4 407	4 512	4 428	4 305
	牦牛	233 224	232 228	235 060	236 940	238 008
	绵羊	68 639	67 849	70 667	72 278	73 617
	山羊	905	902	906	855	832
	合计	307 097	305 386	311 145	314 501	316 762

第二节　大型野生食草动物适宜栖息地面积估算

一、物种分布位点数据收集与处理

2016～2017 年，本节研究利用样线法在三江源开展了广泛的野生动物资源调查。沿道路和山体走向布设调查样线，并记录所见到的野生动物名称、数量及地理位置等信息。调查记录到 396 个藏野驴和 542 个藏原羚的分布点数据。同时本节研究从全球生物多样性信息机构（GBIF）（https：//www.gbif.org/）中分别补充获得了 8 个藏野驴和 16 个藏原羚分布位点数据。共获得 404 个藏野驴和 558 个藏原羚的空间分布位点数据。

为减少由物种分布点之间空间自相关对构建生态位模型所造成的负面影响，从而达到提高模拟结果可靠性的目的，本节研究对两物种的分布点均采用分辨距离进行筛选，以减少在同一栅格内出现相近或重复的分布点（Chamaillé *et al.*，2010）。使用地理信息系统（ArcGIS）软件设置分辨距离为 1km，经过筛选剔除后共得到了 323 个藏野驴和 402 个藏原羚位点，用于本次生态位模型的评估。将整理的位点统一按照"species-longitude- latitude"的格式输入到表格中。同时我们收集了 2010～2018 年家畜及草场载畜量的数据，由玛多县黄河源园区管理局提供。

二、环境变量的收集与筛选

本节研究共采用 4 类与大型食草野生动物藏野驴、藏原羚相关的环境因子作为模型评估的环境变量，分别是：①气候因子，该数据来源于全球气象数据库（global climate date）（http：//www.worldclim.org/），分别是 19 个生物气候因子、月降水量、月平均最低温度、月平均最高温度和月平均温度；②地形因子，基于分辨率为 30m 的 DEM（http：//www. gscloud.cn/）提取得到海拔、坡度（slop）、坡向（aspect）、地表崎岖度（ruggedness，TRI）、地形曲率（curvature）、河流方向（flow direction）等环境变量数据；③植被因子，该类数据包括植被类型及植被归一化指数，该数据来源于中国科学院资源环境数据云平台（http：//www.resdc.cn/）；④人类影响指数（HII）和人口空间分布数据集，分别是从美国宇航局社会经济数据与应用中心和中国科学院地理科学与资源研究所资源环境数据云平台获得的。

由于获得的环境变量之间存在自相关及多重线性重复等问题，影响模型的预测结果，为减少变量之间的信息的重叠，采用相关系数对环境变量进行了选择，剔除了相关性较高的环境变量，将相关性较低的环境变量带入模型，以此提高模型模拟结果的准确性。因此本节研究采用 SPSS 22 软件对藏野驴和藏原羚的环境属性值计算 Pearson 相关系数表，剔除相关系数较高（$|r| \geqslant 0.80$）的环境因子，将筛选得到的相关性较低的环境变量纳入最大熵模型中运算（Kumar *et al.*，2015）。

三、MaxEnt 模型参数优化及构建

近年来，回归模型、机制模型、生态位模型用于模拟目标物种生境适宜性的空间分布（Schadt *et al.*，2002），其中生态位模型（ecological niche model，ENM）是以地理环境因子预测模拟目标物种潜在分布的模型（Phillips *et al.*，2006；Phillips and Dudik，2008）。目前使用比较广泛、操作简单且预测效果较好的生态位模型

是 MaxEnt 模型（Hill *et al.*，2016；Guevara *et al.*，2017）。该模型需要目标物种的空间分布位点和分布区域的环境变量这两组数据，本节研究在模型模拟藏野驴和藏原羚空间分布之前，对物种分布位点和环境变量都进行了筛选。

本节研究使用 MaxEnt 3.3.3k 模型。为构建藏野驴和藏原羚生境适宜性模型的最优参数，以更精确地预测结果，本节研究对特征组合（feature class selection，FC）参数和正则化（regularization multiplier，RM）参数这两个重要参数进行了筛选。特征组合参数包括线性（linear-L）、二次型（quadratic-Q）、片段化（hinge-H）、乘积型（product-P）和阈值性（threshold-T）5 种，将 5 种特征参数组合，同时将 RM 值设置为 0.5～5，每次增加 0.5。ENMTools 计算不同参数下的 AICc 和 BIC 得分值，结合不同参数下响应曲线的光滑程度，我们将 AICc 和 BIC 得分最低及响应曲线相对光滑的情况下的参数作为构建藏野驴和藏原羚栖息地适宜性模型的最优参数。

选择最优参数后，随机将物种分布点数据分为两组，一组 75% 的分布位点作为训练集，用于模型的构建；另一组 25% 的分布位点作为测试集，用于模型的验证。以模型的 10 次平均重复运算结果视为最终预测值。同时本节研究用受试者工作特征曲线（ROC 曲线）和 ROC 曲线下面积（AUC 值）来评价 MaxEnt 模型的精确度，AUC 值取值范围为 0.5～1，其值越高，表明模型的可靠度和准确性越高（Soucy *et al.*，2018）。

四、藏野驴和藏原羚适宜生境面积分析

我们将 MaxEnt 模拟生成的藏野驴和藏原羚生境概率分布图层导入 ArcGIS 软件中，其结果值范围为 0～1，值越大表明物种出现概率越高。参考当前大量研究方法，我们使用 ArcGIS 的重分类功能将图层数据划分为 4 个等级：存在概率≥0.6 为高适宜区；存在概率 0.4～0.6 为中适宜区；存在概率 0.2～0.4 为低适宜区；存在概率<0.2 为不适宜区。将高适宜区和中适宜区作为大型食草野生动物适宜分布区。

五、环境变量筛选及模型准确性检测

分别筛选得到藏野驴和藏原羚的 17 个和 16 个相关性较小的环境变量进行 MaxEnt 模型运算，其中有 14 个相同的变量（表 11-3）。藏野驴和藏原羚的最优参数均为在 feature class selection 中组合选择 linear feature、quadratic feature 和 product feature，在"multiplier"中设置 β 值分别为 3.0 和 2.5。模型设置最优参数，由 MaxEnt 模型生成的 ROC 曲线图（图 11-1）可知，藏野驴和藏原羚 10 次重复运算 AUC_{test} 的平均值分别为 0.933 和 0.894，高于或接近 0.9，且标准差（SD）分别为 0.013 和 0.010，这表明藏野驴和藏原羚的空间适宜性分布预测结果很好，具有很高的准确度。

表 11-3　相关系数小的环境变量

环境变量	代码	藏野驴	藏原羚
海拔	Alt	Y	Y
坡向	Asp	Y	Y
年平均气温	Bio1	Y	—
平均日较差	Bio2	Y	Y
等温性	Bio3	Y	Y
温度季节性变异系数	Bio4	Y	Y
最冷月最低温度	Bio6	—	Y
年降水量	Bio12	Y	Y
最干月降水量	Bio14	—	Y
地形曲率	Cur	Y	Y
河流方向	FD	Y	Y
人类影响指数	HII	Y	Y
土地覆盖	LC	Y	Y
植被归一化指数	NDVI	Y	Y
人口空间分布	Pop	Y	Y
4 月总降水量	Prec4	Y	—
坡度	Slop	Y	Y
12 月最高温度	Tmax12	Y	—
植被类型	Veg	Y	Y

注：Y 表示选择该变量。—表示无数据。

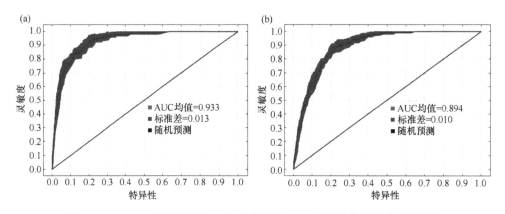

图 11-1　MaxEnt 模拟藏野驴（a）和藏原羚（b）空间分布的精度分析曲线

六、玛多县藏野驴和藏原羚生境适宜性分布及面积分析

根据筛选得到的主要环境变量以及藏野驴和藏原羚的分布位点数据构建最大熵模型模拟生境适宜性，藏野驴适宜分布区主要位于扎陵湖乡大部、玛查里镇中

部及北部、黄河乡西北部、花石峡镇除去东部的大部分区域，其高适宜和中度适宜的面积分别为 7 278.1km² 和 7 185.6km²，分别占玛多县总面积的 28.8% 和 28.5%（图 11-2，表 11-4）。

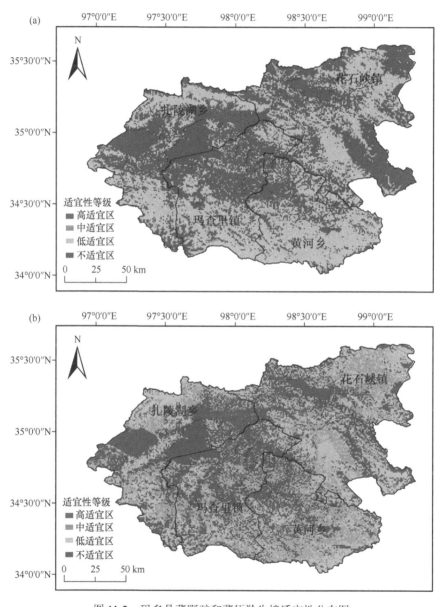

图 11-2　玛多县藏野驴和藏原羚生境适宜性分布图

表 11-4 玛多县藏野驴和藏原羚的栖息地组成

分类	藏野驴		藏原羚	
	面积/km²	占比/%	面积/km²	占比/%
高适宜区面积	7 278.1	28.8	6 338.0	25.1
中适宜区面积	7 185.6	28.5	8 968.3	35.5
低适宜区面积	4 740.3	18.8	5 501.2	21.8
不适宜区面积	6 049.0	24.0	4 445.5	17.6
合计	25 253.0		25 253.0	

藏原羚适宜分布区主要位于扎陵湖乡东北部及西南部、玛查里镇大部、黄河乡大部、花石峡镇北部及西部，其高度适宜和中度适宜的面积分别为 6 338.0km² 和 8 968.3km²，分别占玛多县总面积的 25.1% 和 35.5%。藏野驴和藏原羚高度和中度适宜重叠区域主要位于玛多县中部（图 11-2，表 11-4）。

第三节 玛多县草地承载力现状评估

一、藏野驴和藏原羚大型野生食草动物承载力估算

玛多县藏野驴和藏原羚的调查主要采用样线法，分别在冬季、夏季和秋季开展了调查。布设调查样线时，充分考虑野生动物生活的栖息地类型、活动范围、生态习性和所使用的交通工具，调查玛多县境面积为 25 253km²，冬季共布设样线 219 条，样线总长 964.582km，样线总面积 3 858.328km²，占玛多县总面积的 15.29%；夏季布设样线 188 条，样线总长 869.435km，样线总面积 3 477.72km²，占玛多县总面积的 13.77%，秋季布设样线 202 条，样线总长 930.035km，样线总面积 3 720.14km²，占玛多县总面积的 14.73%。

按下列公式计算玛多县内藏野驴和藏原羚相对密度及数量。

$$\rho = \frac{1}{n} \sum_{i=1}^{n} \rho_i \tag{10.1}$$

$$\rho_n = N_n / A_n \tag{10.2}$$

$$GC = \rho \times S \times \alpha \tag{10.3}$$

式中，ρ 为某个样区目标物种的密度；ρ_i 为第 i 条样线目标物种的密度；N_n 为第 n 条样线目标物种的数量；A_n 为第 n 条样线的面积；GC 为载畜量（razing capacity）；S 为生态位模型计算出的适宜生境的面积；α 为大型食草野生动物换算羊单位的系数，其中藏野驴和藏原羚的 α 系数分别为 4 和 0.5，即每只藏野驴换算为 4 个羊单位，每只藏原羚换算为 0.5 个羊单位（Guo et al.，2018）。

二、藏野驴和藏原羚的种群密度及载畜量估算

根据样线法计算密度，计算出玛多县冬季、夏季和秋季藏野驴的相对密度分别为 0.525 1 只/km²、0.841 8 只/km² 和 0.562 8 只/km²，平均密度为 0.643 2 只/km²。按照玛多县适宜藏野驴分布面积可以估算冬季、夏季和秋季个数分别是为 7 595 只、12 176 只和 8 140 只，转换成羊单位后（每只藏野驴换算为 4 个羊单位），估算玛多县藏野驴在三个季节分别为 30 380 羊单位、48 704 羊单位和 30 560 羊单位。

计算出玛多县冬季、夏季和秋季藏原羚的相对密度分别为 0.218 1 只/km²、0.276 4 只/km² 和 0.224 1 只/km²，平均密度为 0.239 5 只/km²。按照玛多县适宜藏原羚分布面积可以估算冬季、夏季和秋季个数分别是为 3 338 只、4 231 只和 3 430 只，转换成羊单位后（每只藏原羚换算为 0.5 个羊单位），估算玛多县藏原羚在三个季节分别为 1 669 羊单位、2 116 羊单位和 1 715 羊单位。

三、承载力估算

承载力评估结果显示，在 2013～2017 年的 5 年间，2014 年和 2015 年家畜临界超载，其他年份家畜均未超载（表 11-5）。单就野生动物而言，相较家畜其种群数量处于较低水平，长期以来压力指数较小，对整个草场尚未构成压力。

表 11-5　基于家畜和大型野生食草动物的草畜平衡状况

物种	年份	现实载畜量/羊单位	理论载畜量/羊单位	载畜压力指数	草畜平衡状况
家畜	2013	307 097	364 171	0.843	未超载
	2014	305 386	306 670	0.996	临界超载
	2015	311 145	345 004	0.902	临界超载
	2016	314 501	383 338	0.820	未超载
	2017	316 762	421 672	0.751	未超载
野生（藏野驴和藏原羚）		50 820	1 686 660	0.030	未超载

第四节　小　　结

近年来，随着对生态环境及野生动物保护力度的加大，各地生态环境越来越好，野生动物的种群数量也逐渐恢复，但是随之而来的也有"幸福的烦恼"，野生动物种群恢复，数量增多，出现在人类活动范围的频次也随之增加，人类与野生动物的冲突常常出现，包括人类与野生动物竞争生存空间，食肉类野生动物捕

食家畜、伤及人身与财产，大型食草野生动物与家畜竞食等问题（Joseph et al.，2004）。研究表明，导致野生动物与人类发生冲突的主要原因是生存空间重叠及资源竞争（徐增让等，2019），合理规划人类与野生动物对自然资源的利用，可以解决野生动物和人类生活和生产的矛盾，促进人与自然和谐发展。

模型运算得出的藏野驴和藏原羚的适宜分布区（高度适宜和中度适宜）与我们在实际调查中观察到的情况是一致的，其面积超过了整个玛多县的一半。藏野驴和藏原羚夏季的种群密度最高，冬季的种群密度最低。适宜分布区面积为 14 463.7km^2，占玛多县总面积的 57.3%；藏原羚的适宜分布区面积高于藏野驴，其适宜区面积为 15 306.3km^2，占玛多县总面积的 60.6%。结合藏野驴和藏原羚适宜栖息地面积（高度适宜区和中度适宜区），估算的种群数量显著低于基于无人机获得的密度和数量（Guo et al.，2018）。很显然，是因为计算种群数量的方法存在偏差，导致数量偏差。我们认为，基于野外调查获得野生动物的种群密度，结合该物种的适宜栖息地面积，可以更加准确地估算出野生动物的数量。

从栖息地适宜性分析结果来看，玛多县大部分栖息地还是适合藏野驴和藏原羚的生存的，这些适宜分布区我们应该将其视为藏野驴和藏原羚的重点保护区域，定期监测它们的种群数量变化。当然，较差栖息地和不适宜区域同样不能忽略其存在的价值（Su et al.，2018）；应该加大对其恢复和保护的力度，使其向适宜的栖息地转化。同样，如果我们对适宜的栖息地不加以重视，适宜的栖息地也将向不适宜的栖息地转化，最终将影响野生动物的繁衍和生存。

在对玛多县草畜平衡的分析中发现，就野生动物而言，对玛多县整个草场的载畜压力指数仅为 0.03，对草场不存在过度取食的压力。但是，家畜的数量远超过野生动物，在草畜平衡区，其载畜压力指数最高可达到 0.996，我们认为，过度放牧是影响草场草畜平衡的主要因素之一（Yang et al.，2018）。2010～2018 年，玛多县地区草地的覆盖率逐渐增加，产草量也随之增加，生态保护力度的加强以及气候变化是产草量增加的主要原因（Gillespie et al.，2019），在全球气候变化的影响下，三江源地区的气温和降水量均有所增加，有利于提高高原植被的生产力（Guo et al.，2008；Jian et al.，2012；Zhu et al.，2016）。另外有研究表明，过度放牧会导致优质牧草减少，毒草的数量及种类增加（Yan et al.，2015），植被生产力提高或者草畜平衡区的存在都可以暂时减缓过度放牧对草场造成的影响，但是这种方法并不是长久之计，合理的控制家畜的数量才是关键。

玛多县作为重要的畜牧区，家畜是本地居民以及当地发展的主要经济来源，过度控制家畜的数量会导致其他矛盾的产生，研究认为，当地管理局合理的管控是非常重要的，合理的控制家畜的数量，实现对放牧的有效管理是实现草地可持续发展的有效途径。研究表明，适度的放牧可以提高草原的生产力（Mc Naughton，

1983）。因此，除了合理控制家畜的数量，设立草原放牧缓冲带也是非常重要的。综上所述，过度放牧是该地区草场退化的重要因素，近年来随着生态环境的保护及家畜数量的控制，草地生产力逐渐提高，在今后的研究中，应加大野生食草动物种群数量和密度的监测工作，掌握野生动物种群的变化趋势，随时调整放牧策略，为黄河源园区畜牧业发展及生态平衡稳定提供数据支持。

参 考 文 献

阿瓦古丽·玉苏甫. 2016. 同域分布的四种猛禽食性及营养生态位研究. 乌鲁木齐: 新疆农业大学硕士学位论文.

安如, 徐晓峰, 李晓雪, 等. 2013. 黄河源玛多县"黑土滩"遥感定量识别. 光学精密工程, 21(12): 3183-3190.

蔡崇法, 丁树文, 史志华, 等. 2000. 应用 USLE 模型与地理信息系统 IDRISI 预测小流域土壤侵蚀量的研究. 水土保持学报, 14(2): 19-24.

蔡桂全. 1982. 长江发源地区(青海省)鸟、兽考察报告. 高原生物学集刊, (1): 135-149.

蔡静, 蒋志刚. 2006. 人与大型兽类的冲突: 野生动物保护所面临的新挑战. 兽类学报, 26(2): 183-190.

曹伊凡, 苏建平. 2006. 一种用于食草动物粪便显微组织分析的临时装片新技术. 兽类学报, (4): 407-410.

曹巍, 刘璐璐, 吴丹. 2018. 三江源区土壤侵蚀变化及驱动因素分析. 草业学报, 27(6): 10-22.

昶野, 张明明, 刘振生, 等. 2010. 贺兰山同域分布岩羊和马鹿的夏季食性. 生态学报, 30(6): 1486-1493.

陈丹. 2015. 台湾国家公园对大陆自然保护区建设管理的启示. 林产工业, 42(5): 58-60.

陈道剑, 庾太林, 邹发生. 2019. 样线法调查中森林鸟类有效宽度的选择. 生态学杂志, 38(10): 3228-3234.

陈桂琛, 卢学峰, 彭敏, 等. 2003. 青海省三江源区生态系统基本特征及其保护. 青海科技, 10(4): 14-17.

陈化鹏, 高中信. 1992. 野生动物生态学. 哈尔滨: 东北林业大学出版社: 202-245.

陈耀华, 陈远笛. 2016. 论国家公园生态观: 以美国国家公园为例. 中国园林, 32(3): 57-61.

陈振宁, 王舰艇, 马存新, 等. 2016. 曲麻莱县野生动物志. 西宁: 青海人民出版社.

程一凡, 薛亚东, 代云川, 等. 2019. 祁连山国家公园青海片区人兽冲突现状与牧民态度认知研究. 生态学报, 39(4): 1385-1393.

崔多英. 2007. 贺兰山岩羊(*Pseudois nayaur*)的家域、活动规律和采食生态学研究. 上海: 华东师范大学博士学位论文.

崔庆虎, 连新明, 张同作, 等. 2003. 青海门源地区大鵟和雕鸮的食性比较. 动物学杂志, (6): 57-63.

代云川, 薛亚东, 程一凡, 等. 2019. 三江源国家公园长江源园区人熊冲突现状与牧民态度认知研究. 生态学报, 39(22): 8245-8253.

董嘉鹏. 2014. 贺兰山岩羊不同性别昼间行为时间分配和活动节律研究. 哈尔滨: 东北林业大学硕士学位论文.

窦亚权, 李娅. 2018. 我国国家公园建设现状及发展理念探析. 世界林业研究, (1): 75-80.

付梦娣, 田俊量, 朱彦鹏, 等. 2017. 三江源国家公园功能分区与目标管理. 生物多样性, 25(1): 71-79.

巩国丽. 2014. 中国北方土壤风蚀时空变化特征及影响因素分析. 北京: 中国科学院大学博士学位论文.

韩徐芳, 张吉, 蔡平, 等. 2018. 青海省人与藏棕熊冲突现状、特点与解决对策. 兽类学报, 38(1): 28-35.

何跃君. 2016. 关于三江源国家公园体制试点的做法、问题和建议. 中国生态文明, (6): 74-79.

洪洋, 张晋东, 王玉君. 2020. 雪豹生态与保护研究现状探讨. 四川动物, 39(6): 711-720.

环境保护部, 中国科学院. 2015. 中国生物多样性红色名录: 脊椎动物卷. http://www.zhb.gov.cn/ gkml/ hbb/bgg/201505/t20150525_302233.htm [2017-10-20].

黄宝荣, 王毅, 苏利阳, 等. 2018. 我国国家公园体制试点的进展、问题与对策建议. 中国科学院院刊, 33(1): 76-85.

黄麟, 曹巍, 吴丹, 等. 2015. 2000—2010 年我国重点生态功能区生态系统变化状况. 应用生态学报, 26(9): 2758-2766.

贾翔, 马芳芳, 周旺明, 等. 2017. 气候变化对阔叶红松林潜在地理分布区的影响. 生态学报, 37(2): 464-473.

候建平, 郑思思, 龙鑫, 等. 2021. 高山兀鹫肠道微生物的分离鉴定与耐药性分析. 野生动物学报, 42(2): 460-469.

姜莹莹, 马忠其, 滕丽微, 等. 2017. 中国岩羊(Pseudois nayaur)种群和生态学研究进展. 经济动物学报, 21(3): 181-183.

蒋志刚, 纪力强. 1999. 鸟兽物种多样性测度的 G-F 指数方法. 生物多样性, 7(3): 220-225.

蒋志刚, 马勇, 吴毅, 等. 2015. 中国哺乳动物多样性及地理分布. 北京: 科学出版社.

蒋志刚, 江建平, 王跃招, 等. 2016. 中国脊椎动物红色名录. 生物多样性, 24(5): 500-551.

蒋志刚, 刘少英, 吴毅, 等. 2017. 中国哺乳动物多样性(第 2 版). 生物多样性, 25(8): 886-895.

蒋志刚, 李立立, 胡一鸣, 等. 2018. 青藏高原有蹄类动物多样性和特有性: 演化与保护. 生物多样性, 26(2): 158-170.

李春燕, 杨光友. 2017. 野生哺乳动物的疥螨病. 四川动物, 36(1): 104-113.

李佳, 刘芳, 张宇, 等. 2016. 利用红外相机调查青海三江源国家级自然保护区中铁: 军功分区兽类资源. 生物多样性, 24(6): 709-713.

李娟. 2012. 青藏高原三江源地区雪豹(Panthera uncia)的生态学研究及保护. 北京: 北京大学博士学位论文.

李天宏, 郑丽娜. 2012. 基于RUSLE模型的延河流域2001-2010年土壤侵蚀动态变化. 自然资源学报, 27(7): 1164-1175.

李元寿, 王根绪, 王一博, 等. 2006. 长江黄河源区覆被变化下降水的产流产沙效应研究. 水科学进展, 17(5): 616-623.

李忠秋, 蒋志刚. 2007. 青海省天峻地区藏原羚的食性分析. 兽类学报, (1): 64-67.

梁健超, 丁志锋, 张春兰, 等. 2017. 青海三江源国家级自然保护区麦秀分区鸟类多样性空间格局及热点区域研究. 生物多样性, 25(3): 294-303.

林慧龙, 郑舒婷, 王雪璐. 2017. 基于 RUSLE 模型的三江源高寒草地土壤侵蚀评价. 草业学报, 26(7): 11-22.

林柳, 金延飞, 杨鸿培, 等. 2015. 西双版纳亚洲象的栖息地评价. 兽类学报, 35(1): 1-13.

刘宝元, 谢云, 王勇. 2001. 土壤侵蚀预报模型. 北京: 中国科学技术出版社.

刘楚光, 郑生武, 任军让. 2003. 雪豹的食性与食源调查研究. 陕西师范大学学报(自然科学版),

31(S2): 154-159.

刘芳. 2012. 亚洲黑熊研究: 空间分布及人-熊关系. 北京: 中国林业出版社.

刘纪远, 张增祥, 庄大方. 2005. 20 世纪 90 年代中国土地利用变化的遥感时空信息研究. 北京: 科学出版社.

刘纪远, 邵全琴, 樊江文. 2013. 三江源生态工程的生态成效评估与启示. 自然杂志, 35(1): 40-46.

刘纪远, 邵全琴, 于秀波, 等. 2016. 中国陆地生态系统综合监测与评估. 北京: 科学出版社.

刘敏超, 李迪强, 温琰茂. 2005. 论三江源自然保护区生物多样性保护. 干旱区资源与环境, 19(4): 49-53.

刘树超, 邵全琴, 杨帆, 等. 2021. 黄河源区放牧家畜数量及空间分布无人机遥感调查. 地球信息科学学报, 23(7): 1286-1295.

刘信中. 1989. 试论我国自然保护区分类和管理体系. 南京林业大学学报(自然科学版), (4): 42-47.

刘振生, 王小明, 李志刚, 等. 2008. 贺兰山岩羊(Pseudois nayaur)夏季取食和卧息生境选择. 生态学报, 9: 4277-4285.

马兵, 潘国梁, 李雷光, 等. 2021. 天山中部雪豹栖息地适宜性研究初报. 兽类学报, 41(1): 1-10.

马鸣, Munkhtsog B, 徐峰, 等. 2005. 新疆雪豹调查中的痕迹分析. 动物学杂志, 40(4): 34-39.

马鸣, 道·才吾加甫, 山加甫, 等. 2014. 高山兀鹫(Gyps himalayensis)的繁殖行为研究. 野生动物学报, 35(4): 414-419.

欧阳志云, 王如松, 赵景柱. 1999. 生态系统服务功能及其生态经济价值评价. 应用生态学报, 10(5): 635-640.

彭建, 李丹丹, 张玉清. 2007. 基于 GIS 和 RUSLE 的滇西北山区土壤侵蚀空间特征分析: 以云南省丽江县为例. 山地学报, 25(5): 548-556.

彭杨靖, 樊简, 邢韶华, 等. 2018. 中国大陆自然保护地概况及分类体系构想. 生物多样性, 26(3): 315-325.

乔慧捷, 汪晓意, 王伟, 等. 2018. 从自然保护区到国家公园体制试点: 三江源国家公园环境覆盖的变化及其对两栖爬行类保护的启示. 生物多样性, 26(2): 202-209.

乔麦菊, 唐卓, 施小刚, 等. 2017. 基于 MaxEnt 模型的卧龙国家级自然保护区雪豹(Panthera uncia)适宜栖息地预测. 四川林业科技, 38(6): 1-4.

青海省曲麻莱县畜牧林业局. 2002. 曲麻莱县畜牧志. 兰州: 甘肃文化出版社.

任军让, 余玉群. 1990. 青海省玉树、果洛州岩羊的种群结构及生命表初探. 兽类学报, 3: 189-193.

申小莉. 2008. 藏族传统文化在中国西部生物多样性保护中的意义. 北京: 北京大学博士学位论文.

宋慧刚, 朱军. 2008. 山西省鸟类物种多样性及区系分析. 野生动物杂志, 29(5): 231-233.

束晨阳. 2016. 论中国的国家公园与保护地体系建设问题. 中国园林, 32(7): 19-24.

苏化龙, 钱法文, 张国钢, 等. 2016. 青藏高原胡兀鹫与巢域中峭壁生境营巢鸟类的种间互动关系初探. 动物学杂志, 51(6): 949-968.

孙发平, 曾贤刚. 2008. 中国三江源区生态价值及补偿机制研究. 北京: 中国环境科学出版社.

孙鹏飞, 崔占鸿, 刘书杰, 等. 2015. 三江源区不同季节放牧草场天然牧草营养价值评定及载畜量研究. 草业学报, 24(12): 92-101.

孙文义, 邵全琴, 刘纪远. 2014. 黄土高原不同生态系统水土保持服务功能评价. 自然资源学报, 29(3): 365-376.

唐芳林. 2017. 国家公园理论与实践. 北京: 中国林业出版社.

王君. 2012. 新疆塔什库尔干地区雪豹生态位研究及种群估算. 北京: 北京林业大学硕士学位论文.

王茹琳, 李庆, 封传红, 等. 2017. 基于 MaxEnt 的西藏飞蝗在中国的适生区预测. 生态学报, 37(24): 8556-8566.

王小明, 李明, 唐绍祥, 等. 1998. 春季岩羊种群生态学特征的初步研究. 兽类学报, 1: 28-34.

王学志, 徐卫华, 欧阳志云, 等. 2008. 生态位因子分析在大熊猫(Ailuropoda melanoleuca)生境评价中的应用. 生态学报, 28(2): 821-828.

王运生, 谢丙炎, 万方浩, 等. 2007. ROC 曲线分析在评价入侵物种分布模型中的应用. 生物多样性, 15(4): 365-372.

吴丹, 邵全琴, 刘纪远, 等. 2016. 三江源地区林草生态系统水源涵养服务评估. 水土保持通报, 36(3): 206-210.

吴家炎, 王伟. 2006. 中国麝类. 北京: 中国林业出版社.

吴岚. 2014. 青海三江源地区棕熊(Ursus arctos)生态学研究与人棕熊冲突缓解对策. 北京: 北京大学博士学位论文.

吴娱, 董世魁, 张相锋, 等. 2014. 阿尔金山保护区藏野驴和野牦牛夏季生境选择分析. 动物学杂志, 49(3): 317-327.

向宝惠, 曾瑜皙. 2017. 三江源国家公园体制试点区生态旅游系统构建与运行机制探讨. 资源科学, 39(1): 50-60.

徐国华, 马鸣, 吴道宁, 等. 2016. 高山兀鹫繁殖期交配及筑巢行为初步观察. 动物学杂志, 51(2): 183-189.

徐维新, 古松, 苏文将, 等. 2012. 1971—2010 年三江源地区干湿状况变化的空间特征. 干旱区地理, 35(1): 46-55.

徐卫华, 罗翀. 2010. MAXENT 模型在秦岭川金丝猴生境评价中的应用. 森林工程, 26(2): 1-3.

徐新良, 庞治国, 于信芳. 2014. 土地利用/覆被变化时空信息分析方法及应用. 北京: 科学技术文献出版社.

徐新良, 王靓, 李静, 等. 2017. 三江源生态工程实施以来草地恢复态势及现状分析. 地球信息科学学报, 19(1): 50-58.

徐增让, 靳茗茗, 郑鑫, 等. 2019. 羌塘高原人与野生动物冲突的成因. 自然资源学报, 34(7): 1521-1530.

许正红, 夏辉, 邢晓军, 等. 2020. 药物灭鼠与招鹰灭鼠的效果对比. 农业工程技术, 40(8): 94.

闫京艳, 张毓, 蔡振媛, 等. 2019. 三江源区人兽冲突现状分析. 兽类学报, 39(4): 476-484.

姚绪新. 2018. 宁夏贺兰山岩羊发情期行为与其社群状态关系. 哈尔滨: 东北林业大学硕士学位论文.

易雨君, 程曦, 周静. 2013. 栖息地适宜度评价方法研究进展. 生态环境学报, 22(5): 887-893.

禹洋. 2018. 人类活动影响下中国亚洲象栖息地现状及人象关系研究. 北京: 北京师范大学博士学位论文.

袁国映. 1991. 新疆脊椎动物简志. 乌鲁木齐: 新疆人民出版社.

张荣祖. 2011. 中国动物地理. 北京: 科学出版社.

张雁云, 张正旺, 董路, 等. 2016. 中国鸟类红色名录评估. 生物多样性, 24(5): 568-577.

张于光, 何丽, 朵海瑞, 等. 2009. 基于粪便DNA的青海雪豹种群遗传结构初步研究. 兽类学报, 19(3):310-315.

章文波, 谢云, 刘宝元. 2002. 利用日雨量计算降雨侵蚀力的方法研究. 地理科学, 22(6): 705-711.

赵串串, 张愉笛, 张藜, 等. 2017. 黄河源区玛多县湿地生态健康评价. 安徽农业大学学报, 44(1): 108-113.

赵青山, 楼瑛强, 孙悦华. 2013. 动物栖息地选择评估的常用统计方法. 动物学杂志, 48(5): 732-741.

赵同谦. 2004. 中国陆地生态系统服务功能及其价值评价研究. 北京: 中国科学院生态环境研究中心博士学位论文.

赵宇. 2018. 内蒙古乌拉特蒙古野驴: 梭梭林国家级自然保护区鹅喉羚春夏季生境选择研究. 北京: 中国林业科学研究院硕士学位论文.

郑光美. 2017. 中国鸟类分类与分布名录(第三版). 北京: 科学出版社.

中国科学院西北高原生物研究所. 1989. 青海经济动物志. 西宁: 青海人民出版社.

周文佐, 刘高焕, 潘剑君. 2003. 土壤有效含水量的经验估算研究: 以东北黑土为例. 干旱区资源与环境, 17(4): 88-95.

周芸芸, 冯金朝, 朵海瑞, 等. 2014. 基于粪便DNA的青藏高原雪豹种群调查和遗传多样性分析. 兽类学报, 34(2): 138-148.

宗敏, 韩广轩, 栗云召, 等. 2017. 基于 MaxEnt 模型的黄河三角洲滨海湿地优势植物群落潜在分布模拟. 应用生态学报, 28(6): 1833-1842.

Abebe F B, Bekele S E. 2018. Challenges to national park conservation and management in Ethiopia. Journal of Agricultural Science, 10: 52-62.

Abi-Rached L, Jobin M J, Kulkarni S, *et al*. 2011.The shaping of modern human immune systems by multiregional admixture with archaic humans. Science, 334(6052): 89-94.

Adams R V, Burg T M. 2015. Gene flow of a forest-dependent bird across a fragmented landscape. PLoS One, 10(11): e0140938.

Alexander J S. 2015. 中国祁连山雪豹研究与保护: 管理及方法应用. 北京: 北京林业大学博士学位论文.

Alexander J, Chen P, Damerell P, *et al*. 2015. Human wildlife conflict involving large carnivores in Qilianshan, China and the minimal paw-print of snow leopards. Biological Conservation, 187: 1-9.

Ali A, Waseem M, Teng M, *et al*. 2018. Human-Asiatic black bear (*Ursus thibetanus*) interactions in the Kaghan Valley, Pakistan. Ethology Ecology and Evolution, 30(5): 399-415.

Anderson R P, Gonzalez I. 2011. Species-specific tuning increases robustness to sampling bias in models of species distributions: An implementation with Maxent. Ecological Modelling, 222(15): 2796-2811.

Ansari M, Ghoddousi A. 2018. Water availability limits brown bear distribution at the southern edge of its global range. Ursus, 29(1): 13-25.

Araujo M B, Pearson R G, Thuiller W, *et al*. 2005. Validation of species-climate impact models under climate change. Global Change Biology, 11(9): 1504-1513.

Aryal A, Brunton D, Ji W, *et al*. 2014. Blue sheep in the Annapurna Conservation Area, Nepal: habitat use, population biomass and their contribution to the carrying capacity of snow leopards.

Integrative Zoology, 9(1): 34-45.

Aryal A, Morley C G, McLean I G. 2018. Conserving elephants depend on a total ban of ivory trade globally. Biodiversity and Conservation, 27(10): 2767-2775.

Aryal A, Shrestha U B, Ji W, et al. 2016. Predicting the distributions of predator (snow leopard) and prey (blue sheep) under climate change in the Himalaya. Ecology and Evolution, 6(12): 4065-4075.

Austin M. 2002. Spatial prediction of species distribution: an interface between ecological theory and statistical modelling. Ecological Modelling, 157(2-3): 101-118.

Bai W, Connor T, Zhang J, et al. 2018. Long-term distribution and habitat changes of protected wildlife: giant pandas in Wolong Nature Reserve, China. Environmental Science and Pollution Research, 25(12): 11400-11408.

Baranga D, Basuta G I, Teichroeb J A, et al. 2012. Crop Raiding Patterns of Solitary and Social Groups of Red-Tailed Monkeys on Cocoa Pods in Uganda. Tropical Conservation Science, 5(1): 104-111.

Bargali H S, Akhtar N, Chauhan N P S. 2005. Characteristics of sloth bear attacks and human casualties in North Bilaspur Forest Division, Chhattisgarh, India. Ursus, 16(2): 263-267.

Barker A, Stockdale A. 2008. Out of the wilderness? Achieving sustainable development within Scottish national parks. Journal of Environmental Management, 88(1): 181.

Baron E A F. 2003. Evaluating a benthic index of biotic integrity (B-IBI) to measure ecological integrity in Pacific Rim National Park reserve of Canada. Vancouver: Master's Dissertation of Simon Fraser University: 1-79.

Barrows C W, Fleming K D, Allen M F. 2011. Identifying Habitat linkages to maintain connectivity for corridor dwellers in a fragmented landscape. The Journal of Wildlife Management, 75(3): 682-691.

Baruch-Mordo S, Breck S W, Wilson K R, et al. 2011. The Carrot or the Stick? Evaluation of Education and Enforcement as Management Tools for Human-Wildlife Conflicts. PLoS One, 6(1): e15681.

Baseer Q, Maqsood A, Iftikha H, et al. 2015. New record of distribution and population density of Golden Marmot (Marmota caudata) from District Neelum, AJ&K, Pakistan. International Journal of Biosciences, 7(2): 96-105.

Bhandari S, Bhusal D R. 2017. Notes on human-hyena (Hyaena hyaena, Linnaeus 1751) conflict in Jajarkot, Kalikot and Mahottari district of Nepal. Journal of Institute of Science and Technology, 22(1): 127-131.

Bhatnagar Y V, Wangchuk R, Mishra C. 2006. Decline of the Tibetan gazelle Procapra picticaudata in Ladakh, India. Oryx, 40(2): 229-232.

Bhattarai B R, Fischer K. 2014. Human-tiger Panthera tigris conflict and its perception in Bardia National Park, Nepal. Oryx, 48(4): 522-528.

Bildstein K L, Bird D M. 2007. Raptor research and management techniques. Canada: Hancock House: 463.

Block W, Brennan L. 1993. The habitat concept in ornithology: Theory and applications. New York: Current Ornithology: 35-91.

Blocksom K A, Kurtenbach J P, Klemm D J, et al. 2002. Development and Evaluation of the Lake Macroinvertebrate Integrity Index. (LMII). for New Jersey Lakes and Reservoirs. Environmental Monitoring and Assessment, 77: 311-333.

Boast L K, Good K, Klein R. 2015. Translocation of problem predators: is it an effective way to mitigate conflict between farmers and cheetahs Acinonyx jubatus in Botswana? Oryx, 50(3):

537-544.

Bolger D T, Newmark W D, Morrison T A, *et al.* 2008. The need for integrative approaches to understand and conserve migratory ungulates. Ecology Letters, 11(1): 63-77.

Brewer J S, Menzel T. 2009. A Method for Evaluating Outcomes of Restoration When No Reference Sites Exist. Restoration Ecology, 17: 4-11.

Brodie J F, Giordano A J, Dickson B, *et al.* 2015. Evaluating multispecies landscape connectivity in a threatened tropical mammal community. Conservation Biology, 29(1): 122-132.

Brooks R P, Wardrop D H, Bishop J A. 2004. Assessing wetland condition on a watershed basis in the mid-atlantic region using synoptic land-cover maps. Environmental Monitoring and Assessment, 94: 9-22.

Brooks T M, Mittermeier R A, Mittermeier C G, *et al.* 2002. Habitat loss and extinction in the hotspots of biodiversity. Conservation Biology, 16(4): 909-923.

Brown M T, Vivas M B. 2005. Landscape Development Intensity Index. Environmental Monitoring and Assessment, 101: 289-309.

Brown E D, Williams B K. 2016. Ecological integrity assessment as a metric of biodiversity: Are we measuring what we say we are? Biodiversity and Conservation, 25: 1011-1035.

Brown S K, Buja K R, Jury S H, *et al.* 2000. Habitat Suitability Index Models for Eight Fish and Invertebrate Species in Casco and Sheepscot Bays, Maine. North American Journal of Fisheries Management, 20(2): 408-435.

Burgas D, Byholm P, Parkkima T, *et al.* 2014. Raptors as surrogates of biodiversity along a landscape gradient. Journal of Applied Ecology, 51(3): 786-794.

Butler J R A. 2000. The economic costs of wildlife predation on livestock in Gokwe communal land, Zimbabwe. African Journal of Ecology, 38(1): 23-30.

Can Ö E, Togan İ. 2004. Status and management of brown bears in Turkey. Ursus, 15(1): 48-53.

Can Ö E, D'Cruze N, Garshelis D L, *et al.* 2014. Resolving Human-Bear Conflict: A Global Survey of Countries, Experts, and Key Factors. Conservation Letters, 7(6): 501-513.

Caniani D, Labella A, Lioi D S, *et al.* 2016. Habitat ecological integrity and environmental impact assessment of anthropic activities: A gis-based fuzzy logic model for sites of high biodiversity conservation interest. Ecological Indicators, 67: 238-249.

Cao X F, Bai Z Z, Ma L, *et al.* 2017. Metabolic Alterations of Qinghai-Tibet Plateau Pikas in Adaptation to High Altitude. High Altitude Medicine and Biology, 18(3): 219-225.

Carlos-Júnior L A, Neves D M, Barbosa N P, *et al.* 2015. Occurrence of an invasive coral in the southwest Atlantic and comparison with a congener suggest potential niche expansion. Ecology and Evolution, 5(11): 2162-2171.

Casatti L, Ferreira C P, Langeani F. 2009. A fish-based biotic integrity index for assessment of lowland streams in southeastern Brazil. Hydrobiologia, 623: 173-189.

Chamaillé L, Tran A, Meunier A, *et al.* 2010. Environmental risk mapping of canine leishmaniasis in France. Parasites and Vectors, 3: 31.

Chauhan N P S. 2003. Human casualties and livestock depredation by black and brown bears in the Indian Himalaya, 1989-98. Ursus, 14(1): 84-87.

Chavko J. 2010. trend and conservation of Saker Falcon (*Falco cherrug*) population in western Slovakia between 1976 and 2010. Slovak Raptor Journal, 4: 1-22.

Chin A T M, Tozer D C, Fraser G S. 2014. Hydrology influences generalist-specialist bird-based indices of biotic integrity in Great Lakes coastal wetlands. Journal of Great Lakes Research, 40: 281-287.

Comer P J, Hak J. 2009. NatureServe landscape condition model. Arlington: NatureServe (Internal

Data).

Convertino M, Muñoz-Carpena R, Chu-Agor M L, *et al.* 2014. Untangling drivers of species distributions: Global sensitivity and uncertainty analyses of MaxEnt. Environmental Modelling and Software, 51: 296-309.

Costanza R. 1997. The value of the world's Eco system services and natural capital. Nature, 387: 233-240.

Cui Q H, Su J P, Jiang Z G. 2008. Summer diet of two sympatric species of raptors upland buzzard (*Buteo hemilasius*) and Eurasian eagle owl (*Bubo bubo*) in Alpine meadow: Problem of coexistence. Polish Journal of Ecology, 56(1): 173-179.

Dagleish M P, Ali Q, Powell R K, *et al.* 2007. Fatal *Sarcoptes scabiei* infection of blue sheep (*Pseudois nayaur*) in Pakistan. Journal of Wildlife Diseases, 43(3): 512-517.

Dai Y, Hacker C E, Zhang Y, *et al.* 2020. Conflicts of human with the Tibetan brown bear (*Ursus arctos pruinosus*) in the Sanjiangyuan region, China. Global Ecology and Conservation, 22: e01039.

Daily G C. 1997. Nature's services. Societal dependence on natural ecosystems. Animal Conservation, 1(1): 75-76.

Dalmasso S, Vescoa U, Orlandoa L, *et al.* 2012. An integrated program to prevent, mitigate and compensate wolf (*Canis lupus*) damage in the Piedmont region (northern Italy). Hystrix, the Italian Journal of Mammalogy, 23(1): 54-61.

Danz N P, Neimi G J, Regal R R, *et al.* 2007. Integrated measures of anthropogenic stress in the U. S. Great Lakes Basin. Environmental Management, 39: 631-647.

Das D, Cuthbert R J, Jakati R D, *et al.* 2011. Diclofenac is toxic to the Himalayan Vulture Gyps himalayensis. Bird Conservation International, 21(1): 72-75.

DeCandia A L, Dobson A P, von Holdt B M. 2018. Toward an integrative molecular approach to wildlife disease. Conservation Biology, 32(4): 798-807.

Delgado M P, Morales M B, Traba J, *et al.* 2009. Determining the effects of habitat management and climate on the population trends of a declining steppe bird. Ibis, 151(3): 440-451.

Devault T L, Rhodes J, Olin E, *et al.* 2003. Scavenging by vertebrates: behavioral, ecological, and evolutionary perspectives on an important energy transfer pathway in terrestrial ecosystems. Oikos, 102(2): 225-234.

Dhamorikar A H, Prakash M, Harendra B, *et al.* 2017. Characteristics of human-sloth bear (*Melursus ursinus*) encounters and the resulting human casualties in the Kanha-Pench corridor, Madhya Pradesh, India. PLoS One, 12(4): e0176612.

Dickman A J. 2010. Complexities of conflict: The importance of considering social factors for effectively resolving human-wildlife conflict. Animal Conservation, 13(5): 458-466.

Dickson B G, Roemer G W, Mcrae B H, *et al.* 2013. Models of regional habitat quality and connectivity for pumas (*Puma concolor*) in the southwestern United States. PLoS One, 8(12): e81898.

Dirzo R, Raven P H. 2003. Global state of biodiversity and loss. Annual review of Environment and Resources, 28(1): 137-167.

Dittus W P J, Gunathilake S, Felder M. 2019. Assessing Public Perceptions and Solutions to Human-Monkey Conflict from 50 Years in Sri Lanka. Folia Primatologica, 1: 89-108.

Dixon A. 2016. Commodification of the Saker Falcon *Falco cherrug*: Conservation Problem or Opportunity? Problematic Wildlife: 69-89.

Dixon A, Li X, Rahman M L, *et al.* 2017. Characteristics of home range areas used by Saker Falcons (*Falco cherrug*) wintering on the Qinghai-Tibetan Plateau. Bird Conservation International,

27(4): 525-536.

Donázar J A, Cortés-Avizanda A, Fargallo J A, *et al.* 2016. Roles of Raptors in a Changing World: From Flagships to Providers of Key Ecosystem Services. Ardeola, 63(1): 181-234.

Dudley N, Hockings M, Stolton S. 1999. Measuring the effectiveness of protected areas management. London: Earthscan Publications.

Dupin M, Reynaud P, Jarošík V, *et al.* 2011. Effects of the training dataset characteristics on the performance of nine species distribution models: application to Diabrotica virgifera virgifera. PLoS One, 6(6): e20957.

Elisa M, Shultz S, White K. 2016. Impact of surface water extraction on water quality and ecological integrity in arusha national park, tanzania. African Journal of Ecology, 54: 174-182.

Evans L A, Adams W M. 2018. Elephants as actors in the political ecology of human-elephant conflict. Transactions of the Institute of British Geographers, 1: 1-16.

Faber-Langendoen D, Kudray G, Nordman C, *et al.* 2009a. Assessing the condition of ecosystems to guide conservation and management: An overview of NatureServe's ecological integrity assessment methods. Arlington: NatureServe (Internal Data).

Faber-Langendoen D, Lyons R, Comer P. 2009b. Developing options for establishing reference conditions for wetlands across the lower 48 states. A report to the U. S. Environmental Protection Agency. Arlington: NatureServe (Internal Data).

Fisher R J, Wellicome T I, Bayne E M, *et al.* 2015. Extreme precipitation reduces reproductive output of an endangered raptor. Journal of Applied Ecology, 52(6): 1500-1508.

Franklin J F, Spies T A, Pelt R V, *et al.* 2002. Disturbances and structural development of natural forest ecosystems with silvicultural implications, using Douglas-fir forests as an example. Forest Ecology and Management, 155: 399-423.

Fredriksson G. 2005. Human-sun bear conflicts in East Kalimantan, Indonesian Borneo. Ursus, 16(1): 130-137.

Freeman L A, Kleypas J A, Miller A J. 2013. Coral reef habitat response to climate change scenarios. PLoS One, 8(12): e82404.

Friedemann G, Leshem Y, Kerem L, *et al.* 2016. Multidimensional differentiation in foraging resource use during breeding of two sympatric top predators. Scientific Reports, 6: 35031.

Fryrear D W, Krammes C A, Williamson D L, *et al.* 1994. Computing the wind erodible fraction of soils. Journal of Soil and Water Conservation, 49(2): 183-188.

Gao H, Jiang F, Chi X, *et al.* 2020. The carrying pressure of livestock is higher than that of large wild herbivore in Yellow River source area, China. Ecological Modelling, 431: doi.org/10.1016/j.ecolmodel. 2020.109163.

Garriga R M, Marco I, Casas-Díaz E, *et al.* 2017. Perceptions of challenges to subsistence agriculture, and crop foraging by wildlife and chimpanzees *Pan troglodytes* verus in unprotected areas in Sierra Leone. Oryx, 1: 1-14.

Garshelis D L, Hristienko H. 2006. State and provincial estimates of American black bear numbers versus assessments of population trend. Ursus, 17(1): 1-7.

Gaston K J, Charman K, Jackson S F, *et al.* 2006. The ecological effectiveness of protected areas: The United Kingdom. Biological Conservation, 132: 76-87.

Gillespie T W, Madson A, Cusack C F, *et al.* 2019. Changes in NDVI and human population in protected areas on the Tibetan Plateau. Arctic, Antarctic, and Alpine Research, 51: 428-439.

Goodman L. 1961. Snowball sampling. The Annals of Mathematical Statistics, 1: 148-170.

Gore M L, Knuth B A, Curtis P D, *et al.* 2006. Education programs for reducing American black bear-human conflict: indicators of success? Ursus, 17(1): 75-80.

Gorham D A, Porter W F. 2011. Examining the potential of community design to limit human conflict with white-tailed deer. Wildlife Society Bulletin, 35(3): 201-208.

Grinnell J. 1917. Field tests of theories concerning distributional control. The American Naturalist, 51(602): 115-128.

Groves C P, Grubb P. 2011. Ungulate Taxonomy. Baltimore: Johns Hopkins University Press.

Guevara L, Gerstner B E, Kass J M, et al. 2017. Toward ecologically realistic predictions of species distributions: a cross-time example from tropical montane cloud forests. Global Change Biology, 24(4): 1511-1522.

Guisan A, Zimmermann N E. 2000. Predictive habitat distribution models in ecology. Ecological Modelling, 135(2-3): 147-186.

Gunther K A, Haroldson M A, Frey K, et al. 2004. Grizzly bear-human conflicts in the Greater Yellowstone ecosystem, 1992-2000. Ursus, 15(1): 10-22.

Guo B, Zhou Y, Zhu J F, et al. 2016. Spatial patterns of ecosystem vulnerability changes during 2001-2011 in the three-river source region of the Qinghai-Tibetan Plateau, China. Journal of Arid Land, 8(1): 23-35.

Guo W, Yang T B, Dai J G, et al. 2008. Vegetation cover changes and their relationship to climate variation in the source region of the Yellow River, China, 1990-2000. International Journal of Remote Sensing, 29: 2085-2103.

Guo X, Shao Q, Li Y, et al. 2018. Application of UAV Remote Sensing for a Population Census of Large Wild Herbivores—Taking the Headwater Region of the Yellow River as an Example. Remote Sensing, 10: 1041.

Haddad N M, Brudvig L A, Clobert J, et al. 2015. Habitat fragmentation and its lasting impact on Earth's ecosystems. Science Advances, 1(2): 1-9.

Hall L S, Krausman P R, Morrison M L. 1997. The habitat concept and a plea for standard technology. Wildlife Society Bulletin, 25(1): 173-182.

Han J, Guo R, Li J, et al. 2016. Organ Mass Variation in a Toad Headed Lizard *Phrynocephalus vlangalii* in Response to Hypoxia and Low Temperature in the Qinghai-Tibet Plateau, China. PLoS One, 11(9): e0162572.

Harris G, Thirgood S, Hopcraft J G C, et al. 2009. Global decline in aggregated migrations of large terrestrial mammals. Endangered Species Research, 7: 55-76.

Harris R B. 2000. Conservation of large mammals in non-protected areas in Qinghai and Gansu. Tibet's biodiversity: conservation and management. Beijing: China Forestry Press Publishing House.

Hawkins B A, Field R, Cornell H V, et al. 2003. Energy, water, and broad‐scale geographic patterns of species richness. Ecology, 84(12): 3105-3117.

Hazzah L, Borgerhoff M M, Frank L. 2009. Lions and Warriors: Social factors underlying declining African lion populations and the effect of incentive-based management in Kenya. Biological Conservation, 142(11): 2428-2437.

Hernandez P A, Graham C H, Master L L, et al. 2006. The effect of sample size and species characteristics on performance of different species distribution modeling methods. Ecography, 29:773-785.

Herrero J, Alicia G, Couto S, et al. 2006. Diet of wild boar *Sus scrofal.* and crop damage in an intensive agroecosystem. European Journal of Wildlife Research, 52(4): 245-250.

Hill N J, Tobin A J, Reside A E, et al. 2016. Dynamic habitat suitability modelling reveals rapid poleward distribution shift in a mobile apex predator. Global Change Biology, 22(3): 1086-1096.

Hockings M, Stolton S, Leverington F, et al. 2000. Assessing effectiveness-a framework for assessing management effectiveness of protected areas. Arch Pediatr Urug, 71: 5-9.

Honda, Takeshi. 2009. Environmental factors affecting the distribution of the wild boar, sika deer, Asiatic black bear and Japanese macaque in central Japan, with implications for human-wildlife conflict. Mammal Study, 34(2): 107-116.

Hopkins J B, Kalinowski S T. 2013. The fate of transported American black bears in Yosemite National Park. Ursus, 24(2): 120-126.

Hristienko H, McDonald J E. 2007. Going into the 21st century: a perspective on trends and controversies in the management of the American black bear. Ursus, 18(1): 72-88.

Hu J H, Jiang Z G, Jing C, *et al*. 2015. Niche divergence accelerates evolution in Asian endemic *Procapra* gazelles. Scientific Reports, 5: 10069.

Hu J H, Jiang Z G. 2012. Detecting the potential sympatric range and niche divergence between Asian endemic ungulates of *Procapra*. Naturwissenschaften, 99(7): 553-565.

Ito T Y, Lhagvasuren B, Tsunekawa A, *et al*. 2013. Fragmentation of the Habitat of Wild Ungulates by Anthropogenic Barriers in Mongolia. PLoS One, 8(2): e56995.

IUCN. 1993. IUCN Category II. http: //www. biodiversitya-z.org/content/iucn-category-ii-national-park. [2018-2-10].

James H F, Ericson P G P , Slikas B, *et al*. 2003. *Pseudopodoces humilis*, a misclassified terrestrial tit (Paridae) of the Tibetan Plateau: evolutionary consequences of shifting adaptive zones. Ibis, 145: 185-202.

Jerina K, Videmek U, Jonozovi M, *et al*. 2010. Using GPS telemetry to study human-bear conflicts in Slovenia. Tbilisi: 19th International Bear Conference (IBA) (Internal Data).

Jian P, Zhen H L, Ying H L, *et al*. 2012. Trend analysis of vegetation dynamics in Qinghai-Tibet Plateau using Hurst Exponent. Ecological Indicators, 14: 28-39.

Jiang F. 2018. Bioclimatic and altitudinal variables influence the potential distribution of canine parvovirus type 2 worldwide. Ecology and Evolution. 8 (9): 4534-4543.

Jiang C, Zhang L B. 2015. Climate change and its impact on the Eco-environment of the three-rivers headwater region on the Tibetan Plateau, China. International Journal of Environmental Research and Public Health, 12(10): 12057-12081.

Jiang F, Li G, Qin W, *et al*. 2019. Setting priority conservation areas of wild Tibetan gazelle (*Procapra picticaudata*) in China's first national park. Global Ecology and Conservation, 20: e00725.

Jiang H J, Liu T, Li L, *et al*. 2016. Predicting the Potential Distribution of *Polygala tenuifolia* Willd. under Climate Change in China. PLoS One, 11(9): e0163718.

Jodice P G, Roby D D, Turco K R, *et al*. 2006. Assessing the nutritional stress hypothesis: relative influence of diet quantity and quality on seabird productivity. Marine Ecology Progress Series, 325: 267-279.

Johnson T L, Bjork J K, Neitzel D F, *et al*. 2016. Habitat Suitability Model for the Distribution of Ixodes scapularis (Acari: Ixodidae) in Minnesota. Journal of Medical Entomology, 53(3): 598-606.

Joseph L F, Per M, Drolma Y, *et al*. 2004. Modern wildlife conservation initiatives and the pastoralist/hunter nomads of northwestern Tibet. Rangifer, 24(4): 17-27.

Jueterbock A, Smolina I, Coyer J A, *et al*. 2016. The fate of the Arctic seaweed *Fucus distichus* under climate change: an ecological niche modeling approach. Ecology and Evolution, 6(6): 1712-1724.

Kane D D, Gordon S I, Munawar M, *et al*. 2009. The planktonic index of biotic integrity: An approach for assessing lake ecosystem health. Ecological Indicators, 9: 1234-1247.

Kapos V, Lysenko I. 2002. Assessing forest integrity and naturalness in relation to biodiversity. Forest Resources Assessment Programme Working Paper, 109: 588-589.

Karamanlidis A A, Sanopoulos A, Georgiadis L, *et al*. 2011. Structural and economic aspects of human-bear conflicts in Greece. Ursus, 22(2): 141-151.

Karr J R, Dudley D R. 1981. Ecological perspective on water quality goals. Environmental Management, 5: 55-68.

Karr J R. 1981. Assessment of biotic integrity using fish communities. Fisheries, 6: 21-27.

Keeley A T H, Beier P, Gagnon J W. 2016. Estimating landscape resistance from habitat suitability: Effects of data source and nonlinearities. Landscape Ecology, 31(9): 2151-2162.

Kendall C J. 2011. The spatial and agricultural basis of crop raiding by the vulnerable common hippopotamus *Hippopotamus amphibius* around Ruaha National Park, Tanzania. Oryx, 45(1): 28-34.

Krosby M, Breckheimer I, Pierce D J, *et al*. 2015. Focal species and landscape "naturalness" corridor models offer complementary approaches for connectivity conservation planning. Landscape Ecology, 30(10): 2121-2132.

Kubasiewicz L M, Bunnefeld N, Tulloch A I T, *et al*. 2016. Diversionary feeding: an effective management strategy for conservation conflict? Biodiversity and Conservation, 25(1): 1-22.

Kumar S, LeBrun E G, Stohlgren T J, *et al*. 2015. Evidence of niche shift and global invasion potential of the Tawny Crazy ant, *Nylanderia fulva*. Ecology and Evolution, 5(20): 4628-4641.

Kumar S, Yee W L, Neven L G. 2016. Mapping global potential risk of establishment of *Rhagoletis pomonella* (Diptera: tephritidae) using MaxEnt and CLIMEX niche models. Journal of Economic Entomology, 109 (5): 2043-2053.

Ladin Z S, Higgins C, Schmit J P, *et al*. 2016. Using regional bird community dynamics to evaluate ecological integrity within national parks. Ecosphere, 7: e01464.

Lamichhane B R, Persoon G A, Leirs H, *et al*. 2018. Spatio-temporal patterns of attacks on human and economic losses from wildlife in Chitwan National Park, Nepal. PLoS One, 13(4): e0195373.

Levin A. 2011. Illegal Trade and Decrease in Numbers of the Saker Falcon in Kazakhstan. Raptors Conservation, 23: 64-73.

Li C, Jiang Z, Li C, *et al*. 2015b. Livestock depredations and attitudes of local pastoralists toward carnivores in the Qinghai Lake Region, China. Wildlife Biology, 21(4): 204-213.

Li J, Wang D J, Yin H, *et al*. 2014. Role of Tibetan Buddhist Monasteries in Snow Leopard Conservation. Conservation Biology, 28(1): 87-94.

Li J, Yin H, Wang D, *et al*. 2013b. Human-snow leopard conflicts in the Sanjiangyuan Region of the Tibetan Plateau. Biological Conservation, 166: 118-123.

Li J, Liu F, Xue Y, *et al*. 2017. Assessing vulnerability of giant pandas to climate change in the Qinling Mountains of China. Ecology and Evolution, 7(11): 4003-4015.

Li L X, Yi X F, Li M C, *et al*. 2004. Analysis of diets of upland buzzards using stable carbon and nitrogen isotopes. Israel Journal of Ecology and Evolution, 50(1): 75-85.

Li T, Huang X, Jiang X, *et al*. 2015a. Assessment of ecosystem health of the yellow river with fish index of biotic integrity. Hydrobiologia, 412: 1-13.

Li W, Liu P, Guo X, *et al*. 2018. Human-elephant conflict in Xishuangbanna Prefecture, China: Distribution, diffusion, and mitigation. Global Ecology and Conservation, 16: e00462.

Li X, Buzzard P, Chen Y, *et al*. 2013a. Patterns of Livestock Predation by Carnivores: Human-Wildlife Conflict in Northwest Yunnan, China. Environmental Management, 52: 1334-1340.

Li Z Q, Jiang Z G. 2008. Group size effect on vigilance: Evidence from Tibetan gazelle in Upper Buha River, Qinghai-Tibet Plateau. Behavioural Processes, 78(1): 25-28.

Liechti P, Dzialowski A. 2003. Final assessment of the ecological integrity of Wolf Creek. Kansas: Central Plains Center for Bioassessment (CPCB) and Kansas Biological Survey, University of Kansas, Lawrence (Internal Data).

Liu D, Cao C X, Dubovyk O, et al. 2017. Using fuzzy analytic hierarchy process for spatio-temporal analysis of eco-environmental vulnerability change during 1990-2010 in Sanjiangyuan region, China. Ecological Indictors, 73: 612-625.

Liu F, McShea W J, Garshelis D L, et al. 2011. Human-wildlife conflicts influence attitudes but not necessarily behaviors: factors driving the poaching of bears in China. Biological Conservation, 144(1): 538-547.

Liu J, Ouyang Z, Pimm S L, et al. 2003. Protecting China's biodiversity. Science, 300: 1240-1241.

Liu J, Xu X, Shao Q. 2008. Grassland degradation in the "Three-River Headwaters" region, Qinghai Province. Journal of Geographical Sciences, 18: 259-273.

Liu X F, Zhang J S, Zhu X F, et al. 2014. Spatiotemporal changes in vegetation coverage and its driving factors in the Three-River Headwaters Region during 2000-2011. Journal of Geographical Sciences, 24(2): 288-302.

Long C A. 1963. Mathematical formulas expressing faunal resemblance. Transactions of the Kansas Academy of Science, 66(1): 138-140.

Luan X F, Qu Y, Li D Q, et al. 2011. Habitat evaluation of wild Amur tiger (Panthera tigris altaica) and conservation priority setting in north-eastern China. Journal of Environmental Management, 92 (1): 31-42.

Lunde K B, Resh V H. 2012. Development and validation of a macroinvertebrate index of biotic integrity. IBI. for assessing urban impacts to Northern California freshwater wetlands. Environmental Monitoring and Assessment, 184: 3653.

Lyngdoh S, Gopi G V, Selvan K M, et al. 2014a. Effect of interactions among ethnic communities, livestock and wild dogs (Cuon alpinus) in Arunachal Pradesh, India. European Journal of Wildlife Research, 60(5): 771-780.

Lyngdoh S, Shrotriya S, Goyal S P, et al. 2014b. Prey Preferences of the Snow Leopard (Panthera uncia): Regional Diet Specificity Holds Global Significance for Conservation. PLoS One, 9(2): e88349.

Ma B B, Sun J. 2018. Predicting the distribution of Stipa purpurea across the Tibetan Plateau via the MaxEnt model. BMC Ecology, 18(1): 10.

Ma M, Xu G H. 2015. Status and threats to vultures in China. Vulture News, 68(1): 3-24.

Macdonald D W, Sillero-Zubiri C. 2004. The Biology and Conservation of Wild Canids. Oxford: Oxford University Press.

Mack J J. 2006. Landscape as a predictor of wetland condition: An evaluation of the Landscape Development Index. LDI. with a large reference wetland dataset from Ohio. Environmental Monitoring and Assessment, 120: 221-241.

Macmillan D C, Phillip S. 2010. Can economic incentives resolve conservation conflict: the case of wild deer management and habitat conservation in the Scottish highlands. Human Ecology, 38(4): 485-493.

Mallon D P, Jiang Z G. 2009. Grazers on the plains: challenges and prospects for large herbivores in Central Asia. Journal of Applied Ecology, 46(3): 516-519.

Marchal V, Hill C. 2009. Primate Crop-raiding: A Study of Local Perceptions in Four Villages in North Sumatra, Indonesia. Primate Conservation, 24(1): 107-116.

Margules C R, Pressey R L. 2000. Systematic conservation planning. Nature, 405(6783): 243.

Martín B, Ferrer M. 2013. Assessing Biodiversity Distribution Using Diurnal Raptors in Andalusia, Southern Spain. Ardeola, 60(1): 5-28.

Mateo-Tomas P, Olea P P. 2010. Anticipating knowledge to inform species management: predicting spatially explicit habitat suitability of a colonial vulture spreading its range. PLoS One, 5(8): e12374.

Matseketsa G, Muboko N, Gandiwa E, et al. 2019. An assessment of human-wildlife conflicts in local communities bordering the western part of Save Valley Conservancy, Zimbabwe. Global Ecology and Conservation, 20: e00737.

Mazur R L. 2010. Does aversive conditioning reduce human-black bear conflict? Journal of Wildlife Management, 74(1): 48-54.

Mc Naughton S. 1983. Compensatory plant growth as a response to herbivory. Oikos, 40: 329-336.

McClain B J, Porter W F. 2000. Using satellite imagery to assess large-scale habitat characteristics of Adirondack Park, New York, USA. Environmental Management. 26(5): 553-561.

McClure C J W, Westrip J R S, Johnson J A, et al. 2018. State of the world's raptors: Distributions, threats, and conservation recommendations. Biological Conservation, 227: 390-402.

Mcrae B H, Beier P. 2007. Circuit theory predicts gene flow in plant and animal populations. Proceedings of the National Academy of Sciences, 104(50): 19885-19890.

Mcrae B H, Dickson B G, Keitt T H, et al. 2008. Using circuit theory to model connectivity in ecology, evolution, and conservation. Ecology, 89(10): 2712-2724.

Meinecke L, Soofi M, Riechers M, et al. 2018. Crop variety and prey richness affect spatial patterns of human-wildlife conflicts in Iran's Hyrcanian forests. Journal for Nature Conservation, 43: 165-172.

Menard N, Rantier Y, Foulquier A, et al. 2014. Impact of human pressure and forest fragmentation on the Endangered Barbary macaque Macaca sylvanus in the Middle Atlas of Morocco. Oryx, 48(2): 276-284.

Miah R, Sayok A K, Sarok A, et al. 2017. Growth of National Parks Information Knowledge for Improving Biodiversity Conservation in Bangladesh: An Outlook on Policy Perspectives. Cairo: Hindawi Publishing Corporation.

Michael A, Schroeder R C, Crawford F J, et al. 2011. Ecological integrity assessments: Monitoring and evaluation of wildlife areas in Washington. Washington: Washington Department of Fish and Wildlife, Olympia (Internal Data).

Miehe G, Schleuss P M, Seebe E, et al. 2019. The Kobresia pygmaea ecosystem of the Tibetan highlands-Origin, functioning and degradation of the world's largest pastoral alpine ecosystem: Kobresia pastures of Tibet. Science of The Total Environment, 648: 754-771.

Milchev B. 2009. Breeding biology of the Long-legged Buzzard Buteo rufinus in SE Bulgaria, nesting also in quarries. Avocetta, 33: 25-32.

Miller J R B. 2015. Mapping attack hotspots to mitigate human-carnivore conflict: approaches and applications of spatial predation risk modeling. Biodiversity and Conservation, 24(12): 2887-2911.

Miller Z D, Freimund W, Metcalf E C, et al. 2019. Merging elaboration and the theory of planned behavior to understand bear spray behavior of day hikers in Yellowstone national Park. Environmental Management, 63(3): 366-378.

Mishra C, Allen P, McCarthy T, et al. 2003. The role of incentive programs in conserving the Snow Leopard. Conservation Biology, 17(6): 1512-1520.

Mota-Vargas C, Rojas-Soto O R, Lara C, et al. 2013. Geographic and ecological analysis of the

Bearded Wood Partridge *Dendrortyx barbatus*: some insights on its conservation status. Bird Conservation International, 23(3): 371-385.

Myers N, Mittermeier R, Mittermeier C, *et al*. 2000. Biodiversity hotspot for conservation priorities. Nature, 403(6772): 853-858.

Nag C, Karanth K P, Gururaja K V. 2014. Delineating ecological boundaries of Hanuman langur species complex in peninsular India using MaxEnt modeling approach. PLoS One, 9 (2): e87804.

Newton I. 2003a. The role of natural factors in the limitation of bird of prey numbers: a brief review of the evidence. Birds of Prey in a Changing Environment. Edinburgh: Scottish Natural Heritage/The Stationary Office: 5-23.

Newton I. 2003b. Speciation and biogeography of birds. Amsterdam: Academic Press: 668.

Nyhus P J, Tilson R. 2004. Characterizing human-tiger conflict in Sumatra, Indonesia: implications for conservation. Oryx, 38(1): 68-74.

Oli M K. 1996. Seasonal patterns in habitat use of blue sheep (*Pseudois nayaur*) in Nepal. Mammalia, 60(2): 187-193.

Oliveira C V, Olmos F, dos Santos-Filho M, *et al*. 2018. Observation of Diurnal Soaring Raptors In Northeastern Brazil Depends On Weather Conditions and Time of Day. Journal of Raptor Research, 52(1): 56-65.

Padalia H, Srivastava V, Kushwaha S P S. 2015. How climate change might influence the potential distribution of weed, bushmint (*Hyptis suaveolens*). Environmental Monitoring and Assessment, 187(4): 210.

Page S K, Parker D M, Peinke D M, *et al*. 2015. Assessing the potential threat landscape of a proposed reintroduction site for carnivores. PLoS One, 10(3): e0122782.

Paquet M M, Maia B. 2009. Human-Bear Conflict Management Plan for Resort Municipality of Whistler, BC. British Columbia: Whistler Human-Bear Conflict Management Plan.

Parks Canada Agency. 2005. Monitoring and Reporting Ecological Integrity in Canada's National Parks, Guiding Principles, vol. 1. Gatineau: Parks Canada Agency (Internal Data).

Parrish J D, Braun D P, Unnasch R S. 2003. Are we conserving what we say we are? measuring ecological integrity within protected areas. Bioscience, 5: 851-860.

Patterson B D, Kasiki S M, Selempo E, *et al*. 2004. Livestock predation by lions (*Panthera leo*) and other carnivores on ranches neighboring Tsavo National Parks, Kenya. Biological Conservation, 119(4): 507-516.

Paudel K, Amano T, Acharya R, *et al*. 2016. Population trends in Himalayan Griffon in Upper Mustang, Nepal, before and after the ban on diclofenac. Bird Conservation International, 26(3): 286-292.

Pavez-Fox M, Estay S A. 2016. Correspondence between the habitat of the threatened pudú (Cervidae) and the national protected-area system of Chile. BMC Ecology, 16: 1.

Peirce K N, Van Daele L J. 2006. Use of a garbage dump by brown bears in Dillingham, Alaska. Ursus, 17(2): 165-177.

Peng D L, Sun L, Pritchard H W, *et al*. 2019. Species distribution modelling and seed germination of four threatened snow lotus (*Saussurea*), and their implication for conservation. Global Ecology and Conservation, 17: e00565.

Peterson A T, Ball L G, Cohoon K P. 2002. Predicting distributions of Mexican birds using ecological niche modelling methods. Ibis, 144(1): E27-E32.

Peterson A T, Soberón J, Pearson R G, *et al*. 2011. Ecological niches and geographic distributions (MPB-49). Princeton: Princeton University Press: 328.

Peterson M N, Birckhead J L, Leong K, *et al*. 2010. Rearticulating the myth of human-wildlife conflict. Conservation Letters, 3(2): 74-82.

Peyton B. 1994. Conservation in the Developing World: Ideas on How to Proceed. Bears: Their Biology and Management, 9(1): 115-127.

Phillips S J, Anderson R P, Schapire R E. 2006. Maximum entropy modeling of species geographic distributions. Ecological Modelling, 190(3): 231-259.

Phillips S J, Dudik M. 2008. Modeling of species distributions with Maxent: new extensions and a comprehensive evaluation. Ecography, 31(2): 161-175.

Pozsgai G. 2017. Conservation and human-wildlife conflicts on farmland: Book review. Conservation Biology, 32(1): 1-3.

Prasad A K, Kumar P P, Raj N P, et al. 2016. Human-wildlife conflicts in Nepal: Patterns of human fatalities and injuries caused by large mammals. PLoS One, 11(9): e0161717.

Proctor M F, Paetkau D, Mclellan B N, et al. 2012. Population Fragmentation and inter-ecosystem movements of grizzly bears in western Canada and the northern United States. Wildlife Monographs, 180(1): 1-46.

Raab D, Bayley S E. 2012. A vegetation-based index of Biotic Integrity to assess marsh reclamation success in the Alberta oil sands, Canada. Ecological Indicators, 15: 43-51.

Raburu P O, Masese F O, Mulanda C A. 2009. Macroinvertebrate Index of Biotic Integrity. M-IBI. for monitoring rivers in the upper catchment of Lake Victoria Basin, Kenya. Aquatic Ecosystem Health and Management, 12: 197-205.

Ratnayeke S, Manen F T, Pieris R, et al. 2014. Challenges of large carnivore conservation: sloth bear attacks in Sri Lanka. Human Ecology, 42(3): 467-479.

Redpath S M, Young J, Evely A, et al. 2013. Understanding and managing conservation conflicts. Trends in Ecology and Evolution, 28(2): 100-109.

Rehn A C, Ode P R, May J T. 2011. Development of a benthic index of biotic integrity for wadeable streams in northern coastal California and its application to regional assessment. Report to the State Water Resources Control Board. Rancho Cordova: California Department of Fish and Game Aquatic Bioassessment Laboratory (Internal Data).

Renard K G, Foster G R, Weesies G A, et al. 1997. Predicting Soil Erosion by Water: A Guide to Conservation Planning with the Revised Universal Soil Loss Equation (RUSLE). Agriculture Handbook No. 703. Washington: U. S. Department of Agriculture, Agricultural Research Service (Internal Data).

Ricklefs R, Schluter D. 1993. Species diversity in ecological communities: historical and geographical perspectives. Chicago: The University of Chicago Press: 414.

Rigg R, Find'o S, Wechselberger M, et al. 2011. Mitigating carnivore-livestock conflict in Europe: lessons from Slovakia. Oryx, 45(2): 272-280.

Rittenhouse C D, Thompson F R, Dijak W D, et al. 2010. Evaluation of Habitat Suitability Models for Forest Passerines Using Demographic Data. Journal of Wildlife Management, 74(3): 411-422.

Robinson B G, Franke A, Derocher A E. 2017. Weather - mediated decline in prey delivery rates causes food-limitation in a top avian predator. Journal of Avian Biology, 48(5): 748-758.

Rocchio F J, Crawford R C. 2009. Monitoring Desired Ecological Conditions on Washington State Wildlife Areas Using an Ecological Integrity Assessment Framework. Washington: Washington Natural Heritage Program, Washington Department of Natural Resources (Internal Data).

Rodrigues A S L, Andelman S J, Bakarr M I, et al. 2004. Effectiveness of the global protected area network in representing species diversity. Nature, 428(6983): 640-643.

Poirazidis K, Bontzorlos V, Xofis P, et al. 2019. Bioclimatic and environmental suitability models for capercaillie (Tetrao urogallus) conservation: identification of optimal and marginal areas in

Rodopi Mountain-Range National Park (Northern Greece). Global Ecology and Conservation, 17: e00526.

Root T. 1988. Energy constraints on avian distributions and abundances. Ecology, 69(2): 330-339.

Rutz C, Bijlsma R G. 2006. Food-limitation in a generalist predator. Proceedings of the Royal Society B: Biological Sciences, 273(1597): 2069-2076.

Sadler G R, Lee H C, Kim R S H, et al. 2010. Recruitment of hard-to-reach population subgroups via adaptations of the snowball sampling strategy. Nursing and Health Sciences, 12(3): 369-374.

Salafsky N, Margoluis R, Redford K H, et al. 2002. Improving the practice of conservation: A conceptual framework and research agenda for conservation science. Conservation Biology, 16: 1469-1479.

Samojlik T, Selva N, Daszkiewicz P, et al. 2018. Lessons from Białowieża Forest on the history of protection and the world's first reintroduction of a large carnivore. Conservation Biology, 32(4): 808-816.

Sanderson E W, Jaiteh M, Levy M A, et al. 2002. The human footprint and the last of the wild: the human footprint is a global map of human influence on the land surface, which suggests that human beings are stewards of nature, whether we like it or not. BioScience, 52(10): 891-904.

Schadt S, Revilla E, Wiegand T, et al. 2002. Assessing the suitability of central European landscapes for the reintroduction of Eurasian lynx. Journal of Applied Ecology, 39(2): 189-203.

Schaller G B. 1977. Mountain monarchs. Wild sheep and goats of the Himalaya. Quarterly Review of Biology, 43(4): 393-412.

Schaller G B. 1998. Wildlife of the Tibetan steppe. Chicago: University of Chicago Press: 373.

Schirokauer D W, Boyd H M. 1998. Bear-human conflict management in Denali national park and preserve, 1982-94. Ursus, 10: 395-403.

Schroeder M A, Gorrell J, Haegen M V, et al. 2017. Ecological integrity monitoring of wildlife areas in Washington State: Pilot study report for the 2011-2013 biennium. Lands Division, Wildlife Program. Washington: Washington Department of Fish and Wildlife, Olympia (Internal Data).

Schweiger E W, Grace J B, Cooper D, et al. 2016. Using structural equation modeling to link human activities to wetland ecological integrity. Ecosphere, 7: 1-30.

Scott J M, Davis F W, Mcghie R G, et al. 2001. Nature reserves: Do they capture the full range of America's biological diversity? Ecological Applications, 11: 999-1007.

Searcy C A, Shaffer H B. 2016. Do ecological niche models accurately identify climatic determinants of species ranges? The American Naturalist, 187(4): 423-435.

Sekercioglu C. 2006. Ecological significance of bird populations. Handbook of the Birds of the World, 11: 15-51.

Sergio F, Newton I, Marchesi L, et al. 2006. Ecologically justified charisma: preservation of top predators delivers biodiversity conservation. Journal of Applied Ecology, 43(6): 1049-1055.

Sexton J P, McIntyre P J, Angert A L, et al. 2009. Evolution and ecology of species range limits. Annual Review of Ecology Evolution and Systematics, 40: 415-436.

Shao Q Q, Cao W, Fan J W, et al. 2017. Effects of an ecological conservation and restoration project in the Three-River Source Region, China. Journal of Geographical Sciences, 27(2): 183-204.

Shen M G, Piao S L, Dorji T, et al. 2015. Plant phenological responses to climate change on the Tibetan Plateau: research status and challenges. National Science Review, 2(4): 454-467.

Sherub S, Fiedler W, Duriez O, et al. 2017. Bio-logging, new technologies to study conservation physiology on the move: a case study on annual survival of Himalayan vultures. Journal of Comparative Physiology A-Neuroethology Sensory Neural and Behavioral Physiology, 203(6-7): 531-542.

Shi J, Wang G, Chen X, et al. 2017. A new moth-preying alpine pit viper species from Qinghai-Tibetan Plateau (Viperidae, Crotalinae). Amphibia-Reptilia, 38: 517-532.

Shobrak M Y. 2015. Trapping of Saker Falcon *Falco cherrug* and Peregrine Falcon *Falco peregrinus* in Saudi Arabia: implications for biodiversity conservation. Saudi Journal of Biological Sciences, 22(4): 491-502.

Siex K S, Struhsaker T T. 1999. Colobus monkeys and coconuts: a study of perceived human-wildlife conflicts. Journal of Applied Ecology, 36(6): 1009-1020.

Smith A T, Foggin J M. 1999. The plateau pika (*Ochotona curzoniae*) is a keystone species for biodiversity on the Tibetan plateau. Animal Conservation, 2(4): 235-240.

Smith T S, Herrero S, Debruyn T D, et al. 2008. Efficacy of bear deterrent spray in Alaska. Journal of Wildlife Management, 72(3): 640-645.

Sony R K, Sen S, Kumar S, et al. 2018. Niche models inform the effects of climate change on the endangered Nilgiri Tahr (*Nilgiritragus hylocrius*) populations in the southern Western Ghats, India. Ecological Engineering, 120: 355-363.

Soofi M, Qashqaei A T, Aryal A, et al. 2018. Autumn food habits of the brown bear Ursus arctos in the Golestan National Park: a pilot study in Iran. Mammalia, 82(4): 338-342.

Soucy J R, Slatculescu A M, Nyiraneza C, et al. 2018. High-Resolution Ecological Niche Modeling of Ixodes scapularis Ticks Based on Passive Surveillance Data at the Northern Frontier of Lyme Disease Emergence in North America. Vector-borne and Zoonotic Diseases, 18(5): 235-242.

Southern H N. 1970. The natural control of a population of tawny owls (*Strix aluco*). Journal of Zoology, 162(2): 197-285.

Spencer R D, Beausoleil R A, Martorello D A. 2007. How agencies respond to human-black bear conflicts: a survey of wildlife agencies in North America. Ursus, 18(2): 217-229.

Stapanian M A, Mack J, Adams J V, et al. 2013. Disturbance metrics predict a wetland vegetation index of biotic integrity. Ecological Indicators, 24: 120-126.

Stevens L, Olsen A R. 1999. Spatially restricted surveys over time for aquatic resources. Journal of Agricultural, Biological, and Environmental Statistics, 4: 415-428.

Stolton S. 2004. Management effectiveness: Assessing management of protected areas. Journal of Environmental Policy and Planning, 6: 157-174.

Stretesky P B, McKie R E, Lynch M J, et al. 2018. Where have all the falcons gone? Saker falcon (*Falco cherrug*) exports in a global economy. Global Ecology and Conservation, 13: e00372.

Strum S C. 2010. The development of primate raiding: implications for management and conservation. International Journal of Primatology, 31(1): 133-156.

Su J, Aryal A, Hegab I M, et al. 2018. Decreasing brown bear (*Ursus arctos*) habitat due to climate change in Central Asia and the Asian Highlands. Ecology and Evolution, 8(23): 11887-11899.

Subba B, Sen S, Ravikanth G, et al. 2018. Direct modelling of limited migration improves projected distributions of Himalayan amphibians under climate change. Biological Conservation, 227: 352-360.

Swenson J E. 2000. Action plan for the conservation of the brown bear in Europe (*Ursus arctos*). Strasbourg: Council of Europe.

Swets J A. 1988. Measuring the accuracy of diagnostic systems. Science, 240(4857): 1285-1293.

Syfert M M, Smith M J, Coomes D A. 2013. The effects of sampling bias and model complexity on the predictive performance of MaxEnt species distribution models. PLoS One, 8 (2): e55158.

Tan X, Ma P, Bunn S E, et al. 2015. Development of a benthic diatom index of biotic integrity. BD-IBI. for ecosystem health assessment of human dominant subtropical rivers, China. Journal of Environmental Management, 151: 286-294.

Thapa A, Wu R, Hu Y, et al. 2018. Predicting the potential distribution of the endangered red panda across its entire range using MaxEnt modeling. Ecology and Evolution, 8(21): 10542-10554.

Thomas L, Buckland S T, Rexstad E A, et al. 2010. Distance software: design and analysis of distance sampling surveys for estimating population size. Journal of Applied Ecology, 47: 5-14.

Tierney G L, Faber-Langendoen D, Mitchell B R, et al. 2009. Monitoring and evaluating the ecological integrity of forest ecosystems. Frontiers in Ecology and the Environment, 7: 308-316.

Timko J A, Innes J L. 2009. Evaluating ecological integrity in national parks: Case studies from canada and south Africa. Biological Conservation, 142: 676-688.

Timko J, Satterfield T. 2008. Criteria and indicators for evaluating social equity and ecological integrity in national parks and protected areas. Natural Areas Journal, 28: 307-319.

Tinajero R, Barragán F, Chapa-Vargas L. 2017. Raptor Functional Diversity in Scrubland-Agricultural Landscapes of Northern-Central-Mexican Dryland Environments. Tropical Conservation Science, 10: 1-18.

Tiner R W. 2004. Remotely-sensed indicators for monitoring the general condition. Ecological Indicators, 4: 227-243.

Torres D, Oliveira E S, Alves R R N. 2018. Conflicts Between Humans and Terrestrial Vertebrates: A Global Review. Tropical Conservation Science, 2: 1-15.

Towns L, Derocher A E, Stirling I, et al. 2009. Spatial and temporal patterns of problem polar bears in Churchill, Manitoba. Polar Biology, 32(10): 1529-1537.

Treves A, Kapp K J, MacFarland D M. 2010. American black bear nuisance complaints and hunter take. Ursus, 21(1): 30-42.

Treves A, Naughton‐Treves L, Harper E K, et al. 2004. Predicting human‐carnivore conflict: a spatial model derived from 25 years of data on wolf predation on livestock. Conservation Biology, 18(1): 114-125.

Troy R, Yolanda F. 2017. Ten years of monitoring air quality and ecological integrity using field-identifiable lichens at Kejimkujik national park and national historic site in Nova Scotia, Canada. Ecological Indicators, 81: 214-221.

Unglaub B, Steinfartz S, Drechsler A, et al. 2015. Linking habitat suitability to demography in a pond-breeding amphibian. Frontiers in Zoology, 12: 9.

Van Eeden L M, Eklund A, Miller J R B, et al. 2018. Carnivore conservation needs evidence-based livestock protection. PLoS Biology, 16(9): e2005577.

Vedel-Sørensen M, Tovaranonte J, Bøcher P K, et al. 2013. Spatial distribution and environmental preferences of 10 economically important forest palms in western South America. Forest Ecology and Management, 307: 284-292.

Vijayan S, Pati B P. 2002. Impact of Changing Cropping Patterns on Man-Animal Conflicts Around Gir Protected Area with Specific Reference to Talala Sub-District, Gujarat, India. Population and Environment, 23(6): 541-559.

Virkkala R, Luoto M, Heikkinen R K, et al. 2005. Distribution patterns of boreal marshland birds: modelling the relationships to land cover and climate. Journal of Biogeography, 32(11): 1957-1970.

Walpole A A, Bowman J, Murray D L, et al. 2012. Functional connectivity of lynx at their southern range periphery in Ontario, Canada. Landscape Ecology, 27(5): 761-773.

Wang X M, Schaller G B. 1996. Status of large mammals in western Inner Mongolia, China. Journal of East China Normal University, 6: 93-104.

Warren D L, Seifert S N. 2011. Ecological niche modeling in Maxent: the importance of model complexity and the performance of model selection criteria. Ecological Applications, 21(2):

335-342.

Watson M, Clarke R. 2000. Saker falcon diet: the implications of habitat change Mark Watson and Roger Clarke. British Birds, 93: 136-143.

Watts S M, McCarthy T M, Namgail T. 2019. Modelling potential habitat for snow leopards (*Panthera uncia*) in Ladakh, India. PLoS One, 14(1). e0211509.

Wescott G C. 1991. Australia's distinctive national parks sys-tem. Environmental Conservation,18(4): 331-340.

Wei B, Wang R L, Hou K, *et al.* 2018. Predicting the current and future cultivation regions of Carthamus tinctorius L. using MaxEnt model under climate change in China. Global Ecology and Conservation, 16: e00477

White P C L, Ward A I. 2010. Interdisciplinary approaches for the management of existing and emerging human-wildlife conflicts. Wildlife Research, 37(8): 623.

White T. 2008. The role of food, weather and climate in limiting the abundance of animals. Biological Reviews, 83(3): 227-248.

Widman M, Elofsson K. 2018. Costs of livestock depredation by large carnivores in Sweden 2001 to 2013. Ecological Economics, 143: 188-198.

Wiens J J. 2011. The niche, biogeography and species interactions. Philosophical Transactions of the Royal Society B: Biological Sciences, 366(1576): 2336-2350.

Wilton C M, Belant J L, Beringer J. 2014. Distribution of American black bear occurrences and human-bear incidents in Missouri. Ursus, 25(1): 53-60.

Wischmeier W H, Johnson C B, Cross B V. 1971. Soil erodibility nomograph for farmland and construction sites. Journal of Soil and Water Conservation, 26(5): 189-193.

Woodroffe R, Lindsey P, Romañach S, *et al.* 2005. Livestock predation by endangered African wild dogs. Lycaon pictus. in northern Kenya. Biological Conservation, 124: 225-234.

Worthy F R, Foggin J M. 2008. Conflicts between local villagers and Tibetan brown bears threaten conservation of bears in a remote region of the Tibetan Plateau. Human-Wildlife Interactions, 2: 200-205.

Wright D H, Currie D J, Maurer B A. 1993. Energy supply and patterns of species richness on local and regional scales. Species diversity in ecological communities: historical and geographical perspectives. Chicago: University of Chicago Press: 66-74.

Wu L, Wang H. 2017. Poisoning the pika: must protection of grasslands be at the expense of biodiversity? Science China-Life Sciences, 60(5): 545-547.

Wunder S. 2005. Payments for Environment al Services: Some Nuts and Bolts. Jakarta: Center for International Forestry Research.

Xu J, Wei J, Liu W. 2019. Escalating human-wildlife conflict in the Wolong Nature Reserve, China: A dynamic and paradoxical process. Ecology and Evolution, 9(12): 7273-7283.

Yan D, Zhou Q, Lu H, *et al.* 2015. The Disaster, Ecological Distribution and Control of Poisonous Weeds in Natural Grasslands of Xinjiang Uygur Autonomous Region. Scientia Agricultura Sinica, 48: 565-582.

Yan J Z, Li H L, Hua X B, *et al.* 2017. Determinants of Engagement in Off-Farm Employment in the Sanjiangyuan Region of the Tibetan Plateau. Mountain Research and Development, 37(4): 464-473.

Yang F, Shao Q, Guo X, *et al.* 2018. Effect of large wild herbivore populations on the forage-livestock balance in the source region of the Yellow River. Sustainability, 10(2): 340.

Yang X Q, Kushwaha S P S, Saran S, *et al.* 2013. Maxent modeling for predicting the potential distribution of medicinal plant, *Justicia adhatoda* L. in Lesser Himalayan foothills. Ecological

Engineering, 51: 83-87.

Yirga G, Bauer H. 2010. Livestock depredation of the spotted hyena (*Crocuta crocuta*) in southern tigray, northern Ethiopia. International Journal of Ecology and Enviromental Sciences, 36(1): 67-73.

Young T F, Sanzone S. 2002. A framework for assessing and reporting on ecological condition. Washington D C: USEPA Science Advisory Board.

Zajac Z, Stith B, Bowling A C, et al. 2015. Evaluation of habitat suitability index models by global sensitivity and uncertainty analyses: a case study for submerged aquatic vegetation. Ecology and Evolution, 5(13): 2503-2517.

Zeng X, Tanaka K R, Chen Y, et al. 2018. Gillnet data enhance performance of rockfishes habitat suitability index model derived from bottom-trawl survey data: a case study with Sebasticus marmoratus. Fisheries Research, 204: 189-196.

Zhang F F, Jiang Z G. 2006. Mitochondrial phylogeography and genetic diversity of Tibetan gazelle (*Procapra picticaudata*): Implications for conservation. Molecular Phylogenetics and Evolution, 41(2): 313-321.

Zhang K L, Yao L J, Meng J S, et al. 2018. Maxent modeling for predicting the potential geographical distribution of two peony species under climate change. Science of the Total Environment, 634: 1326-1334.

Zhang L, Wang N. 2003. An initial study on habitat conservation of Asian elephant (*Elephas maximus*), with a focus on human elephant conflict in Simao, China. Biological Conservation, 112(3): 453-459.

Zhang Q, Bai W, Zhang Y, et al. 2002. Analysis of formation causes of grassland degradation in Maduo County in the source region of Yellow River. Journal of Applied Ecology, 13: 823-826.

Zhang Z P, Zhou J, Song J J, et al. 2017. Habitat suitability index model of the sea cucumber Apostichopus japonicus (Selenka): a case study of Shandong Peninsula, China. Marine Pollution Bulletin, 122: 65-76.

Zheng G M, Zhang Z W, Ding P, et al. 2002. A Checklist on the Classification and Distribution of the Birds of the World. Beijing: Science Press: 456.

Zhu Z, Piao S, Myneni R B, et al. 2016. Greening of the Earth and its drivers. Nature Climate Change, 6: 791-795.

Zimmermann A, Walpole M J, Leader-Williams N. 2005. Cattle ranchers' attitudes to conflicts with jaguar Panthera onca in the Pantanal of Brazil. Oryx, 39(4): 406-412.

Zukowski B, Ormsby A. 2016. Andean Bear Livestock Depredation and Community Perceptions in Northern Ecuador. Human Dimensions of Wildlife, 21(2): 111-126.

Zuur A F, Ieno E N, Elphick C S. 2010. A protocol for data exploration to avoid common statistical problems. Methods in Ecology and Evolution, 1: 3-14.